Romi Sasse

Analyse des regionalen atmosphärischen Wasserhaushalts

unter Verwendung von COSMO-Simulationen und GPS-Beobachtungen

Wissenschaftliche Berichte des Instituts für Meteorologie und
Klimaforschung des Karlsruher Instituts für Technologie
Band 54

Herausgeber: Prof. Dr. Ch. Kottmeier

Institut für Meteorologie und Klimaforschung
am Karlsruher Institut für Technologie
Kaiserstr. 12, 76128 Karlsruhe

Eine Übersicht über alle bisher in dieser Schriftenreihe erschienenen Bände
finden Sie am Ende des Buchs.

Analyse des regionalen atmosphärischen Wasserhaushalts

unter Verwendung von COSMO-Simulationen und GPS-Beobachtungen

von
Romi Sasse

Dissertation, Karlsruher Institut für Technologie (KIT)
Fakultät für Bauingenieur-, Geo- und Umweltwissenschaften
Tag der mündlichen Prüfung: 17.12.2010
Referenten: Prof. Dr. Bernhard Heck, Prof. Dr. Christoph Kottmeier

Impressum

Karlsruher Institut für Technologie (KIT)
KIT Scientific Publishing
Straße am Forum 2
D-76131 Karlsruhe
www.ksp.kit.edu

KIT – Universität des Landes Baden-Württemberg und nationales
Forschungszentrum in der Helmholtz-Gemeinschaft

KIT Scientific Publishing 2012
Print on Demand

ISSN 0179-5619
ISBN 978-3-86644-774-5

Analyse des regionalen atmosphärischen Wasserhaushalts unter Verwendung von COSMO-Simulationen und GPS-Beobachtungen

Zur Erlangung des akademischen Grades einer

DOKTORIN DER NATURWISSENSCHAFTEN

von der Fakultät für

Bauingenieur-, Geo- und Umweltwissenschaften

des Karlsruher Instituts für Technologie (KIT)

genehmigte

DISSERTATION

von

Dipl.-Geoökol. Romi Sasse

aus

Cottbus

Tag der mündlichen Prüfung:	17.12.2010
Referent:	Prof. Dr. Bernhard Heck
Korreferent:	Prof. Dr. Christoph Kottmeier

Zusammenfassung

Die Komponenten des atmosphärischen Wasserhaushalts zeichnen sich wegen ihrer Abhängigkeit von mesoskaligen atmosphärischen Prozessen und kleinräumigen Oberflächenstrukturen durch eine hohe räumliche und zeitliche Variabilität aus. Die Durchführung von u.a. für Klimaänderungsstudien erforderlichen regionalen Wasserhaushaltsanalysen wird durch das Fehlen zuverlässiger flächendeckender Daten der Komponenten über klimatologische Zeiträume erschwert. Aus diesem Grund gibt es bisher nur wenige detaillierte Wasserhaushaltsstudien. Die vorliegende Dissertation bietet Lösungsmöglichkeiten für eine vollständige Bilanzierung des Wasserhaushalts mittels hochaufgelöster regionaler COSMO-Simulationen und Beobachtungen der COPS-Kampagne. Neben der Modellvalidierung wird geprüft, inwiefern die Kombination von aus GPS-Messungen abgeleiteten Säulenwasserdampfgehalten und COSMO-Simulationen zu Verbesserungen von simulierten Niederschlags- und Verdunstungsdaten führt. Anhand modellbasierter Bilanzierungen werden die Einflüsse von Wetterlagen und Topographie auf den Wasserhaushalt untersucht, um möglichst charakteristische Aufteilungen der Komponenten abzuleiten. Die Analysen erfolgen für kleinräumige Gebiete in Südwestdeutschland (ca. 10^3 bis 10^4 km^2) bezüglich kurz- (Stunden, Tage) und längerfristiger Zeiträume (Sommermonate von 2005 bis 2009).

Räumliche und zeitliche Integrationen verringern die Differenzen zwischen beobachteten und simulierten Wasserhaushaltskomponenten. Mittels der Modellvalidierung unter Berücksichtigung aller relevanten Komponenten können qualitative und quantitative Abweichungen einer Wasserhaushaltsgröße auf Defizite in der Simulation anderer Komponenten zurückgeführt werden. Die Kombination von GPS- und COSMO-Daten über Verhältnisse der Wasserhaushaltskomponenten führt zu einer Verbesserung des simulierten Niederschlags in etwa 50% der betrachteten Fälle. Probleme, die bei der GPS- und COSMO-gestützten Berechnung der Verdunstung und des Niederschlags auftreten, sind vor allem mit der Schließungshypothese verbunden.

Die Bedeutung und die Beiträge von Konvergenz, Evapotranspiration und Niederschlag im atmosphärischen Wasserhaushalt unterscheiden sich bei verschiedenen Anströmungsrichtungen von Luftmassen, bedingt durch ihre Temperatur und Feuchte sowie das Auftreten von Hochdruck- und Tiefdrucklagen. In der bergigen Region Schwarzwald/Schwäbische Alb erhöhen sich die Beiträge von Niederschlag, Verdunstung und Konvergenz im Vergleich zum Rheintal. Wichtige Faktoren, die eine solche Zunahme steuern, sind dynamische und thermische Windsysteme, konvektive Prozesse sowie Bewaldung, Einstrahlung und Temperatur. Infolgedessen deuten die Ergebnisse dieser Arbeit auf eine Intensivierung des atmosphärischen Wasserhaushalts in Mittelgebirgsregionen hin.

Abstract

The components of the atmospheric water budget are highly variable in space and time due to their dependency on mesoscale atmospheric processes and small-scale surface structures. The difficulties of analysing the regional water budget, which is required for e.g., investigations on climate change, are connected to the lack of reliable data of the components in a high spatial and temporal resolution for climatological periods. For this reason, detailed water budget studies are rare. The present thesis provides a complete water budget calculation by using highly resolved regional COSMO simulations and observations from the COPS campaign. In addition to the model validation, it is examined to what extent a combination of integrated water vapour contents derived from GPS and COSMO simulations may improve simulated precipitation and evapotranspiration. Based on model calculations, the influences of weather conditions and topography on the water budget are analysed to determine the characteristic partitioning of the components. The study focuses on small-scale regions in south-western Germany (ca. 10^3 to 10^4 km^2) both for shorter episodes (hours, days) as well as longer periods (the summer months of 2005 to 2009).

Spatial and temporal integrations reduce the differences between the observed and the simulated water budget components. By using the model validation with respect to all relevant components, qualitative and quantitative deviations of one water budget component are traced back to deficiencies of the simulation of other components. The combination of GPS and COSMO data via the ratios of water budget terms leads to an improvement of the simulated precipitation in ca. 50% of the considered cases. The problems connected to the GPS and COSMO based calculations of evapotranspiration and precipitation are mainly associated with the closure hypothesis.

The relevance and contribution of convergence, evapotranspiration, and precipitation to the atmospheric water budget vary for the different inflow directions of air masses caused by their temperature and humidity as well as by the occurrence of high pressure and low pressure conditions. In the mountainous region of the Black Forest and Swabian Jura, the contributions of precipitation, evapotranspiration, and convergence to the water budget increase compared to in the Rhine Valley. Important factors controlling this augmentation are dynamical and thermal wind systems, convective processes as well as afforestation, insolation, and temperature. Hence, this study suggests an intensification of the atmospheric water budget processes in low mountainous regions.

Inhaltsverzeichnis

1 Einleitung

Wasser in allen drei Aggregatzuständen hat entscheidenden Einfluss auf die Energieumsätze im Klimasystem und wird im Wasserkreislauf zwischen Ozeanen, Atmosphäre und der terrestrischen Hydrosphäre ausgetauscht (s. Abb. 1.1). Durch Verdunstung von den Ozeanen, Eis- und Landoberflächen gelangt Wasserdampf in die Atmosphäre und wird ihr durch Niederschlag wieder entzogen. Der Wasserdampfüberschuss über den Ozeanen und das Wasserdampfdefizit über den Kontinenten werden durch horizontale Wasserdampfadvektion in der Atmosphäre kompensiert. Der Oberflächenabfluss in die Ozeane sorgt für den Transport überschüssigen Niederschlagswassers von den Landoberflächen.

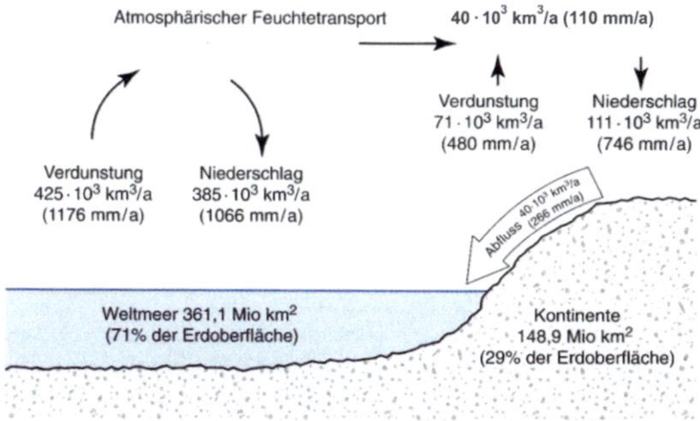

Abb. 1.1: Transferraten im globalen Wasserkreislauf (Schönwiese 2003).

Der ozeanische Wasserspeicher ist mit ca. 1350×10^6 km^3 am größten (Peixoto und Oort 1992). Auf den Kontinenten wird Wasser in der Pedo- und Lithosphäre, in Seen und Flüssen sowie als Schneeakkumulationen in Form von Gletschern und der Biosphäre gespeichert. Das terrestrische Reservoir enthält ca. 33.6×10^6 km^3 Wasser. Die Atmosphäre ist mit 0.013×10^6 km^3 ein deutlich kleinerer Wasserspeicher als die Ozeane, die Kryosphäre und das terrestrische Reservoir. Dennoch zeichnet sich das Wasser in der Atmosphäre durch den größten Einfluss auf das Klimageschehen aus. Infolge des Aufsteigens wasserdampfhaltiger Luftmassen, ihrer Abkühlung und der Kondensation von Wasserdampf kommt es zur Wolkenbildung, die einen starken Effekt auf die Strahlungsbilanz der Erde hat. Bei Phasenumwandlungen des Wassers werden erhebliche Energiemengen (Verdampfungsenthalpie ca. 2.3 bis 2.5 MJ/kg; Schönwiese 2003) der Atmosphäre entzogen (Verdunstung) oder zugeführt (Kondensation). Desweiteren ist Wasserdampf ein wichtiger Absorber von solarer und terrestrischer Strahlung und mit einem Beitrag von 60% zum natürlichen Treibhauseffekt (Schönwiese 2003) das bedeutendste Treibhausgas der Atmosphäre. Durch das Ausfallen von Niederschlag auf Landoberflächen und Ozeanen gelangt Wasser in den terrestrischen und ozeanischen Teil des hydrologischen Kreislaufs.

Für die Untersuchung zukünftiger Änderungen des Wasserkreislaufs, die beispielsweise mit der Intensität, räumlichen Verteilung und dem zeitlichen Verhalten von Niederschlag verbunden sind, und ihrer Wirkung im Klimasystem eignen sich Klimamodelle. Die Erstellung von Klimaprojektionen erfordert eine realistische Darstellung des Wasserhaushalts und der Energieumsätze (Peixoto und Oort 1992). Die voneinander abweichenden Angaben zu den Transferraten im globalen Wasserkreislauf von verschiedenen Autoren zeigen, dass diese nicht ausreichend bekannt sind. Beispielsweise beträgt die jährliche Verdunstungsrate von den Landoberflächen laut Peixoto und Oort (1992) 62×10^3 km^3/a, während Schönwiese (2003) 71×10^3 km^3/a angibt. Dagegen benennen Trenberth et al. (2007) einen noch höheren Wert von 73×10^3 km^3/a. Die Abweichung zwischen Peixoto und Oort (1992) und Trenberth et al. (2007) entspricht 15%. Bezüglich des Niederschlags auf Landoberflächen liegt die Abweichung bei etwa 11%. Folglich sind die Anteile der einzelnen Komponenten im atmosphärischen Wasserhaushalt sowie ihre langfristigen Änderungen, die sie steuernden Prozesse und damit verbundene Energietransporte bereits auf globaler Skala unzureichend bekannte Größen im Klimasystem. Diese Unsicherheiten verstärken sich sogar noch beim Übergang zur regionalen Skala auf Grund der hohen Variabilität bedingt durch Orographie, Bodeneigenschaften, Vegetation und Großwetterlagen. Das Fehlen zuverlässiger Daten wurde bereits von Peixoto und Oort (1992) angesprochen, bleibt aber auch heute noch eines der größten Probleme bei der Quantifizierung des globalen und regionalen atmosphärischen Wasserhaushalts (z.B. Trenberth et al. 2007, Jin und Zangvil 2010). Insbesondere besteht ein Defizit an flächendeckenden räumlich und zeitlich hochaufgelösten Daten für klimatologische Zeiträume.

Die quantitativen Unsicherheiten über die Größe der einzelnen Komponenten im Wasserkreislauf beschränken auch die Aussagemöglichkeiten über langfristige Änderungen im Zuge eines Klimawandels, da nicht ausreichend geprüft werden kann, ob Modelle den gegenwärtigen Wasserhaushalt realistisch wiedergeben. Neben offenen Fragen in der grundlegenden Atmosphären- und Klimaforschung ist das Wissen über den Wasserkreislauf auch essentiell für die Einschätzung der Wasserverfügbarkeit für die Trinkwassernutzung, Landwirtschaft und generell die nachhaltige Entwicklung in verschiedenen Regionen der Erde. Modifikationen der Vegetation oder der Bodenfeuchte, beispielsweise in Folge der Abholzung von Wäldern und Landnutzungsänderungen, verändern in nicht bekannter Weise die Aufteilung der Komponenten des Wasserhaushalts. Die vielfältigen Wechselwirkungen zwischen Landoberflächen und der Atmosphäre machen die Auswirkungen anthropogener Eingriffe besonders auf regionaler Skala schwer vorhersehbar (Chahine 1992). Aus diesem Grund sind modellbasierte regionale atmosphärische Wasserhaushaltsstudien einschließlich der Bestimmung der Variabilität der Komponenten auf klimatologischen Zeitskalen von großer Bedeutung.

1.1 Stand der Forschung

Seit Mitte des 20. Jahrhunderts wurde eine Vielzahl an Studien zum atmosphärischen Wasserhaushalt von der globalen bis hin zur regionalen Skala durchgeführt. Globale Wasserhaushaltsquantifizierungen (z.B. Trenberth und Guillemot 1998, Trenberth et al. 2007) lieferten die Anteile und die Variabilität der verschiedenen Komponenten des Wasserkreislaufs. Wichtige Datengrundlagen sind u.a. globale Modellsimulationen, Satellitenbeobachtungen und globale Niederschlagsmessnetze wie die des GPCP (Global Precipitation Climatology Project; Adler et al. 2003). Globale Wasserhaushaltsanalysen können allerdings auf Grund der zu geringen horizontalen Auflösung, die derzeit bei etwa 100 km liegt (Meissner 2008), nicht die Besonderheiten auf der regionalen Skala (10^4 bis 10^7 km^2; IPCC 2001) wiedergeben. Heterogenitäten bezüglich der Topographie, Bodeneigenschaften, Vegetationsbedeckung u.v.m. rufen hohe Variabilitäten von u.a. Temperaturen, Niederschlagsverteilungen, Windfeldern, Verdunstung hervor. Regionale Wasserhaushaltsanalysen wurden beispielsweise für kontinentale Gebiete mit Ausdehnungen von 10^6 bis 10^7 km^2 (Brubaker et al. 1993, Rasmusson 1968), für mittlere und große Flusseinzugsgebiete (10^5 bis 10^6 km^2; Berbery und Rasmusson 1999, Draper und Mills 2008) oder Meeresregionen wie den Ostsee-Raum (ca. 10^6 km^2; Jacob 2001, Karstens et al. 1996, Raschke et al. 2001) durchgeführt. Die Untersuchung des regionalen Wasserhaushalts großer Flusseinzugsgebiete von ca. 10^5 km^2 im Kontext des globalen Klimawandels war ebenfalls der Schwerpunkt des Verbundprojekts GLOWA (Globaler Wandel des Wasserkreislaufs; www.glowa.org) mit dem Ziel, Strategien für ein nachhaltiges und zukunftsorientiertes Wassermanagement zu entwickeln (z.B. van de Giesen et al. 2002).

Regionale Modellsimulationen bieten ein geeignetes Werkzeug für regionale Wasserhaushaltsstudien, da ihre Auflösung höher als die der Globalmodelle ist. Die Auflösung bisher für Analysen des Wasserhaushalts verwendeter regionaler Modelle reicht etwa von 50 km (Berbery und Rasmusson 1999) bis 14 km (Sodemann et al. 2009). Für Regionen mit komplexer Topographie (z.B. Südwestdeutschland) weisen Feldmann et al. (2008) und Früh et al. (2010) bei einer Modellauflösung von 10 und 18 km positive Effekte auf Niederschlagsfelder, Jahresgänge und die Wiedergabe von Extremereignissen auf Grund der realistischeren Darstellung der Topographie nach. Um kleinräumige Prozesse wie beispielsweise Konvektion und Talwinde wiederzugeben, ist diese Auflösung in vielen Fällen dennoch zu gering. Basierend auf Validierungsstudien des am Institut für Meteorologie und Klimaforschung (IMK-TRO) betriebenen regionalen Klimamodells COSMO-CLM schlagen Meissner (2008) und Meissner et al. (2009) die Anwendung des COSMO-CLM mit einer horizontalen Auflösung von weniger als 10 km vor, um realistische Ergebnisse zu erreichen. Die genannten Studien verdeutlichen, dass die Erhöhung sowohl der räumlichen als auch der zeitlichen Auflösung zu detaillierteren Wasserhaushaltsbilanzierungen und Analysen der Wasserhaushaltsprozesse einer bestimmten Region führt.

Wasserdampfgehalt, Niederschlag, Verdunstung und Advektion sind die wichtigsten Komponenten des atmosphärischen Wasserhaushalts. Für dessen Charakterisierung und zur Beschreibung der entsprechenden Prozesse wurden verschiedene Maßzahlen entwickelt (Brubaker et al. 1993, Budyko 1974). Die Wiederverdunstung von zuvor in einem Gebiet ausgefallenem Niederschlag wird als „Recycling" bezeichnet. Aus dem „Recycling Ratio" (Brubaker et al. 1993, Drozdov und Grigor'eva 1965), der das Verhältnis des Niederschlags, der ausschließlich aus lokal verdunstetem Wasser entsteht, zum Gesamtniederschlag angibt, lässt sich ableiten, welche Bedeutung Verdunstung und Advektion bei der Niederschlagsbildung haben. Brubaker et al. (1993) ermittelten für verschiedene kontinentale Gebiete Werte des „Recycling Ratio" zwischen 0.1 und 0.3, die auf einen geringeren Stellenwert der Verdunstung gegenüber der Advektion schließen lassen. Je größer das betrachtete Gebiet, desto mehr nimmt die Bedeutung der Verdunstung zu. Trenberth (1999) wendete das Konzept des „Recycling Ratio" an, um die globalen Verteilungen der Niederschlagseffizienz (Anteil des Wasserdampfs, der über einer Region ausregnet) und des Verhältnisses von Verdunstung innerhalb einer Region zum horizontalen Feuchtefluss (Moistening Efficiency) zu ermitteln. Anhand des PDSI[1] (Palmer Drought Severity Index; Palmer 1965) stellten Dai et al. (2004) eine globale Tendenz zu mehr Dürren fest. Die Untersuchung von Dürreereignissen von Hao und Bosart (1987) sowie Lyon und Dole (1995) zeigte, dass Dürren mit im Vergleich zum Durchschnitt geringer Evapotranspiration und hoher Wasserdampfdivergenz einhergehen. Unabhängig von Dürreereignissen stehen eine hohe Evapotranspiration und ein geringer Niederschlag im Zusammenhang zur Wasserdampfdivergenz. Eine geringe Verdunstung und ein hoher Niederschlag kann anhand von Wasserdampfkonvergenz erklärt werden. Eine genauere Beschreibung der Zusammenhänge zwischen den Wasserhaushaltskomponenten und der zeitlichen Abfolge der beteiligten Prozesse ist in Zangvil et al. (2001) sowie in Kapitel 8 der vorliegenden Arbeit zu finden.

Bedingt durch die unterschiedlichen den Wasserhaushalt beeinflussenden Prozesse variieren die Komponenten sowohl räumlich als auch zeitlich in weiten Skalenbereichen. Grundsätzlich ist zwischen kurzfristigen (Stunden, Tage) und langfristigen (Monate, Jahreszeiten, Jahre) Zeitskalen zu unterscheiden. Kurze Zeiträume genügen zur Untersuchung spezifischer synoptischer Situationen, die zu Extremereignissen führen, z.B. Oderhochwasser 1997 (Keil et al. 1999) und Elbehochwasser 2002 (Schlüter und Schädler 2010, Sodemann et al. 2009). Die Bilanzierungen sind ein geeignetes Werkzeug, um die zu Starkniederschlägen führenden Prozesse zu analysieren. Keil et al. (1999) stellen für das Oderhochwasser einen engen zeitlichen Zusammenhang zwischen dem in das betrachtete Gebiet transportierten Wasserdampf und dem Niederschlag fest. Der Beitrag der Konvergenz macht 90% bei der Niederschlagsbildung aus, die Verdunstung dagegen nur 8%.

---

[1] Der PDSI entspricht einer Feuchteanomalie im Vergleich zu mittleren lokalen Bedingungen, die Feuchteangebot (Niederschlag, verfügbares Bodenwasser) und Feuchtenachfrage (Evapotranspiration, Abfluss) in Relation setzt.

Der Schwerpunkt der meisten Wasserhaushaltsanalysen liegt überwiegend auf langen Zeiträumen von Monaten bis Jahren und Jahrzehnten. Dabei werden sowohl Mittelwerte (Monate, Jahreszeiten, Jahre) der Wasserhaushaltskomponenten als auch ihre Variabilität innerhalb eines Jahres und zwischen verschiedenen Jahren quantifiziert (Jacob 2001, Simmonds et al. 1999). Bei solchen längerfristigen Studien sind kurzfristige Schwankungen kaum mehr erkennbar und die mittleren Wasserhaushaltsgrößen ergeben statistisch signifikantere Ergebnisse. Der Vergleich der Wasserhaushaltskomponenten verschiedener Zeitskalen zeigt, dass die Korrelation zwischen Verdunstung und Niederschlag von täglichen zu monatlichen Zeitskalen zunimmt (Zangvil et al. 2001). Während im klimatologischen Wasserhaushalt (z.B. Untersuchung über 16 Jahre bei Simmonds et al. 1999) Verdunstung und Niederschlag dominieren, überwiegen innerhalb eines Jahres die Variationen durch Konvergenz und Niederschlag.

Die Untersuchung aller Komponenten des Wasserhaushalts ist für die Verbesserung des Prozessverständnisses, aber auch für das Auffinden von Defiziten in der Modellierung des Wasserhaushalts wichtig (Jacob 2001). Allerdings konnten in bisherigen Studien nicht immer alle Komponenten betrachtet werden. So behandelten Berbery und Rasmusson (1999) nur Niederschlag und Konvergenz oder Komponenten werden zusammengefasst, z.B. als Differenz von Verdunstung und Niederschlag (Trenberth und Guillemot 1995). Ausgangsbasis von Wasserhaushaltsstudien ist weitestgehend eine vereinfachte Wasserhaushaltsgleichung, die den Zusammenhang zwischen der zeitlichen Wasserdampfänderung, Wasserdampfkonvergenz, Evapotranspiration und dem Niederschlag beschreibt (s. Kap. 2.2). Selten werden detaillierte Bilanzierungen wie in Sodemann et al. (2009) durchgeführt, bei denen außer den Änderungsraten bezüglich des Wasserdampfs auch Wasser in flüssiger und fester Form (z.B. Wolkenwasser) berücksichtigt werden.

Die Daten älterer Arbeiten basieren meist auf bodennahen Messungen, vor allem des Niederschlags, und der aus Radiosondenprofilen abgeleiteten Konvergenz des horizontalen Wasserdampftransports (Rasmusson 1968). Mit Weiterentwicklung der Satellitenbeobachtungsverfahren ist der Stellenwert der daraus zu gewinnenden Informationen vor allem für globale Wasserhaushaltsanalysen gestiegen. So kann beispielsweise die Evapotranspiration großer Flusseinzugsgebiete (ca. 10^6 km^2) aus GRACE-Satellitenbeobachtungen der monatlichen Änderung des Erdgravitationsfeldes (Auflösung ca. 400 km; Tapley et al. 2004) abgeleitet werden (Rodell et al. 2004). Desweiteren liefert beispielsweise das globale Messnetz FLUXNET Verdunstungsdaten an ca. 140 Orten (Baldocchi et al. 2001). Auf Grund der geringen räumlichen und zeitlichen Auflösung von Beobachtungsdaten spielen insbesondere Modellsimulationen für die Untersuchung des regionalen atmosphärischen Wasserhaushalts eine große Rolle. Für die Abschätzung von Modellfehlern sind Validierungsstudien unerlässlich. Die sich in Planung befindende Feldkampagne HyMeX (Hydrological cycle in Mediterranean EXperiment, www.hymex.org) soll die Vorteile aus Messungen und Modellsimulationen kombinieren, um Verbesserungen beim Prozessverständnis und bei der Quantifizierung des Wasserkreislaufs und damit verbundener Prozesse im Mittelmeerraum zu erreichen. Neben der Durchführung von Beobachtungsperioden mit einer Dauer von einigen Monaten sollen Messungen für Zeiträume von vier und zehn Jahren die Datengrundlagen liefern, um Prozess- und Wasserhaushaltsstudien in dieser klimasensitiven Region zu realisieren.

Die bisher untersuchten Regionen sind zu groß und die verwendeten Modellauflösungen von mehr als 10 km zu gering, um kleinräumige Variabilitäten von Oberflächeneigenschaften und ihre Wirkung auf den atmosphärischen Wasserhaushalt zu erfassen. So können beispielsweise Änderungen der Vegetationsbedeckung Konsequenzen für die Evapotranspiration und den Feuchtetransport in die Atmosphäre haben (z.B. Brechtel und Hammes 1985). Neben den kurzfristigen Prozessstudien ist die Durchführung langfristiger Analysen notwendig, um die bisher unzureichend bekannten regionsspezifischen und synoptisch-skaligen Einflüsse auf den Wasserhaushalt auszuwerten und statistisch signifikante Ergebnisse zu ermitteln. Räumlich hoch aufgelöste Daten der Wasserhaushaltskomponenten über klimatologische Zeiträume von mehreren Jahrzehnten für die Untersuchung regionaler Klimaänderungen sind bisher jedoch kaum verfügbar.

1.2 Motivation und Zielsetzung

Die bisher durchgeführten Wasserhaushaltsstudien verdeutlichen die hohe räumliche und zeitliche Variabilität der Komponenten und ihrer Zusammenhänge. Eine zuverlässige Quantifizierung des regionalen atmosphärischen Wasserhaushalts wird durch die große Variabilität innerhalb des Gebiets und die zu geringe Dichte von Beobachtungsdaten erschwert. Hohe räumliche Auflösungen sind unerlässlich, um den Einfluss von Oberflächen-eigenschaften auf den Wasserhaushalt zu erfassen. Insbesondere die Topographie spielt eine wichtige Rolle im Zusammenhang mit niederschlagsbildenden Prozessen. Neben der räumlichen ist eine hohe zeitliche Auflösung für die Identifizierung der sich auf den Wasserhaushalt auswirkenden atmosphärischen Prozesse (z.B. konvektive Systeme, Fronten, Hochdruck- und Tiefdruckgebiete) erforderlich.

Für u.a. klimatologische, hydrologische, land- und wasserwirtschaftliche Fragestellungen werden räumlich und zeitlich integrierte Wasserhaushaltskomponenten benötigt, für deren realistische Bestimmung hochaufgelöste Daten unentbehrlich sind. Die bisher untersuchten Gebiete sind mit mehr als 10^5 km^2 jedoch zu groß, um Wasserhaushaltsanalysen z.B. für kleine Flusseinzugsgebiete oder für land- und forstwirtschaftlich genutzte Flächen durchzuführen. Das gewählte Integrationsvolumen und der betrachtete Zeitraum spielen für die Wasserhaushaltsgrößen und ihre Abhängigkeit zu synoptisch-skaligen und regions-spezifischen Einflussfaktoren eine maßgebliche Rolle. Dies ist bei der Interpretation der Wasserhaushaltsquantifizierungen zu berücksichtigen. Auf Stunden- und Tagesbasis berech-nete Wasserhaushalte werden durch die auf gleicher Zeitskala variierenden atmosphärischen

Prozesse bestimmt. Die Ergebnisse eignen sich vor allem für Fallstudien zur Niederschlagsbildung durch synoptisch-skalige Systeme und deren Beeinflussung durch die Topographie. Quantifizierungen über längere Zeiträume von Monaten und Jahren ermöglichen statistische Untersuchungen und Abschätzungen zur Bedeutung langsam variierender Einflussgrößen, wie z.B. der Vegetation und der Bodenfeuchte.

Regionale Wettervorhersage- und Klimamodelle bieten ein geeignetes Werkzeug zur Bilanzierung des atmosphärischen Wasserhaushalts unter Berücksichtigung aller relevanten Komponenten. Die Wasserhaushaltsgleichung resultiert aus der Massenerhaltung des Wassers in allen Aggregatzuständen. Aus dieser Gleichung lässt sich eine unbekannte Größe bei Kenntnis der anderen Komponenten abschätzen. Dies ist insbesondere dann wichtig, wenn nicht alle Wasserhaushaltsgrößen anhand von Beobachtungen bestimmt werden können. Liegen alle Komponenten unabhängig voneinander aus Daten vor, so enthält das Residuum der Wasserhaushaltsgleichung die Summe aller Fehler der Einzelkomponenten und ermöglicht damit eine Bewertung der Datenqualität. Eine Synthese der Vorteile von Modellsimulationen und Beobachtungsdaten bietet eine ausgezeichnete Möglichkeit, einen Informationsgewinn zu erreichen und für Wasserhaushaltsstudien zu nutzen.

Die Wasserhaushaltsanalysen der vorliegenden Arbeit unterscheiden sich von bisher durchgeführten Studien durch folgende Merkmale:

- Untersuchung des atmosphärischen Wasserhaushalts für Gebietsgrößen von weniger als 10^5 km^2
- Verwendung hochaufgelöster Modellsimulationen (ca. 7 km) in Verbindung mit Beobachtungsdaten
- Einbeziehen der Daten der modernen GPS-Messtechnik zur Bestimmung des atmosphärischen Wasserdampfgehalts
- Berücksichtigung aller für den Wasserhaushalt relevanten Prozesse in der Bilanzierung
- Ermittlung der Einflüsse regionsspezifischer (Topographie) und synoptisch-skaliger (Wetterlagen) Faktoren auf die Wasserhaushaltskomponenten für Episoden und längerfristige Zeiträume

Die vorliegende Arbeit setzt den Schwerpunkt auf die Bedeutung mesoskaliger und regionsspezifischer Wasserhaushalte und geht dabei auf die auf diesen Skalen wirksamen synoptischen Systeme, Landoberflächenprozesse und Topographieeffekte ein. Für diese Skalen werden die Wasserhaushaltskomponenten mittels Modellsimulationen und Beobachtungen quantifiziert und Lösungsmöglichkeiten für die vollständige Bilanzierung des atmosphärischen Wasserhaushalts entwickelt. Im Einzelnen werden für ausgewählte Regionen und im Rahmen von kurz- sowie längerfristigen Analysen die folgenden Hypothesen geprüft:

1. **Eine Wasserhaushaltsanalyse unter Berücksichtigung aller relevanten Komponenten eignet sich zur Modellvalidierung und insbesondere auch für das Erkennen von Modellunsicherheiten.**

Es ist das Ziel zu zeigen, dass räumlich integrierte Wasserhaushaltsgrößen mit weniger Unsicherheiten und durch eine höhere statistische Signifikanz als Punktdaten ausgezeichnet sind, so dass die Ergebnisse der Wasserhaushaltsquantifizierungen besser interpretierbar sind. Die Bestimmung räumlich integrierter Komponenten wäre demzufolge einer punktweisen Betrachtung vorzuziehen, da beispielsweise die Niederschlagsverteilung sehr heterogen und mit hohen räumlichen Variabilitäten verbunden ist.

2. **Ein neues Kombinationsverfahren von Modelldaten und mittels des Globalen Positionierungssystems (GPS) bestimmten atmosphärischen Säulenwasserdampfgehalten liefert eine geeignete Methode zur Bestimmung der Wasserhaushaltskomponenten Niederschlag und Verdunstung.**

Es ist nachzuweisen, dass die Berechnung des Niederschlags und der Verdunstung mittels dieses Verfahrens zu einer Verbesserung der Simulationsergebnisse führt.

3. **Die Beiträge und die relative Bedeutung der Komponenten des atmosphärischen Wasserhaushalts unterscheiden sich statistisch signifikant für verschiedene Wetterlagen.**

Aus der Hypothese ergibt sich das Ziel, die modellbasierte Bestimmung der Wasserhaushaltskomponenten für verschiedene Wetterlagen anzuwenden und die Ergebnisse statistisch zu analysieren. Bei Bestätigung der Hypothese ergibt sich daraus ein wichtiges Werkzeug, mit dem Erkenntnisse für die Untersuchung der Änderung von Wetterlagen im Zusammenhang mit Klimaänderungen gewonnen werden können. So wäre beispielsweise die Entwicklung geeigneter Indikatoren anhand relativer Beiträge der Wasserhaushaltskomponenten zum Erkennen von Extremereignissen möglich.

4. **Die verschiedenen Prozesse des atmosphärischen Wasserhaushalts intensivieren sich in kleinräumigen Gebieten (ca. 50 km × 50 km) über Mittelgebirgen.**

Für die mittleren Beiträge der Wasserhaushaltskomponenten ist zu zeigen, dass diese sich über orographisch gegliedertem Gelände (Mittelgebirge) im Vergleich zu Flusstälern mit geringen Höhengradienten erhöhen.

Die Wasserhaushaltsstudien werden exemplarisch für Südwestdeutschland durchgeführt. Zum Einen liegen für das Untersuchungsgebiet Beobachtungsdaten der Messkampagne COPS (Convective and Orographically-induced Precipitation Study) zur Modellvalidierung vor. Zum Anderen ist die Durchführung hochaufgelöster regionaler Modellsimulationen mit COSMO für Südwestdeutschland intensiv erprobt (Meissner 2008, Meissner und Schädler 2008, Meissner et al. 2009). Desweiteren zeichnet sich die Region durch verschiedene

Geländeformen (Rheintal, Mittelgebirge) aus und ist daher für die Analyse des Einflusses der Topographie geeignet. Die gewonnenen Erkenntnisse können auf andere Regionen übertragen werden, was im Rahmen dieser Arbeit allerdings nicht umgesetzt wird.

Zur Prüfung der Hypothesen gliedert sich die vorliegende Arbeit in folgende Teile: Die Grundlagen zur Bilanzierung des atmosphärischen Wasserhaushalts werden in Kapitel 2 erläutert. Eine Beschreibung des COSMO-Modells, das für die hochauflösenden regionalen Modellsimulationen verwendet wird, folgt in Kapitel 3. Kapitel 4 beschäftigt sich mit der Fernerkundung der Atmosphäre mittels GPS sowie mit zur Wasserhaushaltsbestimmung verwendbaren Messungen während der COPS-Kampagne. In Kapitel 5 erfolgt zunächst eine Einführung in das Konzept der Kontrollvolumina und der Kombination von GPS- und Modelldaten. Desweiteren werden technische Aspekte zur Durchführung regionaler Modellsimulationen sowie die Auswahl der Kontrollvolumina erläutert. Für die Modellvalidierung und –analyse relevante statistische Methoden werden ebenfalls hier beschrieben. Anschließend widmet sich das Kapitel 6 dem stations- und volumenbasierten Vergleich von Modell- und Messdaten einzelner COPS-Episoden (Hypothese 1). Die Fallstudien dienen der Untersuchung von Prozessen im Wasserhaushalt auf kurzen Zeitskalen unter verschiedenen synoptischen Einflüssen. Ebenso wird auf den Einfluss der Topographie eingegangen. Die Modellvalidierung der räumlich integrierten Wasserhaushaltskomponenten eines längeren Zeitraums (Sommer 2007) anhand von COPS-Beobachtungen wird in Kapitel 7 behandelt. Es folgt die Bestimmung der Verdunstung und des Niederschlags anhand der Kombination der Modell- und GPS-Daten und die Prüfung, ob die berechneten Ergebnisse zu einer besseren Übereinstimmung mit den Beobachtungen führen (Hypothese 2). Kapitel 8 geht auf die Analyse des atmosphärischen Wasserhaushalts eines längeren Zeitraums ein (Sommermonate 2005 bis 2009). Es werden die Einflüsse von Wetterlagen für Kontrollvolumina mit Grundflächen in der Größenordnung von 10^4 km^2 sowie die statistische Signifikanz der Quantifizierungen untersucht (Hypothese 3). Desweiteren wird die Intensivierung des Wasserhaushalts über kleinräumigen bergigen Regionen mit räumlichen Ausdehnungen von etwa 10^3 km^2 ausgewertet (Hypothese 4). Zusammenfassung und Schlussfolgerungen sind in Kapitel 9 zu finden.

2 Bilanzierung des atmosphärischen Wasserhaushalts

Wie in Kapitel 1 beschrieben, bestimmen im Wesentlichen der horizontale Feuchtetransport, die Evapotranspiration sowie der Niederschlag den Wasserdampfgehalt in der Atmosphäre. Auf Grund der Massenerhaltung im Wasserkreislauf ergibt sich die zeitliche Änderung der atmosphärischen Feuchte aus diesen für den Wasserhaushalt relevanten Prozessen. Im Folgenden wird auf wichtige Charakteristika der Wasserhaushaltsgrößen eingegangen und die Gleichung zur Beschreibung des Wasserhaushalts hergeleitet.

2.1 Komponenten des atmosphärischen Wasserhaushalts

In diesem Kapitel werden einige Aspekte zur räumlichen und zeitlichen Variabilität des atmosphärischen Wasserdampfgehalts, des advektiven Feuchtetransports, der Evapotranspiration und des Niederschlags angesprochen. Neben typischen Größenordnungen der Wasserhaushaltskomponenten für Mitteleuropa wird bezüglich der Verdunstung und des Niederschlags ein kurzer Überblick zu ihren Einflussfaktoren gegeben.

2.1.1 Wasserdampf in der Atmosphäre

Obwohl die in der Atmosphäre gespeicherte Wassermenge nur 0.001% des gesamten Wasservorrats der Erde ausmacht (Peixoto und Oort 1992), ist der atmosphärische Wasserdampf ein bedeutender Bestandteil des Wasserkreislaufs und an vielen wichtigen Prozessen innerhalb des Klimasystems beteiligt. Bereits kleine Schwankungen des Wasserdampfgehalts durch Transportprozesse und Phasenumwandlungen können starke Änderungen in der Bewölkung und damit in der kurzwelligen Strahlungsbilanz bewirken (Chahine 1992). Für Infrarotstrahlung ist Wasserdampf der wichtigste Absorber. Im Zuge einer Erderwärmung wird die Rolle des Wasserdampfs sogar noch wichtiger, da erhöhte Verdunstung in Folge steigender Erdoberflächentemperaturen zu höheren Wasserdampfkonzentrationen führt (Held und Soden 2000, IPCC 2007).

Der spezifische Wasserdampfgehalt q_v ist definiert als Verhältnis der Masse des Wasserdampfs zur Masse feuchter Luft im gleichen Volumen. Der Wasserdampfgehalt, der in einer Luftsäule mit einer Einheitsfläche und einer vertikalen Ausdehnung vom Erdboden bis zum Oberrand der Atmosphäre enthalten ist, ist gegeben als (Peixoto und Oort 1992):

$$W_v(\lambda, \varphi, t) = \int_0^{p_o} q_v \frac{dp}{g}. \tag{2.1}$$

Die Größe p bezeichnet den Druck und g die Schwerebeschleunigung. Dabei entspricht W_v mit der Einheit kg/m² der Menge an Wasser innerhalb einer Einheitssäule in der Atmosphäre, die als Niederschlag ausfallen kann, wenn der gesamte Wasserdampf kondensiert. W_v wird auch als atmosphärischer Säulenwasserdampfgehalt bezeichnet. Der globale Wassergehalt in der Atmosphäre liegt in einer Größenordnung von 0.013×10^6 km³, was als Flüssigwasser einer gleichmäßigen Schicht mit der Höhe von 2.5 cm über der gesamten Erdoberfläche entsprechen würde (Peixoto und Oort 1992). Unter der Annahme eines mittleren globalen jährlichen Niederschlags von 1 m ergibt sich aus dem Verhältnis des atmosphärischen Wassergehalts und der Niederschlagsrate eine durchschnittliche Verweilzeit des Wassers in der Atmosphäre von 0.025 Jahren bzw. 9 Tagen. Daraus resultiert, dass der Wasserdampf in der Atmosphäre pro Jahr etwa 40 Mal erneuert wird.

Die globale Feuchteverteilung spiegelt sich sehr stark in der Temperaturverteilung wider, da der Wasserdampfgehalt der Atmosphäre im hohen Maße von der Temperatur abhängt. Der spezifische Wasserdampfgehalt an der Oberfläche liegt in Mitteleuropa im Jahresmittel bei etwa 6 g/kg (Peixoto und Oort 1992), der Säulenwasserdampfgehalt bei etwa 15 bis 20 kg/m² (Peixoto und Oort 1992, Trenberth und Guillemot 1998). Die tägliche Variabilität der spezifischen Feuchte an der Erdoberfläche beträgt etwa 2 g/kg, die des Säulenwasserdampfgehalts etwa 9 kg/m² (zonale Jahresmittelwerte bei etwa 50° nördlicher Breite; Peixoto und Oort 1992). Räumlich variiert die spezifische Feuchte um etwa 1 g/kg bzw. der Säulenwasserdampfgehalt um etwa 1 kg/m² (zonale Jahresmittelwerte der Ost-West-Standardabweichung bei etwa 50° nördlicher Breite). Die vertikale Struktur der spezifischen Feuchte zeigt Maximalwerte in Bodennähe und eine Abnahme des spezifischen Wasserdampfgehalts mit der Höhe (Peixoto und Oort 1992). Mehr als 50% des atmosphärischen Wasserdampfs befinden sich unterhalb von 850 hPa (ca. 1.5 km) und mehr als 90% unterhalb von 500 hPa (ca. 6 km). Typische relative Luftfeuchtigkeiten betragen 70 bis 80% in der Nähe der Oberfläche und 30 bis 50% bei 400 hPa. Die Variabilität der spezifischen Feuchte ist in Bodennähe am größten.

Das Aufsteigen wasserdampfhaltiger Luftmassen über das Kondensationsniveau führt zur Bildung von Wolken, die aus Wassertropfen und Eispartikeln bestehen. Neben dem vertikalen Massen- und Energietransport werden wasserdampfhaltige Luftmassen durch horizontale Advektion umverteilt. Der advektive Wasserdampftransport wird im folgenden Abschnitt kurz beschrieben.

2.1.2 Advektiver Wasserdampftransport

Auf Grund der Lage Mitteleuropas in der Westwindzone ist der Transport warmer und feuchter Luftmassen vom Atlantik vorherrschend. Dabei variiert die Richtung, aus der die Luftmassen nach Mitteleuropa kommen. Maritime tropische Luft kommt auch aus dem Mittelmeerraum, während warme und trockene Luftmassen (kontinentale Tropikluft) aus Nordafrika, Kleinasien, Arabien und im Sommer auch aus Südrussland nach Europa transportiert werden. Aus nördlich von Mitteleuropa liegenden Gebieten strömt Polarluft ein. Aus nordwestlicher Richtung kommend zieht diese über Meere und nimmt Wasserdampf auf, während Luftmassen aus nordöstlicher Richtung trocken sind (Häckel 1999). Der horizontale Transport von Wasserdampf $\boldsymbol{Q}_{v,h}$ in kg/(ms) wird beschrieben als (Peixoto und Oort 1992):

$$\boldsymbol{Q}_{v,h}(\lambda, \varphi, t) = \int_0^{p_o} q_v \boldsymbol{v}_h \frac{dp}{g} = Q_{v,\lambda} \boldsymbol{e}_\lambda + Q_{v,\varphi} \boldsymbol{e}_\varphi, \tag{2.2}$$

wobei die zonale und meridionale Komponente von $\boldsymbol{Q}_{v,h}$ folgendermaßen lauten:

$$Q_{v,\lambda} = \int_0^{p_o} q_v u \frac{dp}{g}, \tag{2.3}$$

$$Q_{v,\varphi} = \int_0^{p_o} q_v v \frac{dp}{g}. \tag{2.4}$$

Die Variable $\boldsymbol{v}_h$ entspricht dem horizontalen Windgeschwindigkeitsvektor mit der zonalen Komponente u und der meridionalen Komponente v.

Das Muster des mittleren zonalen Wasserdampftransports spiegelt die allgemeine Zirkulation in der unteren Hälfte der Atmosphäre und folglich die Ostwinde in den Tropen sowie Westwinde in den mittleren Breiten wider (Peixoto und Oort 1992). Der mittlere jährliche zonale Feuchtefluss beträgt in Mitteleuropa 50 kg/(ms). Der turbulente Anteil des zonalen Transports macht etwa 5 bis 9 kg/(ms) aus. Das Vertikalprofil des zonalen Wasserdampftransports zeigt eine Zunahme vom Boden bis zu einem Maximum bei etwa 600 hPa (Peixoto und Oort 1992), was mit dem Anstieg der Windgeschwindigkeit mit der Höhe verbunden ist. Obwohl die meridionalen Wasserdampftransporte um einen Faktor 2 bis 3 kleiner als die zonalen Feuchtetransporte sind, sind sie besonders relevant für die Aufrechterhaltung der globalen Massen- und Energiebilanz der Atmosphäre. Während des Jahres findet in den mittleren Breiten überwiegend ein Transport warmer und feuchter Luftmassen in Richtung der Pole statt. Der Jahresmittelwert des meridionalen Transports beträgt etwa 20 kg/(ms), sein turbulenter Anteil liegt zwischen 10 und 19 kg/(ms) und nimmt damit einen größeren Anteil als der zonale turbulente Wasserdampftransport ein (Peixoto und Oort 1992). Im Gegensatz zu den zonalen Feuchtetransporten treten die Maxima des meridionalen Wasserdampfflusses näher an der Oberfläche auf. Die Vertikalstruktur zeigt, dass der meridionale Feuchtefluss in allen Höhen polwärts gerichtet ist und maximale Intensitäten in den mittleren Breiten unterhalb von 850 hPa aufweist.

Der vertikale Wasserdampftransport ist besonders an der Erdoberfläche von großer Bedeutung, da er den atmosphärischen und terrestrischen Teil des Wasserkreislaufs verbindet. Nach oben gerichtete Wasserdampfbewegungen treten in Folge von Konvergenz in Tiefdruckgebieten auf. Absinkvorgänge kommen dagegen in Hochdruckgebieten vor und führen zu bodennaher Divergenz (Peixoto und Oort 1992).

2.1.3 Evapotranspiration

Zu den wesentlichen Prozessen im Wasserkreislauf gehört die Evapotranspiration E_v in kg/(m²s), die dem Verhältnis des latenten Wärmeflusses E_0 in W/m² zur Verdampfungswärme von Wasser $L = 2.5\ MJ/kg$ entspricht (Peixoto und Oort 1992). Die größten Mengen an Wasserdampf gelangen durch die Verdunstung von Ozeanen in die Atmosphäre. Auf den Kontinenten findet Evaporation von Wasseroberflächen, Böden, Schnee- und Eisfeldern statt. Dabei wird die direkte Umwandlung von der festen Wasserphase in Wasserdampf als Sublimation bezeichnet. Desweiteren geben Pflanzen Wasser über ihre Stomata an die Atmosphäre ab (Transpiration). Der Begriff Evapotranspiration kombiniert Evaporations- und Transpirationsvorgänge. Niederschlag kann auf Pflanzenoberflächen abgefangen und zurückgehalten werden (Interzeption), so dass er nicht in den Boden gelangt, sondern direkt wieder von den Pflanzenoberflächen verdunstet (Schönwiese 2003). Wichtige Einflussfaktoren für die Evapotranspiration sind Eigenschaften des Bodens wie der Bodenwassergehalt bzw. die Bodenfeuchte, die Struktur der Bodenmatrix, Albedo, Rauigkeitslänge und die jahreszeitlich variable Vegetationsbedeckung. Sind Böden an Wasser gesättigt, ist der Bodenwassergehalt kein limitierender Faktor für die Verdunstung. Die maximale Wassermenge, die eine wassergesättigte Oberfläche durch Verdunstung verlieren kann, entspricht der potentiellen Verdunstung. Üblicherweise ist die tatsächliche Evapotranspiration geringer, da Bodenoberflächen nicht wassergesättigt sind und die Transpirationsrate von Pflanzen nicht immer maximal ist. Dennoch ist die potentielle Evapotranspiration eine wichtige Kenngröße für landwirtschaftliche und hydrologische Fragestellungen.

Abschätzungen aus latenten Wärmeflüssen in Kalthoff et al. (1999) ergeben, dass die Evapotranspiration im Sommer im Rheintal typischerweise etwa zwischen 2 und 3 mm/d liegt. Nach Baumgartner und Reichel (1975) beträgt die jährliche Verdunstungsrate in Mitteleuropa 400 mm. Allerdings ist zu beachten, dass die räumliche Variabilität der Verdunstung sehr hoch ist und sich die Evapotranspirationsrate verschiedener Standorte in Abhängigkeit u.a. der Boden- und Oberflächeneigenschaften sowie der Exposition unterscheidet. Die Verdunstung hat einen typischen Tagesgang, mit einem Maximum kurz nach dem Zeitpunkt der höchsten solaren Einstrahlung. Auf Grund der thermischen Trägheit des Bodens ist das Maximum der Bodenoberflächentemperatur etwas verschoben. Für die Verdunstung ist die

Zufuhr von Energie in Form solarer Strahlung bzw. aus dem Wärmevorrat von Böden, Wasser und Luft notwendig (Häckel 1999). Der latente Wärmefluss wird durch Bewölkung und damit Verringerung der solaren Strahlung reduziert. Desweiteren steuert der Wasserdampfgehalt der Atmosphäre die Evapotranspiration, der wiederum durch die Lufttemperatur beeinflusst wird. Winde transportierten wasserdampfhaltige Luft in andere Gebiete und sorgen somit für die Erhöhung von Feuchtegradienten und für die Förderung der Verdunstung. Ein weiterer Einflussfaktor ist die Stabilität der Atmosphäre.

Es gibt eine Vielzahl an Methoden zur Bestimmung der Verdunstung, die von Messungen bis zu Berechnungen aus anderen meteorologischen Größen reichen. Dazu gehören beispielsweise die Eddy-Korrelations- und Fluss-Gradienten-Methode sowie die Berechnung aus der Energiebilanzgleichung. Eine Möglichkeit der Abschätzung der großräumigen langfristigen Evapotranspiration aus der terrestrischen Wasserhaushaltsgleichung basiert auf GRACE-Satellitenbeobachtungen des Erdgravitationsfeldes (Rodell et al. 2004). Die Näherungsformel von Penman ist bekannt für die Bestimmung der potentiellen Verdunstung. Die Vergleichbarkeit verschiedener Messmethoden ist allerdings oftmals nicht gegeben. Abgesehen davon, dass generell die Messung von Wasserhaushaltsgrößen einer Region schwierig ist, gilt dies insbesondere auch für Punktmessungen der Evapotranspiration, die mit hohen Unsicherheiten verbunden sind (Brutsaert 1988). Ungenauigkeiten bezüglich der Messungen bestehen vor allem auch, weil regionsspezifische Kalibrierungen unter Verwendung zusätzlicher Daten von z.B. der Lufttemperatur, Windgeschwindigkeit und Oberflächenparametern notwendig sind (Rodell et al. 2004). Methoden zur Verdunstungsbestimmung werden hier nicht weiter besprochen. Detaillierte Ausführungen sind u.a. in Brutsaert (1988) und Peixoto und Oort (1992) zu finden.

2.1.4 Niederschlag

Durch das Aufsteigen wasserdampfhaltiger Luftmassen und ihre Hebung über das Kondensationsniveau wird Wasserdampf in Flüssigwasser und Eis umgewandelt und es kommt zur Bildung von Niederschlag. Ausgefallenes Niederschlagswasser wird auf den Kontinenten beispielsweise zwischenzeitlich als Schnee und Bodenwasser gespeichert oder von den Oberflächen der Vegetation (Interzeption) abgefangen. Im Sommer sind insbesondere Konvektionsprozesse für die Niederschlagsentwicklung von Bedeutung. Die für Konvektion verfügbare potentielle Energie CAPE (Convective Available Potential Energy) ist ein Maß für die Intensität der Konvektion und die Bildung konvektiven Niederschlags, wenn die notwendigen Voraussetzungen für die Auslösung gegeben sind. Ausführliche Erläuterungen zur Konvektionsinitialisierung sind u.a. in Khodayar (2009) zu finden. Der Einfluss von Wetterlagen und Topographie auf den Niederschlag und seine Bedeutung im Wasserhaushalt wird in den Kapiteln 6 und 8 besprochen.

Mitteleuropa liegt in der gemäßigten Klimazone, die durch warme, trockene Sommer und kühle, feuchte Winter charakterisiert wird. Die jährliche Niederschlagssumme liegt oberhalb von 700 mm (Häckel 1999). Wie schon bei der Evapotranspiration angesprochen, weist auch der Niederschlag eine hohe räumliche und zeitliche Variabilität auf. Der Jahresgang des Niederschlags zeichnet sich durch je ein Maximum im Sommer und Winter aus, wobei das sommerliche Maximum üblicherweise überwiegt. Die Größenordnungen der monatlichen Niederschlagssummen an den Stationen Mannheim und Feldberg sind sowohl für die Maxima als auch die Minima in Tabelle 2.1 zusammengestellt. Die geringsten Niederschläge treten im Februar und Oktober auf. Vergleiche der monatlichen Evapotranspirations- und Niederschlagsraten an der forstmeteorologischen Messtelle in Hartheim von 1978 bis 1991 zeigen beispielsweise, dass die Verdunstung den Niederschlag von März bis Juli übersteigt (Mayer et al. 2005). Dagegen besteht von August bis Februar ein Überschuss an Niederschlag gegenüber der Verdunstung.

Station	Februar	Juni	Oktober	Dezember
Mannheim	40	70	60	50
Feldberg	120	170	160	180

Tab. 2.1: Größenordnung der monatlichen Niederschlagssummen in mm an den Stationen Mannheim und Feldberg (http://www2.lubw.baden-wuerttemberg.de).

2.2 Herleitung der Wasserhaushaltsgleichung

Werden im (x, y, p, t)-System, in dem der Druck p die Vertikalkoordinate und $\omega = \partial p / \partial t$ die Vertikalgeschwindigkeit ist, die Gleichung zur Beschreibung der Erhaltung des Wasserdampfs in der Atmosphäre

$$\frac{\partial q_v}{\partial t} + v_h \cdot \nabla q_v + \omega \frac{\partial q_v}{\partial p} = s_{q_v} + D \tag{2.5}$$

und die Kontinuitätsgleichung bei Divergenzfreiheit

$$\nabla \cdot v_h + \frac{\partial \omega}{\partial p} = 0 \tag{2.6}$$

kombiniert, ergibt sich folgende Form für die Wasserdampfhaushaltsgleichung der Atmosphäre (Trenberth und Guillemot 1995):

$$\frac{\partial q_v}{\partial t} + \nabla \cdot (q_v v_h) + \frac{\partial (q_v \omega_v)}{\partial p} = s_{q_v} + D_{q_v} . \tag{2.7}$$

Der Term s_{q_v} bezeichnet die Phasenumwandlungen von und in Wasserdampf und wird durch die Differenz aus Verdunstungs- und Kondensationsrate beschrieben. Die Variable D_{q_v} entspricht der Änderung der spezifischen Feuchte durch molekulare und turbulente Diffusion. Analog zu Gleichung 2.7 wird für Flüssigwasser und Eis, die mit den Indizes l und f bezeichnet werden, eine Bilanzgleichung aufgestellt:

$$\frac{\partial(q_l + q_f)}{\partial t} + \nabla \cdot \left[(q_l + q_f)v_h\right] + \frac{\partial(q_l\omega_l + q_f\omega_f)}{\partial p} = -s_{q_v} \,. \tag{2.8}$$

Die vertikale Integration der zusammengefassten Gleichungen 2.7 und 2.8 vom Erdboden bis zum Oberrand der Atmosphäre ergibt die Bilanzgleichung für den gesamten Wassergehalt einer Einheitssäule (Peixoto und Oort 1992):

$$\frac{\partial(W_v + W_l + W_f)}{\partial t} = -\nabla \cdot \left(Q_{v,h} + Q_{l,h} + Q_{f,h}\right) + E_v - P \,. \tag{2.9}$$

Die Terme W_l bzw. W_f und $Q_{l,h}$ bzw. $Q_{f,h}$ werden analog zu den Gleichungen 2.1 und 2.2 bestimmt. Die vertikalen Integrale der molekularen und turbulenten Diffusion sowie des vertikalen Transports von flüssigem und festem Wasser entsprechen der Verdunstung E_v sowie dem Niederschlag P an der Erdoberfläche. Gleichung 2.9 kann vereinfacht auch formuliert werden als

$$\frac{\partial W}{\partial t} = -\nabla \cdot Q_h + E_v - P \tag{2.10}$$

mit W dem Gesamtwassergehalt einer Luftsäule und Q_h dem horizontalen Transport von Wasserdampf, Flüssigwasser und Eis. Die zeitlichen Änderungen von Flüssigwasser und Eis sowie die Änderungsraten auf Grund von Konvergenz können auf Grund von $\partial W_l/\partial t \ll \partial W_v/\partial t$ bzw. $\partial W_f/\partial t \ll \partial W_v/\partial t$ und $Q_{l,h} \ll Q_{v,h}$ bzw. $Q_{f,h} \ll Q_{v,h}$ vernachlässigt werden (Peixoto und Oort 1992). Da beispielsweise die vertikal integrierten Wolkenwassergehalte mit ca. 0.12 kg/m² wesentlich geringer als die Säulenwasserdampfgehalte mit ca. 23.34 kg/m² sind (globale 30-Tagesmittelwerte; Tiedtke 1993), gilt das auch für die gesamten Änderungsraten und die Änderungen auf Grund horizontaler Konvergenz. Die Vernachlässigung dieser Beiträge gilt nicht für Cumulonimbus-Wolken in den Tropen oder über warmen ozeanischen Strömungen (Peixoto 1973). In den Tropen sind die mittleren Säulenwasserdampfgehalte mit etwa 45 kg/m² in Vergleich zu den anderen Regionen der Erde maximal (Peixoto und Oort 1992). Die in der Innertropischen Konvergenzzone (ITCZ) stattfindenden intensiven Auftriebe wasserdampfhaltiger Luftmassen führen zu hohen Umwandlungsraten in Flüssigwasser und Eis und schließlich zu jährlichen Niederschlagsraten von etwa 2000 kg/m² (Peixoto und Oort 1992).

Unter den eben genannten Annahmen kann die vereinfachte Wasserhaushaltsgleichung formuliert werden:

$$\frac{\partial W_v}{\partial t} = -\nabla \cdot \boldsymbol{Q}_{v,h} + E_v - P \ . \tag{2.11}$$

Bei klimatologischen Zeitreihen entspricht die gesamte Wasserdampfänderung im Mittel Null, so dass Gleichung 2.11 genutzt werden kann, um aus der Konvergenz $-\nabla \cdot \boldsymbol{Q}_{v,h}$ die Differenz zwischen Verdunstung und Niederschlag $E_v - P$ abzuschätzen (Peixoto und Oort 1992). Überwiegt die Evapotranspiration den Niederschlag, ergibt sich für den Konvergenzterm ein negativer Wert, der einer Divergenz entspricht. Diese Verhältnisse treten in mit Hochdruckgebieten verbundenen Absinkbereichen auf. Liegt dagegen ein Überschuss an Niederschlag vor, nimmt $-\nabla \cdot \boldsymbol{Q}_{v,h}$ einen positiven Wert an, der mit einer Konvergenz übereinstimmt, die im Zusammenhang mit aufsteigenden Luftmassen in Tiefdruckgebieten steht. Nachdem in diesem Abschnitt die vereinfachte Bilanzgleichung für den atmosphärischen Wasserhaushalt hergeleitet wurde, folgt im nächsten Kapitel die Beschreibung der Bilanzierung des atmosphärischen Wasserhaushalts, wie sie im COSMO-Modell realisiert ist.

3   Das Modellsystem COSMO

COSMO (Consortium for Small-Scale Modelling; früher Lokal-Modell LM) ist das nicht-hydrostatische regionale Wettervorhersagemodell des Deutschen Wetterdienstes (DWD) und wird seit Dezember 1999 eingesetzt. Es wurde für die hochaufgelöste operationelle Wettervorhersage und verschiedene wissenschaftliche Anwendungen im mesoskaligen Bereich (Meso-β- und Meso-γ-Skala, s. Tab. 3.1) entwickelt.

Skala	Meso-α	Meso-β	Meso-γ
von	2000 km	200 km	20 km
bis	200 km	20 km	2 km

Tab. 3.1: Einteilung der Mesoskala (Kraus 2004).

Beim DWD werden die operationellen Vorhersageläufe COSMO-EU und COSMO-DE durchgeführt. Die COSMO-EU-Simulationen (früher LME) umfassen ganz Europa bei einer horizontalen Auflösung von 7 km. Das Modellgebiet der COSMO-DE-Simulationen (früher LMK) erstreckt sich über Deutschland, die Schweiz, Österreich und Teile der anderen Nachbarstaaten und hat eine horizontale Auflösung von 2.8 km. Die operationellen COSMO-Vorhersagen werden zu jedem Zeitschritt durch Datenassimilationen (www.dwd.de) korrigiert. Die hierfür verwendeten Beobachtungen umfassen Daten von:

- Landstationen und Schiffen (Bodendruck, Feuchte und Temperatur in 2 Metern und Windfeld in 10 Metern über der Erdoberfläche)
- Bojen (Bodendruck und Windfeld in 10 Metern über dem Wasser)
- Radiosonden (Vertikalprofile von Wind, Temperatur und Feuchte)
- Flugzeugen (Wind und Temperatur)
- Windprofilern (Wind-Vertikalprofile)
- Niederschlagsanalysen bodengebundener Radarsysteme (nur bei COSMO-DE).

Mehrere europäische Wetterdienste und andere Forschungseinrichtungen sind an der Verwendung und Weiterentwicklung von COSMO für die operationelle Wettervorhersage beteiligt. Für Forschungszwecke ist der Quellcode frei nutzbar. Desweiteren hat sich eine Nutzergruppe entwickelt, die COSMO für Klimasimulationen einsetzt. Die erste Version des COSMO-CLM (COSMO model in CLimate Mode) wurde von Wissenschaftlern an der BTU Cottbus, am Helmholtz-Zentrum Geesthacht (HZG) und am Potsdam-Institut für

Klimafolgenforschung (PIK) entwickelt. Das Karlsruher Institut für Technologie (Institut für Meteorologie und Klimaforschung, IMK-TRO) beteiligt sich an der Weiterentwicklung des COSMO-CLM seit 2004 (Meissner 2008). Seit 2007/08 sind COSMO und COSMO-CLM zu einer Modellversion vereinheitlicht worden, die sowohl für Vorhersage- als auch Klimasimulationen verwendbar ist. In naher Zukunft wird das Modellsystem COSMO-ART (Aerosols and Reactive Trace gases; Vogel et al. 2009) in den Klimamodus überführt (CLM-ART), um Wechselwirkungen von Aerosolen mit der Atmosphäre anhand hochaufgelöster Klimasimulationen zu analysieren. In der vorliegenden Arbeit wird vom Modellsystem COSMO gesprochen und im Rahmen der Auswertungen benannt, ob der Vorhersage- oder Klimamodus für die Simulationen angewendet wurde.

3.1 Beschreibung des COSMO-Modells

Zunächst werden in diesem Kapitel grundlegende, die Dynamik und Numerik betreffende Aspekte des COSMO-Modellsystems sowie Anfangs- und Randbedingungen und physikalische Parametrisierungen erläutert. Darauf aufbauend folgt in Kapitel 3.2 die Beschreibung des Wasserhaushalts in COSMO. Desweiteren wird auf die im Rahmen dieser Arbeit eingeführten Modifikationen eingegangen, die für detaillierte Wasserhaushaltsbetrachtungen wichtig sind. Einzelheiten zur Modellkonfiguration für die hier verwendeten Simulationen sind in Kapitel 5.3 zu finden.

3.1.1 Grundlegende Modellgleichungen

Die in COSMO verwendeten Modellgleichungen für kompressible Strömungen in einer wasserdampfhaltigen Atmosphäre basieren auf den Impuls-, Massen- und Wärmeerhaltungssätzen. Ausgehend davon können prognostische Gleichungen für die Temperatur, den Druck, die Windgeschwindigkeit, den spezifischen Wasserdampf-, Flüssigwasser- und Eisgehalt sowie eine diagnostische Gleichung für die Luftdichte hergeleitet werden. Diese meteorologischen Größen werden über eine Gitterzelle und einen Zeitschritt gemittelt. Bei ihrer Berechnung gehen zum Einen Prozesse ein, deren räumliche Ausdehnung vom Modellgitter aufgelöst werden (z.B. Advektion), die im Folgenden als „skalig" bezeichnet werden. Zum Anderen gibt es Prozesse, deren charakteristische Längenskala unterhalb der Modellauflösung liegt (z.B. Konvektion). Diese als „subskalig" definierten Prozesse müssen parametrisiert werden (s. Abschnitt 3.1.6). Vor der Transformation der Modellgleichungen in rotierte Kugelkoordinaten sowie in geländefolgende Koordinaten (s. Abschnitt 3.1.2) werden folgende Approximationen eingeführt: (1) Alle molekularen Flüsse werden mit Ausnahme der Diffusionsflüsse der flüssigen und festen Phase von Wasser vernachlässigt. (2) Anstelle der spezifischen Wärme von feuchter Luft wird die von trockener Luft verwendet. (3) Die Druckänderungen auf Grund von Änderungen der Wasserkonzentrationen im Zusammenhang mit Diffusionsflüssen und Phasenumwandlungen werden vernachlässigt. Die exakten Herleitungsschritte der im Folgenden aufgeführten Modellgleichungen, die die Grundlage des COSMO-Modellsystems bilden, können Doms und Schättler (2002) entnommen werden. Die einzelnen Variablen und ihre Bedeutung sind im Symbolverzeichnis zu finden:

1. Prognostische Gleichung für die horizontale Windgeschwindigkeit

$$\frac{\partial u}{\partial t} = -\left(\frac{1}{a\,\cos\varphi}\frac{\partial E_h}{\partial \lambda} - vV_a\right) - \dot\zeta\frac{\partial u}{\partial \zeta} - \frac{1}{\rho a\,\cos\varphi}\left(\frac{\partial p'}{\partial \lambda} - \frac{1}{\sqrt{\gamma}}\frac{\partial p_0}{\partial \lambda}\frac{\partial p'}{\partial \zeta}\right) + M_u \tag{3.1}$$

$$\frac{\partial v}{\partial t} = -\left(\frac{1}{a}\frac{\partial E_h}{\partial \varphi} + uV_a\right) - \dot\zeta\frac{\partial v}{\partial \zeta} - \frac{1}{\rho a}\left(\frac{\partial p'}{\partial \varphi} - \frac{1}{\sqrt{\gamma}}\frac{\partial p_0}{\partial \varphi}\frac{\partial p'}{\partial \zeta}\right) + M_v \tag{3.2}$$

2. Prognostische Gleichung für die vertikale Windgeschwindigkeit

$$\begin{aligned}\frac{\partial w}{\partial t} = &-\left[\frac{1}{a\,\cos\varphi}\left(u\frac{\partial w}{\partial \lambda} + v\cos\varphi\frac{\partial w}{\partial \varphi}\right)\right] - \dot\zeta\frac{\partial w}{\partial \zeta} + \frac{g}{\sqrt{\gamma}}\frac{\rho_0}{\rho}\frac{\partial p'}{\partial \zeta} + M_w \\ &+ g\frac{\rho_0}{\rho}\left[\frac{(T - T_0)}{T} - \frac{T_0 p'}{T p_0} + \left(\frac{R_v}{R_d} - 1\right)q_v - q_l - q_f\right]\end{aligned} \tag{3.3}$$

3. Prognostische Gleichung für die Abweichung vom Referenzdruck

$$\frac{\partial p'}{\partial t} = -\left[\frac{1}{a\,\cos\varphi}\left(u\frac{\partial p'}{\partial \lambda} + v\cos\varphi\frac{\partial p'}{\partial \varphi}\right)\right] - \dot\zeta\frac{\partial p'}{\partial \zeta} + g\rho_0 w - \frac{c_{pd}}{c_{vd}}pD \tag{3.4}$$

4. Prognostische Gleichung für die Temperatur

$$\frac{\partial T}{\partial t} = -\left[\frac{1}{a\,\cos\varphi}\left(u\frac{\partial T}{\partial \lambda} + v\cos\varphi\frac{\partial T}{\partial \varphi}\right)\right] - \dot\zeta\frac{\partial T}{\partial \zeta} - \frac{1}{\rho c_{vd}}pD + Q_T \tag{3.5}$$

5. Prognostische Gleichung für die spezifische Feuchte

$$\frac{\partial q_v}{\partial t} = -\left[\frac{1}{a\,\cos\varphi}\left(u\frac{\partial q_v}{\partial \lambda} + v\cos\varphi\frac{\partial q_v}{\partial \varphi}\right)\right] - \dot\zeta\frac{\partial q_v}{\partial \zeta} - (S_l + S_f) + M_{q_v} \tag{3.6}$$

6. Prognostische Gleichung für den spezifischen Flüssigwasser- und Eisgehalt

$$\begin{aligned}\frac{\partial q_{l,f}}{\partial t} = &-\left[\frac{1}{a\,\cos\varphi}\left(u\frac{\partial q_{l,f}}{\partial \lambda} + v\cos\varphi\frac{\partial q_{l,f}}{\partial \varphi}\right)\right] - \dot\zeta\frac{\partial q_{l,f}}{\partial \zeta} - \frac{g}{\sqrt{\gamma}}\frac{\rho_0}{\rho}\frac{\partial P_{l,f}}{\partial \zeta} \\ &+ S_{l,f} + M_{q_{l,f}}\end{aligned} \tag{3.7}$$

7. Diagnostische Gleichung für die Gesamtdichte von Luft

$$\rho = p \left[R_d \left(1 + \left(\frac{R_v}{R_d} - 1 \right) q_v - q_l - q_f \right) T \right]^{-1}. \tag{3.8}$$

Bei Anwendung der Turbulenzparametrisierung mit Gleichungen zweiter Ordnung zur Bestimmung der turbulenten Diffusionskoeffizienten (s. Abschnitt 3.1.6) werden die Modellgleichungen um folgende Gleichung erweitert:

8. Prognostische Gleichung für die mittlere subskalige turbulente kinetische Energie (TKE)

$$\begin{aligned}
\frac{\partial e_t}{\partial t} = &- \left[\frac{1}{a \cos \varphi} \left(u \frac{\partial e_t}{\partial \lambda} + v \cos \varphi \frac{\partial e_t}{\partial \varphi} \right) \right] - \dot{\zeta} \frac{\partial e_t}{\partial \zeta} \\
&+ K_m^v \frac{g \rho_0}{\sqrt{\gamma}} \left[\left(\frac{\partial u}{\partial \zeta} \right)^2 + \left(\frac{\partial v}{\partial \zeta} \right)^2 \right] + \frac{g}{\rho \theta_v} F_{\theta_v} - \frac{\sqrt{2} e_t^{3/2}}{\alpha_M l} + M_{e_t}.
\end{aligned} \tag{3.9}$$

Der Term $M_\psi = M_\psi^{TD} + M_\psi^{MC} + M_\psi^{CM} + M_\psi^{LB} + M_\psi^{RD}$ bezüglich $\psi = (u, v, w, q_v, q_l, q_f, e_t)$ enthält Beiträge auf Grund sowohl subskaliger physikalischer als auch numerischer Prozesse, auf die später näher eingegangen wird. Die für den Wasserhaushalt relevanten Modellgleichungen werden in Abschnitt 3.2 erläutert.

3.1.2 Koordinatensysteme

Die COSMO-Modellgleichungen werden in Kugelkoordinaten mit der geographischen Länge λ und der geographische Breite φ sowie in einer geländefolgenden Vertikalkoordinate ζ formuliert. Die folgenden Abschnitte geben einen kurzen Überblick dieser Koordinatensysteme.

3.1.2.1 Rotierte Kugelkoordinaten

Allgemein muss bei Gleichungen zur Beschreibung von Fluidbewegungen die rotierende Erde berücksichtigt werden (Doms und Schättler 2002). Für die Annäherung an die Form der Erde eignet sich ein Kugelkoordinatensystem. Dieses ist jedoch mit zwei Problemen verbunden. Mit dem sogenannten „Polproblem" ist gemeint, dass der geographische Pol eine Besonderheit auf Grund konvergierender Meridiane darstellt. Insbesondere treten Schwierigkeiten auf, wenn einer der geographischen Pole im Simulationsgebiet liegt, da daraus erhebliche Verzerrungen resultieren. Häufiger ist ein Problem, das ebenfalls mit der Konvergenz der Meridiane zusammenhängt. Diese führt zu Gitterverzerrungen in Abhängigkeit von der geographischen Breite und mit zunehmendem Abstand zum Äquator. Beide Probleme können mit rotierten Gittern vermieden werden. Dafür wird das Kugelkoordinatensystem derart rotiert, dass der Schnittpunkt von Äquator und Hauptmeridian des neuen Systems im Simulationsgebiet liegt. Das Polproblem wird vermieden und die Konvergenz der Meridiane ist minimal.

Die Darstellung des Geschwindigkeitsvektors $\boldsymbol{v}$ im rotierten Kugelkoordinatensystem bzw. (λ, φ, z)-System mit der zonalen Komponente u, der meridionalen Komponente v und der vertikalen Komponente w lautet

$$u = a \cdot cos\varphi \dot{\lambda}, \tag{3.10}$$

$$v = a \cdot \dot{\varphi}, \tag{3.11}$$

$$w = \dot{z} = \dot{r}, \tag{3.12}$$

wobei λ die geographische Länge und φ die geographische Breite im rotierten System sind. Die Variable z stimmt mit der geometrischen Höhe über der mittleren Meereshöhe überein. Desweiteren bezeichnen a den mittleren Erdradius der Erdoberfläche und r den Abstand eines beliebigen Punktes zum Erdzentrum, wobei $r = a + z \approx a$ wegen $z \ll a$ gilt. Die Größen $\dot{\lambda}$, $\dot{\varphi}$, $\dot{z}$ und $\dot{r}$ entsprechen den zeitlichen Ableitungen der jeweiligen Variablen. Für den Nabla-Operator ∇ ergibt sich folgender Ausdruck:

$$\nabla = \frac{\boldsymbol{e}_\lambda}{a\,cos\varphi} \frac{\partial}{\partial\lambda} + \frac{\boldsymbol{e}_\varphi}{a} \frac{\partial}{\partial\varphi} + \boldsymbol{e}_z \frac{\partial}{\partial z}. \tag{3.13}$$

Die normierten Einheitsvektoren des (λ, φ, z)-Systems sind $\boldsymbol{e}_\lambda$, $\boldsymbol{e}_\varphi$ und $\boldsymbol{e}_z$. Die Divergenz eines Vektors $\boldsymbol{A} = \left(A_\lambda, A_\varphi, A_z\right)$ ergibt:

$$\nabla \cdot \boldsymbol{A} = \frac{1}{a\,cos\varphi} \left[\frac{\partial A_\lambda}{\partial\lambda} + \frac{\partial}{\partial\varphi}\left(A_\varphi\,cos\varphi\right)\right] + \frac{\partial A_z}{\partial z}. \tag{3.14}$$

3.1.2.2 Geländefolgende Koordinaten

Die bisherige Vertikalkoordinate z bezieht sich auf ein gekrümmtes, aber orthogonales Kugelkoordinatensystem. Bei Berücksichtigung der Geländeformen würde ein solches Koordinatensystem allerdings eine aufwendige Formulierung der unteren Randbedingung und demzufolge eine komplexe numerische Lösung der Grundgleichungen nach sich ziehen. Durch die Transformation in ein geländefolgendes Koordinatensystem kann dieses Problem umgangen werden. Die unterste Grenze der vertikalen Koordinate entspricht dann der Geländeoberfläche (s. Abschnitt 3.1.6). Der obere Rand ist eine ebene Fläche. Abbildung 3.1 zeigt eine schematische Darstellung der Koordinatenflächen über einem Berg.

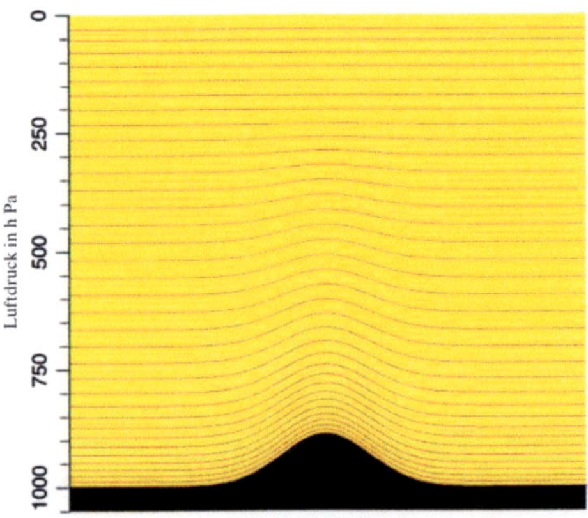

Abb. 3.1: Schema der geländefolgenden Koordinatenflächen (Steppeler et al. 2002).

Diese neue Vertikalkoordinate ζ wird als Funktion von λ, φ und z dargestellt. Umgekehrt ist z eine Funktion von λ, φ und ζ. Die Transformation in das ζ-System wird durch die Jacobi-Matrix J^z definiert:

$$J^z = \begin{pmatrix} 1 & 0 & (\partial z/\partial \lambda)_\zeta \\ 0 & 1 & (\partial z/\partial \varphi)_\zeta \\ 0 & 0 & \partial z/\partial \zeta \end{pmatrix}. \tag{3.15}$$

Da die Vertikalkoordinate von oben nach unten definiert ist, entspricht das Kugel-koordinatensystem einem Linkssystem. Damit gilt für den Betrag der Determinante der Jacobi-Matrix:

$$\sqrt{G} \equiv |det(J^z)| = \left|\frac{\partial z}{\partial \zeta}\right| = -\frac{\partial z}{\partial \zeta} > 0. \tag{3.16}$$

Im Folgenden wird der metrische Term $\sqrt{G}$ unter Anwendung der hydrostatischen Grundgleichung $\partial p_0 = -\rho_0 g \partial z$ in Abhängigkeit von dem Druck p_0 und der Dichte ρ_0 im Grundzustand sowie der Schwerebeschleunigung g formuliert:

$$\sqrt{G} = \frac{1}{g\,\rho_0}\sqrt{\gamma}\,. \tag{3.17}$$

Der Grundzustand wird dabei durch eine ruhende Atmosphäre definiert, in der der Druck $p_0 = p_0(z)$ sowie die Temperatur $T_0 = T_0(z)$ horizontal homogen und nur von der Höhe z abhängig sind. Die Änderung des Referenzdrucks p_0 mit ζ wird mit $\sqrt{\gamma}$ bezeichnet:

$$\sqrt{\gamma} \equiv \frac{\partial p_0}{\partial \zeta}. \qquad (3.18)$$

In COSMO kann zwischen drei geländefolgenden Koordinaten $\tilde{\zeta}$ gewählt werden: einer auf dem Referenzdruck basierenden Koordinate, einer modifizierten Gal-Chen höhenbasierten Koordinate oder einer höhenbasierten SLEVE (Smooth Level Vertical)-Koordinate. Für die Berechnungen wird zunächst eine geländefolgende Transformation der benutzerdefinierten Vertikalkoordinate $\tilde{\zeta}$ vorgenommen, die anschließend auf die Vertikalkoordinate ζ mittels der monotonen Funktion m in der Form $\tilde{\zeta} = m(\zeta)$ abgebildet wird (Doms und Schättler 2002).

3.1.3 Räumliche und zeitliche Diskretisierung

Für die numerische Lösung der stetigen Modellgleichungen werden räumliche und zeitliche Diskretisierungen eingeführt. Die räumliche Diskretisierung wird anhand eines Modellgitters, auf dem die Modellvariablen definiert werden, realisiert. Für die zeitliche Diskretisierung wurde in dieser Arbeit das Leapfrog-Zeitintegrationsverfahren verwendet, das in diesem Kapitel näher erläutert wird. Die Darstellung der Integrationsschritte, die zur Lösung der Wasserhaushaltsgleichungen eingesetzt werden, erfolgt in Abschnitt 3.2.2.

3.1.3.1 COSMO-Modellgitterstruktur

Anhand der Gitterabstände $\Delta\lambda$ in λ-Richtung, $\Delta\varphi$ in φ-Richtung und $\Delta\zeta$ in ζ-Richtung wird das Modellgitter definiert. Als Vereinfachung für die vertikalen Gitterabstände gilt:

$$\Delta\zeta = 1. \qquad (3.19)$$

Das Simulationsgebiet im $(\lambda, \varphi, \zeta)$-System wird repräsentiert durch eine endliche Anzahl von Gitterpunkten, wobei durch (i, j, k) ein bestimmter Punkt im Gitter kennzeichnet wird $(i, j, k \in 1, 2, ..., N_{\lambda,\varphi,\zeta})$. Jeder Gitterpunkt entspricht dem Mittelpunkt einer quaderförmigen Gitterzelle mit den Seitenlängen $\Delta\lambda$, $\Delta\varphi$ und $\Delta\zeta$ (s. Abb. 3.2). Die Begrenzungsflächen der Gitterzelle liegen mittig zwischen den Gitterpunkten der entsprechenden Richtung, z.B. bei $\lambda_{i\pm1/2}$, $\varphi_{j\pm1/2}$ und $\zeta_{k\pm1/2}$. Die oberen und unteren Begrenzungsflächen der Gitterzelle werden als Halblevel bezeichnet, die die Modellflächen, auch Hauptlevel genannt, voneinander trennen. Die oberste Begrenzungsfläche des Modellgebietes liegt bei $\zeta = 1/2$. Die untere Begrenzungsfläche ($\zeta = N_\zeta + 1/2$, N_ζ = Anzahl der Hauptlevel) entspricht der Geländeoberfläche. Die skalaren Modellvariablen sind auf den Mittelpunkten der Gitterzellen definiert, während die Geschwindigkeitskomponenten u, v und w bezüglich der Mittelpunkte der entsprechenden Begrenzungsflächen der Gitterzelle gelten. Diese Gitterstruktur wird als versetztes Arakawa-C/Lorenz-Gitter bezeichnet (Doms und Schättler 2002). Der Vorteil eines solchen versetzten Gitters ist die einfachere numerische Behandlung von Flüssen durch die Seitenflächen einer Gitterzelle.

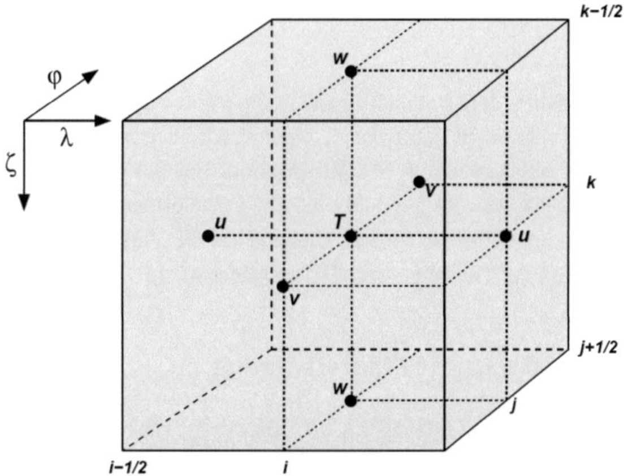

Abb. 3.2: Die dem Gitterpunkt (i, j, k) zugeordnete Gitterzelle. Zusätzlich sind die Positionen, auf denen die Modellvariablen u, v, w und T definiert sind, angegeben (Doms und Schättler 2002).

3.1.3.2 Das Leapfrog-Zeitschrittverfahren

Für die Lösung der prognostischen Modellgleichungen 3.1 bis 3.7 sowie 3.9 werden Zeitschrittverfahren benötigt. In COSMO kann zwischen dem Runge-Kutta-Verfahren (Zwei-Schritt-Verfahren) und dem Leapfrog-Verfahren (Drei-Schritt-Verfahren) gewählt werden (Doms und Schättler 2002). Für alle in dieser Arbeit durchgeführten Simulationen wird das im Folgenden näher erläuterte Leapfrog-Verfahren verwendet.

Der zeitliche Verlauf von Modellsimulationen wird in Zeitschritte der Dauer Δt unterteilt. Mit einer beliebigen Anfangszeit der Integration t_0 ergibt sich nach n Zeitschritten die Zeit $t = t_0 + n\Delta t$. Das Leapfrog-Verfahren zeichnet sich dadurch aus, dass neben dem aktuellen Zeitschritt n auch der vorherige Zeitschritt $n-1$ sowie der nächste Zeitschritt $n+1$ bei der Berechnung der Modellvariablen berücksichtigt werden:

$$\frac{\psi^{n+1} - \psi^{n-1}}{2\Delta t} = f_\psi^n(\psi^{n-1}, \psi^n, \psi^{n+1}) = f_\psi^n . \tag{3.20}$$

Der Term ψ bezeichnet stellvertretend eine beliebige prognostische Modellvariable. Die Änderung der Variablen ψ über zwei Zeitschritte von $n-1$ bis $n+1$, mit dem Zeitintervall $2\Delta t$, entspricht den Beiträgen durch Advektion, Turbulenz sowie mikrophysikalischen Quellen und Senken, die alle im f_ψ^n-Term zusammengefasst werden. Anteile, bei denen Schallwellen, laterale Randrelaxation und Rayleigh-Dämpfung eine Rolle spielen (s. Abschnitt 3.1.4), werden zunächst nicht berücksichtigt. Desweiteren gehen in f_ψ^n noch keine Korrekturbeiträge auf Grund von numerischer Diffusion ein (s. Abschnitt 3.1.5). Die Lösung für f_ψ^n ist ähnlich der in Gleichung 3.20 dargestellten. Da jedoch der Wert für ψ zum Zeitschritt $n + 1$ noch nicht bekannt ist, wird ein vorläufiger Wert $\tilde{\psi}^{n+1}$ verwendet:

$$f_\psi^n = \frac{\tilde{\psi}^{n+1} - \psi^{n-1}}{2\Delta t}. \tag{3.21}$$

Auf Details zur Lösung der Gleichungssysteme bezüglich des Wasserhaushalts wird im Abschnitt 3.2.2 eingegangen.

3.1.4 Anfangs- und Randbedingungen

COSMO ist ein regionales Ausschnittsmodell, in dem nur der untere Rand eine durch die Erdoberfläche definierte, physische Berandung darstellt. Für die oberen und seitlichen eingeführten festen Ränder müssen Anfangs- sowie Randbedingungen festgelegt werden, die im Folgenden kurz erläutert werden. Weitere Details können Doms und Schättler (2002) entnommen werden.

3.1.4.1 Anfangsbedingungen und Initialisierung

Ausschnittmodelle benötigen an den Rändern Antriebsdaten, die aus den Ergebnissen eines globalen Modells berechnet werden, das ein gröberes Gitter verwendet als COSMO. Im operationellen Betrieb des COSMO sowie in den für diese Arbeit durchgeführten Simulationen werden dazu die Resultate des Globalmodells GME verwendet. Die Interpolation vom gröberen Gitter des GME auf das feinere COSMO-Gitter wird mittels eines separaten Präprozessors realisiert. Nach der Initialisierung, bei der die meteorologischen Variablen von den Antriebsdaten für das gesamte hoch aufgelöste Modellgebiet übernommen werden, werden die lateralen Randbedingungen regelmäßig aktualisiert. Bei den Simulationen für diese Arbeit erfolgt die Aktualisierung in dreistündigen Abständen.

3.1.4.2 Seitliche Randbedingungen

Die Verwendung eines geringer aufgelösten Modells für den Antrieb eines hoch aufgelösten Ausschnittmodells (s. Abschnitt 3.1.4.1) verursacht numerische Probleme, da die zeitliche Entwicklung der Modellvariablen im Ausschnittsmodell auf einem Gleichungssystem basiert, das sich von dem des antreibenden Modells unterscheiden kann. Folglich ergibt sich ein nichteinheitlicher Informationstransfer an den Rändern zwischen den Modellen, der mit den unterschiedlichen Modellauflösungen und Modellgleichungssystemen in Zusammenhang steht.

Einfach gelöst werden kann dieses Problem durch Anwendung einer sogenannten, den Rändern nahe gelegenen, Relaxationszone nach Davies (1976, 1983). In diesem Bereich werden die Variablen des hochauflösenden Modells schrittweise modifiziert, um sie mit den

Variablen des antreibenden Modells zu verschneiden. Dabei nimmt der Einfluss der Antriebsdaten innerhalb der Relaxationszone mit zunehmender Entfernung vom Rand der Zone expo-
nentiell ab.

3.1.4.3 Obere Randbedingung

Der obere Rand mit $\zeta = 1/2$ wird als undurchlässig charakterisiert und als starrer Deckel
behandelt, für den die Vertikalgeschwindigkeit auf $\dot{\zeta} = 0$ gesetzt wird. Für die horizontale
Windgeschwindigkeit, die Temperatur und die Wassersubstanzen gelten reibungsfreie
Bedingungen:

$$\left(\delta_\zeta \psi\right)_{k=1/2} = \psi_{k+1} - \psi_k = 0 \, . \tag{3.22}$$

Äquivalent zu Gleichung 3.22 ist die Aussage, dass es keinen Massentransport durch den
oberen Rand gibt (Doms und Schättler 2002).

Desweiteren wird am oberen Rand eine künstliche Dämpfungsschicht eingeführt. Ihre
Funktion ist die Absorption sich nach oben ausbreitender Wellenstörungen und die
Unterdrückung der Reflexion von Gravitationswellen, die durch den starren Oberrand hervor-
gerufen werden können. Das Vorbeugen der Reflexion von Wellenenergie ist von großer
Bedeutung für eine exakte Simulation von orographisch induzierten Flüssen.

3.1.5 Numerische Diffusion

An einem Eulerschen (ortsfesten) Gitterpunktmodell ergeben sich durch Advektionsverfahren
nicht-physikalische Lösungsanteile numerischen Ursprungs (Jacobson 2005). Um diese
Anteile auf Grund numerischer Diffusion möglichst stark zu reduzieren, werden
Korrekturverfahren angewendet (Doms und Schättler 2002). Die daraus resultierenden
Korrekturbeiträge müssen in den betrachteten Wasserhaushaltsgleichungen berücksichtigt
werden (s. Abschnitt 3.2.2).

3.1.6 Physikalische Parametrisierungen

Atmosphärische Prozesse reichen über weite räumliche und zeitliche Skalenbereiche. Die
begrenzte räumliche und zeitliche Auflösung numerischer Atmosphärenmodelle hat allerdings
zur Folge, dass für wichtige physikalische Prozesse keine explizite Lösung der
Modellgleichungen auf dem Modellgitter durchgeführt werden kann. Dies betrifft u.a. die
turbulenten Flüsse in der Atmosphäre, Konvektion und Wolkenmikrophysik sowie Niederschlagsereignisse. Sie müssen anhand physikalischer Parametrisierungen beschrieben werden.
Im Folgenden wird ein Überblick über die in COSMO verwendeten Parametrisierungen

gegeben. Für den Wasserhaushalt relevante Parametrisierungen werden im Abschnitt 3.2.2 näher besprochen. Für weitere Informationen bieten Doms et al. (2005) detaillierte Erläuterungen.

Turbulente Flüsse in der Atmosphäre: Zur Bestimmung der turbulenten Diffusionskoeffizienten K_m^v (für Impuls) und K_h^v (für Wärme und Feuchte) wird eine prognostische Gleichung für die mittlere subskalige turbulente kinetische Energie (TKE) e_t verwendet, die mittels einer Schließung 2.5ter Ordnung nach Mellor und Yamada (1974) gelöst wird. Schließungsverfahren sind zur Lösung eines Gleichungssystems mit k Gleichungen und $k + 1$ Unbekannten nötig. Als alternative Methode steht eine diagnostische turbulente Schließung zur Verfügung, bei der die turbulenten Diffusionskoeffizienten bezüglich der Windscherung und der thermischen Stabilität ermittelt werden.

Turbulente Flüsse an der Erdoberfläche: Turbulente Flüsse sind für den Austausch von Impuls, Wärme und Feuchte zwischen der Erdoberfläche und der Atmosphäre verantwortlich. Die Parametrisierung der turbulenten Flüsse an der Erdoberfläche basiert auf der turbulenten kinetischen Energie (TKE) und berücksichtigt unmittelbar am Boden eine laminare Grenzschicht, eine darüber liegende turbulente Zwischenschicht sowie die darüber folgende Prandtl-Schicht (Heise 2002).

Skalige Wolken und Niederschlag: Wolkenwasserkondensation und –evaporation erfolgt durch Sättigungsadjustierung. Bei der mikrophysikalischen Parametrisierung der Niederschlagsbildung werden in den für diese Arbeit durchgeführten Simulationen neben Wasserdampf die vier Hydrometeore Wolkenwasser, Regen, Wolkeneis und Schnee berücksichtigt (Wolken-Eis-Schema bzw. Zwei-Kategorie-Eis-Schema). Es besteht die Möglichkeit als weiteren Hydrometeor Graupel einzubeziehen (Graupel-Schema bzw. Drei-Kategorie-Eis-Schema). Der Transport von Niederschlag ist dreidimensional und die Niederschlagsflüsse werden mittels prognostischer Gleichungen bestimmt.

Subskalige Wolken: Subskalige Bewölkung wird, wie in Heise (2002) näher erläutert, mittels einer empirischen Funktion berechnet, die von der relativen Luftfeuchtigkeit und der Höhe abhängt.

Konvektion: Die Konvektionsparametrisierung erfolgt mit dem Massenfluss-Konvektionsschema nach Tiedtke (1989). Die Wechselwirkungen von subskaligen vertikalen Massen-, Wärme- und Feuchteflüssen in Auf- und Abwindbereichen werden mittels eines eindimensionalen Wolkenmodells berechnet (s. Kap. 5.3). Als Alternativen stehen in COSMO das Schema nach Kain und Fritsch (1993) sowie das Bechtold-Schema (Bechtold et al. 2001) zur Verfügung.

Strahlung: Für die Parametrisierung der Strahlung wird die δ-Zweistrom-Methode nach Ritter und Geleyn (1992) für kurz- und langwellige Strahlung verwendet. Dabei werden acht Spektralintervalle eingesetzt und die Wechselwirkung zwischen Wolken und Strahlung berücksichtigt (Heise 2002).

Bodenmodell: Thermische und hydrologische Bodenprozesse (z.B. Bodenwärmeflüsse, Oberflächenabfluss von Wasser, vertikaler Transport von Wasser im Boden) werden anhand des Mehrschichten-Boden-Vegetation-Modells TERRA_ML parametrisiert, in dem prognostische Gleichungen für die Bodentemperatur und den Bodenwassergehalt verwendet werden.

Gelände- und Oberflächendaten: Externe Parameter wie Topographie, Land-Meer-Verteilung, Bodentypen und Vegetationsbedeckung sind für verschiedene horizontale Auflösungen und vordefinierte Gebiete über Europa verfügbar. Die Geländehöhen stammen aus dem Digitalen Geländemodell GLOBE (Global Land One-km Base Elevation) und werden für die Anwendung in COSMO wie in Smiatek et al. (2008) beschrieben aufbereitet.

3.2 Der Wasserhaushalt im COSMO-Modell

Der Schwerpunkt dieses Kapitels liegt auf der ausführlicheren Darstellung der für den Wasserhaushalt relevanten Modellgleichungen und der Lösung der einzelnen, darin enthaltenen Bilanzterme. Um den modellbasierten Wasserhaushalt für die vorliegende Arbeit unter Berücksichtigung aller erforderlichen Komponenten bilanzieren zu können, wurden einige Modifikationen im Modellcode vorgenommen, die ebenfalls erläutert werden.

3.2.1 Modellgleichungen für den Wasserhaushalt

Die Wasserhaushaltsgleichungen 3.6 und 3.7 lassen sich unter Verwendung des Nabla-Operators vereinfacht darstellen. Dafür wird dieser vom (λ, φ, z)-System (s. Gl. 3.13) in das geländefolgende $(\lambda, \varphi, \zeta)$-Koordinatensystem transformiert (Doms und Schättler 2002). Mittels dieses transformierten Nabla-Operators und des metrischen Terms (Gl. 3.17) ergibt sich für die Massenerhaltung der spezifischen Feuchte q_v, des spezifischen Flüssigwassergehalts q_l und des spezifischen Eisgehalts q_f im $(\lambda, \varphi, \zeta)$-System:

$$\frac{\partial q_v}{\partial t} = -\boldsymbol{v} \cdot \nabla q_v - \left(S_l + S_f\right) + M_{q_v}\,, \tag{3.23}$$

$$\frac{\partial q_{l,f}}{\partial t} = -\boldsymbol{v} \cdot \nabla q_{l,f} + \frac{1}{\rho\sqrt{G}}\frac{\partial P_{l,f}}{\partial \zeta} + S_{l,f} + M_{q_{l,f}}\,. \tag{3.24}$$

Das Flüssigwasser wird nochmals in den spezifischen Wolkenwassergehalt q_c und den spezifischen Regenwassergehalt q_r unterschieden. Zur Kategorie Eis gehören der spezifische Wolkeneisgehalt q_i sowie der spezifische Schneegehalt q_s:

$$q_l = q_c + q_r \, , \tag{3.25}$$

$$q_f = q_i + q_s \, . \tag{3.26}$$

Die Gleichungen 3.23 und 3.24 beschreiben die zeitliche Änderung des jeweiligen spezifischen Wassergehalts durch Änderungen auf Grund von Advektion, Niederschlagsflüssen $P_{l,f}$ für Flüssigwasser und Eis sowie Phasenumwandlungen $S_{v,l,f}$. Für letztere gilt:

$$S_v = -\left(S_l + S_f\right) \, . \tag{3.27}$$

Der Term M_{q_x} mit $x = (v, l, f)$ setzt sich, wie in Gleichung 3.28 formal beschrieben, aus verschiedenen Beiträgen zusammen. Dazu gehören turbulente Diffusionsprozesse sowie Konvektion. Neben diesen physikalischen Prozessen sind in M_{q_x} sowohl Beiträge auf Grund der Korrektur der numerischen Diffusion als auch Terme auf Grund von lateraler Randrelaxation und Rayleigh-Dämpfung enthalten (s. Abschnitt 3.1.4 und 3.1.5):

$$M_{q_x} = M_{q_x}^{TD} + M_{q_x}^{MC} + M_{q_x}^{CM} + M_{q_x}^{LB} + M_{q_x}^{RD} \, . \tag{3.28}$$

Die Bedeutung der einzelnen Beiträge ist in Tabelle 3.2 aufgeführt.

Beitrag	Bedeutung
$M_{q_x}^{TD}$	Tendenz auf Grund turbulenter Durchmischung
$M_{q_x}^{MC}$	Tendenz auf Grund von Konvektion
$M_{q_x}^{CM}$	Tendenz auf Grund der Korrektur von numerischer Diffusion
$M_{q_x}^{LB}$	Tendenz auf Grund lateraler Randrelaxation
$M_{q_x}^{RD}$	Tendenz auf Grund von Rayleigh-Dämpfung

Tab. 3.2: Bedeutung der Tendenzterme in M_{q_x} mit $x = (v, l, f)$. Erläuterungen sind in Abschnitt 3.2.2 zu finden (Doms und Schättler 2002).

Die Berechnung der spezifischen Wasserdampf-, Flüssigwasser- und Eisgehalte erfordert neben der Bestimmung der Änderungen der spezifischen Wassergehalte durch Advektion, dass die in M_{q_x} enthaltenen Prozesse, die wolkenmikrophysikalischen Quellen und Senken S_l und S_f sowie die Niederschlagsflüsse P_l und P_f bekannt sind. Die Bestimmung dieser Terme erfolgt durch Parametrisierungen, die gemeinsam mit den Integrationsschritten zur Lösung der Wasserhaushaltsgleichungen in Abschnitt 3.2.2 erläutert werden.

3.2.2 Integrationsschritte zur Lösung der Wasserhaushaltsgleichungen

Die zu lösenden prognostischen Gleichungen lassen sich schematisch wie folgt darstellen:

$$\frac{\partial \psi}{\partial t} = s_\psi + f_\psi^{TS} + S_\psi^c + M_\psi^{CM} + M_\psi^{LB} + M_\psi^{RD} \,. \tag{3.29}$$

Zur Lösung der Gleichungen werden die verschiedenen Prozesse getrennt behandelt (Marchuk-Methode). Der Term s_ψ steht für Prozesse im Zusammenhang mit Schall- und Gravitationswellen, für deren Lösung ein kleinerer Zeitschritt nötig ist. Bei den Wasserhaushaltgleichungen kommt dieser hochfrequente Term allerdings nicht vor und wird daher im Folgenden nicht weiter berücksichtigt (Doms und Schättler 2002). Der Term f_ψ^{TS} umfasst alle meteorologisch relevanten Prozesse mit längeren Zeitskalen, für deren Lösung ein größerer Zeitschritt verwendet wird. Dazu gehören sowohl die horizontale als auch vertikale Advektion sowie die vertikale turbulente Diffusion. Die weiteren Terme beschreiben die Wolkenkondensation und -evaporation S_ψ^c sowie die numerischen Beiträge M_ψ^{CM}, M_ψ^{LB} und M_ψ^{RD}. Bezüglich des Wasserhaushalts vereinfacht sich Gleichung 3.29 zu:

$$\frac{\partial q_x}{\partial t} = f_{q_x}^{TS} + S_{q_x}^c + M_{q_x}^{CM} + M_{q_x}^{LB} + M_{q_x}^{RD} \,. \tag{3.30}$$

Die Größe q_x steht stellvertretend für die Wasserdampf-, Flüssig- oder Festphase. Der Term $f_{q_x}^{TS}$ lässt sich formal darstellen als

$$f_{q_x}^{TS} = \left(\frac{\partial q_x}{\partial t}\right)_{hadv}^n + \left(\frac{\partial q_x}{\partial t}\right)_{vadv}^n + M_{q_x}^{TD} \,, \tag{3.31}$$

wobei die horizontale Advektion mit $hadv$ und die vertikale Advektion mit $vadv$ indiziert wird. Die einzelnen Terme werden nacheinander unter Anwendung verschiedener numerischer Verfahren gelöst. Das Ergebnis jedes Integrationsschritts geht als Anfangsbedingung zur Lösung des nachfolgenden Bilanzterms ein. Aus den Werten der Variablen bezüglich der Zeitschritte $n-1$ und n können die Gleichungen für die $f_{q_x}^{TS}$-Terme aufgestellt werden. Daraus ergeben sich vorläufige Werte q_x^*, mit denen dann die in Verbindung zu Kondensation und Evaporation stehenden Phasenumwandlungsterme $S_{q_x}^c$ bestimmt werden. Das Ergebnis sind die Werte q_x^{**}. Anschließend werden die Beiträge durch numerische Diffusion $M_{q_x}^{CM}$, laterale Randrelaxation $M_{q_x}^{LB}$ sowie Rayleigh-Dämpfung $M_{q_x}^{RD}$ berechnet. Jeder Integrationsschritt liefert neue vorläufige Werte q_x^{***} usw. Nach dem letzten Integrationsschritt sind die endgültigen Werte für q_x berechnet und der Zeitschritt ist abgeschlossen. Die einzelnen Berechnungsschritte werden in den folgenden Abschnitten kurz beschrieben. Näheres zur Bestimmung der numerischen Tendenzen $M_{q_x}^{CM}$, $M_{q_x}^{LB}$ und $M_{q_x}^{RD}$ kann Doms und Schättler (2002) entnommen werden.

3.2.2.1 Horizontale Advektion

Wie aus den Gleichungen 3.6 und 3.7 bekannt ist, gilt für die Änderung der spezifischen Wasserdampf-, Flüssigwasser- und Eisgehalte auf Grund horizontaler Advektion:

$$\left(\frac{\partial q_x}{\partial t}\right)_{hadv} = -\frac{1}{a\,\cos\varphi}\left(u\,\frac{\partial q_x}{\partial\lambda} + v\,\cos\varphi\,\frac{\partial q_x}{\partial\varphi}\right).\tag{3.32}$$

3.2.2.2 Vertikale Advektion und turbulente Diffusion

Formell gilt für die vertikale Advektion (s. Gl. 3.6 und 3.7)

$$\left(\frac{\partial q_x}{\partial t}\right)_{vadv} = -\dot{\zeta}\,\frac{\partial q_x}{\partial\zeta}\tag{3.33}$$

und für die vertikale turbulente Diffusion

$$M_{q_x}^{TD} = \frac{1}{\rho\sqrt{G}}\,\frac{\partial}{\partial\zeta}\left(\frac{\rho K_h^v}{\sqrt{G}}\,\frac{\partial q_x}{\partial\zeta}\right),\tag{3.34}$$

wobei K_h^v der turbulente Wärmediffusionskoeffizient ist, der mittels der prognostischen Gleichung für die turbulente kinetische Energie (TKE) bestimmt wird. In Gleichung 3.34 entspricht

$$F_{q_x}^3 = \frac{\rho K_h^v}{\sqrt{G}}\,\frac{\partial q_x}{\partial\zeta}\tag{3.35}$$

dem vertikalen Massenfluss, der anhand des Fluss-Gradient-Ansatzes beschrieben wird. Da die vertikalen turbulenten Flüsse gegenüber den horizontalen turbulenten Flüssen überwiegen, werden letztere vernachlässigt. Die turbulenten Oberflächenflüsse haben große Bedeutung, da sie die Verbindung zwischen dem atmosphärischen Teil des Modells und dem Bodenmodell darstellen (Doms et al. 2005). In COSMO werden die Oberflächenflüsse in Abhängigkeit von der Stabilität und Rauigkeitslänge in einem Schema nach Louis (1979) formuliert. Für die Parametrisierung des Wasserdampfoberflächenflusses gilt:

$$\left(F_{q_v}^3\right)_{sfc} = -\rho C_q^d\,|\boldsymbol{v_h}|\left(q_v - q_{v_{sfc}}\right).\tag{3.36}$$

Der Term C_q^d ist der Austauschkoeffizient für den turbulenten Feuchtetransport an der Oberfläche. Der Betrag der horizontalen Windgeschwindigkeit $|\boldsymbol{v_h}|$ wird bezüglich der untersten Modellfläche über der Erdoberfläche bestimmt. Für q_v wird die spezifische Feuchte des untersten Modelllevels eingesetzt. Die Variable $q_{v_{sfc}}$ bezeichnet die spezifische Feuchte an der Geländeoberfläche, die entweder vom Bodenmodell bestimmt oder durch ein externes

Randfeld vorgegeben wird. Für die vertikalen turbulenten Flüsse von Flüssigwasser und Eis an der Erdoberfläche gilt:

$$\left(F_{q_{l,f}}^{3}\right)_{sfc} = 0 \,. \tag{3.37}$$

Sowohl die vertikale Advektion (v) als auch die vertikale turbulente Diffusion (d) werden mittels eines modifizierten Crank-Nicolson-Verfahrens bestimmt, in das die Variablen zu den Zeitschritten $n - 1$ und $n + 1$ eingehen:

$$\overline{(q_{x}^{n})}^{t,v,d} = \beta_{v,d}^{+}\tilde{q}_{x}^{n+1} + \beta_{v,d}^{-}q_{x}^{n-1} \,. \tag{3.38}$$

Die verschiedenen β-Koeffizienten entsprechen Wichtungsfaktoren. Gleichung 3.38 für die Bestimmung der vertikalen Advektion und der vertikalen turbulenten Diffusion führt zu einem linearen tridiagonalen Gleichungssystem. Details zum genauen Lösungsverfahren sind in der COSMO-Dokumentation (Doms und Schättler 2002) aufgeführt.

3.2.2.3 Phasenumwandlungen und Niederschlag

Die große Bedeutung von Wolken und Niederschlag für den Wasser- und Energiekreislauf erfordert eine gute Repräsentation der mikrophysikalischen und konvektiven Prozesse (s. auch Abschnitt 3.2.2.4), welche für die Wolkenbildung und die daraus resultierende Entwicklung von Niederschlag verantwortlich sind (Doms et al. 2005).

Generell können verschiedene Wasserphasen unterschieden werden. So werden die Einteilungen Wasserdampf, Flüssigwasser und Eis zusätzlich in die Kategorien Wolkenwasser und Regen als Bestandteile der flüssigen Phasen sowie Wolkeneis und Schnee als Bestandteile der festen Phasen differenziert (s. Gl. 3.25 und 3.26). Die Parametrisierung dieser fünf Klassen erfolgt im Wolken-Eis-Schema (auch Zwei-Kategorie-Eis-Schema). Abbildung 3.3 stellt die Zusammenhänge zwischen den einzelnen Phasen dar. Informationen zu den Parametrisierungen der verschiedenen Phasenumwandlungen, repräsentiert durch die S-Terme, sind in Doms et al. (2005) aufgeführt. Neben den fünf genannten Wasserphasen kann in COSMO zusätzlich der Eisbestandteil Graupel berücksichtigt werden, was für die vorliegende Arbeit aber nicht der Fall ist.

Für jede Wasserphase kann eine eigene Bilanzgleichung aufgestellt werden. Neben Gleichung 3.23 lässt sich Gleichung 3.24 für die Kategorien Wolkenwasser und -eis sowie für die Kategorien Regen und Schnee formulieren:

$$\frac{\partial q_{c,i}}{\partial t} = -\boldsymbol{v} \cdot \nabla q_{c,i} + S_{c,i} + M_{q_{c,i}} \,. \tag{3.39}$$

Da Wolkenwasser und -eis vernachlässigbare Fallgeschwindigkeiten haben, wurden ihre Niederschlagsflüsse P_c und P_i in Gleichung 3.39 gleich Null gesetzt. Für Regen und Schnee überwiegen die Niederschlagsflüsse gegenüber den turbulenten Flüssen, so dass letztere vernachlässigt werden:

$$\frac{\partial q_{r,s}}{\partial t} = -\boldsymbol{v} \cdot \nabla q_{r,s} + \frac{1}{\rho\sqrt{G}}\frac{\partial P_{r,s}}{\partial \zeta} + S_{r,s} \,. \tag{3.40}$$

Die Niederschlagsflüsse $P_{r,s}$ sind definiert als

$$P_{r,s} = \rho q_{r,s} v_{T_{r,s}} \,. \tag{3.41}$$

Ihre Abhängigkeit von der Fallgeschwindigkeit der Teilchen wird anhand der mittleren Endfallgeschwindigkeit $v_{T_{r,s}}$ charakterisiert. Da sich dieser Niederschlagsfluss ausschließlich auf den skaligen und nicht den konvektiven Niederschlag (s. Abschnitt 3.2.2.4) bezieht, wird die Bezeichnung zu $P_{r,gsp}$ bzw. $P_{s,gsp}$ für Regen bzw. Schnee erweitert.

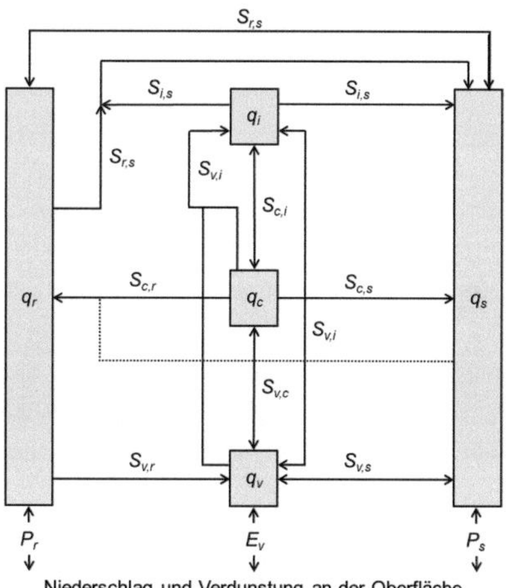

Abb. 3.3: Wolkenphysikalische Prozesse im Wolken-Eis-Schema. Die S-Terme kennzeichnen, zwischen welchen Wasserphasen die Umwandlungsprozesse stattfinden. Die Pfeilrichtungen symbolisieren die Vorzeichen. Alle weiteren Terme werden im Text erläutert (nach Doms et al. 2005).

3.2.2.4 Konvektion

Konvektion hat einen großen Einfluss auf die vertikale Struktur von Temperatur- und Feuchtefeldern. Bei den für diese Arbeit durchgeführten Simulationen liegt die horizontale Skala der Konvektionsprozesse unterhalb der Modellauflösung, so dass diese parametrisiert werden müssen. Die Parametrisierung in COSMO nach Tiedtke (1989) beschreibt die subskaligen vertikalen Massenflüsse bei Auf- und Abwinden. Dabei müssen zusätzlich Kondensation bei Auftrieb und Verdunstung von Niederschlag sowie von Wolkenwasser berücksichtigt werden. Im (λ, φ, z)-System gilt:

$$M_{q_v}^{MC} = -\frac{1}{\rho}\frac{\partial}{\partial z}\left[M^u(q_v^u - q_v) + M^d(q_v^d - q_v)\right] + \frac{1}{\rho}\frac{\partial P_{con}}{\partial z}. \qquad (3.42)$$

Der durch Konvektion erzeugte Niederschlagsfluss P_{con}, der sowohl für Regen ($P_{r,con}$) als auch für Schnee ($P_{s,con}$) auftreten kann, wird anhand folgender Bilanzgleichung beschrieben:

$$\frac{\partial P_{con}}{\partial z} = -\rho\left(c_u - e_d - e_l - e_p\right). \qquad (3.43)$$

Die Bedeutung der noch unbekannten Variablen in den Gleichungen 3.42 und 3.43 ist in Tabelle 3.3 zusammen gestellt. Wie aus Gleichung 3.42 ersichtlich enthält die konvektive Tendenz $M_{q_v}^{MC}$ einen Term zur Beschreibung des subskaligen vertikalen Massenflusses, der die Quelle für die konvektive Niederschlagsbildung ist, und einen Term für den konvektiven Niederschlagsfluss. Bezüglich des Wolkenwassers gibt es ebenfalls einen Term $M_{q_c}^{MC}$, der in der Wolkenwasserbilanz berücksichtigt werden muss. Dieser Tendenzterm beinhaltet im Gegensatz zu $M_{q_v}^{MC}$ keine Massenflüsse bei Abwind, da angenommen wird, dass in Abwindbereichen kein Wolkenwasser vorhanden ist (Doms et al. 2005).

Term	Bedeutung
M^u, M^d	Massenfluss bei Auf- bzw. Abwind
q_v^u, q_v^d	Spezifische Feuchte im Auf- bzw. Abwindbereich
c_u	Kondensation bei Aufwind
e_d	Verdunstung von Niederschlag im Abwindbereich
e_l	Verdunstung von Wolkenwasser im Umfeld der Wolke
e_p	Verdunstung von Niederschlag unterhalb der Wolkenbasis

Tab. 3.3: Bedeutung der Terme aus den Gleichungen 3.42 und 3.43.

3.2.3 Modifikationen des Modellcodes

3.2.3.1 Bestimmung der Terme der Wasserdampf- und Flüssigwasserbilanz

Zur detaillierten Bestimmung des atmosphärischen Wasserhaushalts müssen die in den Gleichungen 3.6 und 3.7 bzw. 3.39 und 3.40 aufgeführten Komponenten bestimmt werden. Das wurde im Rahmen dieser Arbeit dadurch realisiert, dass der jeweilige spezifische Wassergehalt q_v, q_c und q_r vor der Berechnung eines bestimmten Prozesses gespeichert wird. In COSMO wird dann die Routine aufgerufen, die den jeweiligen Prozess simuliert und anschließend den Beitrag des Prozesses zur Änderung von q_v, q_c und q_r durch eine Aktualisierung dieser Werte berücksichtigt. Das erfolgt in dem in 3.2.2 beschriebenen Integrationsverfahren. Der exakte Beitrag des zu bestimmenden Prozesses wird dadurch ermittelt, dass die Differenz des aktuellen spezifischen Wassergehalts zu dem zuvor abgespeicherten Wert gebildet und durch die Zeitdifferenz dividiert wird:

$$\frac{q_x^{**} - q_x^{*}}{2\Delta t} .$$

(3.44)

Der Index x bezeichnet hier Wasserdampf (v), Wolkenwasser (c) bzw. Regenwasser (r). Das Verfahren der Operator-Aufspaltung funktioniert analog zu dem der Gleichungen 3.20 und 3.21. Der Term q_x^{*} ist der spezifische Wassergehalt vor, q_x^{**} der spezifische Wassergehalt nach dem jeweiligen Integrationsschritt. Da das Leapfrog-Zeitschrittverfahren angewendet wird und demzufolge der Beitrag des Prozesses für die Berechnung von q_x^{n+1} ausgehend von q_x^{n-1} bestimmt werden sollen, erfolgt die Division durch $2\Delta t$. Das Ergebnis ist die zeitliche Änderung des jeweiligen spezifischen Wassergehaltes, wie sie ausschließlich durch den betrachteten Prozess bewirkt wird.

3.2.3.2 Behandlung der horizontalen und vertikalen Massentransporte

Das in Abschnitt 3.2.2.2 erwähnte Crank-Nicolson-Verfahren (Doms und Schättler 2002) dient im Fall von Wasserdampf und Wolkenwasser der kombinierten Bestimmung der vertikalen Advektion und vertikalen turbulenten Diffusion. Nach der Routine, in der das Gleichungssystem bezüglich beider Prozesse gelöst wird, ergibt sich unter Anwendung der Operator-Aufspaltung (s. Gl. 3.44) nur eine Tendenz, die die Beiträge beider Prozesse zusammenfasst. Folglich ist unbekannt, wie hoch die Anteile von vertikaler Advektion und vertikaler turbulenter Diffusion zur Änderung des spezifischen Wasserdampf- bzw. Wolkenwassergehalts im Einzelnen sind. Um die separaten Beiträge ermitteln zu können, wird das Crank-Nicolson-Verfahren für die hier durchgeführten Wasserhaushaltsstudien derart modifiziert, dass einmal nur die in Verbindung zur vertikalen Advektion stehenden und einmal nur die in Verbindung zur vertikalen turbulenten Diffusion stehenden Terme in das Gleichungssystem eingehen. Unter Berücksichtigung von 3.23 sowie 3.39 und 3.40 lassen sich die Bilanzgleichungen für Wasserdampf, Wolken- und Regenwasser nun wie folgt zusammenfassen:

$$\frac{\partial q_v}{\partial t} = \left(\frac{\partial q_v}{\partial t}\right)_{hadv} + \left(\frac{\partial q_v}{\partial t}\right)_{vadv} + M_{q_v}^{TD} + M_{q_v}^{MC} + S_v + M_{q_v}^{CM} + M_{q_v}^{LB} \\ + M_{q_v}^{RD} \, , \tag{3.45}$$

$$\frac{\partial q_c}{\partial t} = \left(\frac{\partial q_c}{\partial t}\right)_{hadv} + \left(\frac{\partial q_c}{\partial t}\right)_{vadv} + M_{q_c}^{TD} + M_{q_c}^{MC} + S_c + M_{q_c}^{CM} + M_{q_c}^{LB} \\ + M_{q_c}^{RD} \, , \tag{3.46}$$

$$\frac{\partial q_r}{\partial t} = \left(\frac{\partial q_r}{\partial t}\right)_{adv} + \frac{1}{\rho\sqrt{G}}\frac{\partial P_{r,gsp}}{\partial \zeta} + S_r \, . \tag{3.47}$$

Die Addition der Gleichungen 3.45 bis 3.47 ergibt die Bilanzgleichung für Wasserdampf, Wolken- und Regenwasser, die mit der Bezeichnung $q = q_v + q_c + q_r$ zusammengefasst werden:

$$\frac{\partial q}{\partial t} = \left(\frac{\partial q}{\partial t}\right)_{adv} + M_q^{TD} + M_q^{MC} + \frac{1}{\rho\sqrt{G}}\frac{\partial P_{r,gsp}}{\partial \zeta} + S_q + M_q^{CM} + M_q^{LB} + M_q^{RD} \, . \tag{3.48}$$

Da in der vorliegenden Arbeit Wasserhaushaltsstudien nur für die Sommermonate durchgeführt werden, werden die Anteile Wolkeneis und Schnee der Bilanz der festen Phase des Wassers vernachlässigt. Wolkeneis kann dennoch in Wolken auftreten und an mikrophysikalischen Phasenumwandlungen beteiligt sein. Dementsprechend ist die Bildung von Schnee möglich, der wiederum Schmelz- und Sublimationsvorgängen sowie der Anlagerung von Wolkenwasser an Schneekristalle und folglich der Umwandlung in Regenwasser unterliegen. Finden Umwandlungsprozesse zwischen Wasserdampf, Flüssigwasser und Eis statt, werden diese im Term S berücksichtigt. Beim für die Simulationen verwendeten Wolken-Eis-Schema werden Hagel und Graupel nicht einbezogen, so dass im Sommer durchaus auftretende Hagelereignisse nicht simuliert werden. Wolken mit Wolkeneis und Schnee können in oder aus dem zu untersuchenden Gebiet advehiert werden. Allerdings ist bereits die Wolken- und Regenwasserkonvergenz, wie in Abschnitt 6.4.1 gezeigt wird, im Vergleich zur Wasserdampfkonvergenz sehr gering, so dass die Wolkeneis- und Schneekonvergenz ebenfalls als vernachlässigbar betrachtet werden.

3.2.3.3 Behandlung des Niederschlags

Wie bereits erwähnt bezieht sich $P_{r,gsp}$ auf den skaligen Niederschlag von Regenwasser. Da im Modellcode P_{gsp} zusammen für Regen und Schnee berechnet wird, wurden im Kontext dieser Arbeit zusätzlich Gleichungen eingeführt, die nur die für Regenwasser relevanten Terme enthalten.

Der Tendenzterm M_q^{MC} umfasst, wie in Abschnitt 3.2.2.4 beschrieben, subskalige vertikale Massenflüsse, in deren Folge konvektiver Niederschlag $P_{r,con}$ entstehen kann. Dabei können vertikale Massentransporte auftreten, die keinen Beitrag zum konvektiven Niederschlag haben. Um in der Bilanzgleichung einen Term zu haben, der sich ausschließlich auf die Summe aus skaligem und konvektivem Niederschlag bezieht, werden die subskaligen vertikalen Massenflüsse, die nicht zum konvektiven Niederschlagsfluss beitragen, von nun an in der Advektionstendenz berücksichtigt. Es ergibt sich ein Bilanzterm $P_{r,tot} = P_{r,gsp} + P_{r,con}$ für den Gesamtniederschlag, und die Differenz

$$M_q^{MC} + P_{r,gsp} - P_{r,tot} = M_q^{MC} - P_{r,con} \tag{3.49}$$

wird zu dem Advektionsbeitrag $(\partial q/\partial t)_{adv}$ addiert, der sowohl die horizontalen als auch vertikalen advektiven Tendenzen von Wasserdampf, Wolken- und Regenwasser enthält. Diese Änderung der spezifischen Wassergehalte berücksichtigt nun neben den skaligen horizontalen und vertikalen Massentransporten auch subskalige vertikale Massenflüsse:

$$
\begin{aligned}
\left(\frac{\partial q}{\partial t}\right)_{adv} &= \left(\frac{\partial q_v}{\partial t}\right)_{hadv} + \left(\frac{\partial q_v}{\partial t}\right)_{vadv} + \left(\frac{\partial q_c}{\partial t}\right)_{hadv} + \left(\frac{\partial q_c}{\partial t}\right)_{vadv} \\
&+ \left(\frac{\partial q_r}{\partial t}\right)_{adv} + \left(M_q^{MC} - P_{r,con}\right).
\end{aligned}
\tag{3.50}
$$

Der Index r in den P-Termen wird in Zukunft nicht mitgeführt, da die Bilanz des spezifischen Eisgehalts und damit die Niederschlagsflüsse für Schnee, wie oben bereits erwähnt, nicht berücksichtigt werden.

3.2.3.4 Behandlung numerischer Terme

Wie oben beschrieben, wird das Crank-Nicolson-Verfahren derart aufgeteilt, dass die Beiträge durch vertikale Advektion und turbulente Diffusion zur Änderung der spezifischen Feuchte und des spezifischen Wolkenwassergehalts einzeln bestimmt werden können. Zur Kontrolle wird ein sogenannter Mischterm $M_{q_v}^{mix}$ bzw. $M_{q_c}^{mix}$ ausgegeben, der sich aus dem ursprünglichen Lösungsverfahren ergibt und beide Anteile enthält.

Bezüglich der spezifischen Feuchte entspricht die Summe aus den Einzelbeiträgen nahezu diesem Mischterm. Für das Wolkenwasser ist das nicht der Fall. Der Grund dafür ist eine Massenflusskorrektur, die nach dem Crank-Nicolson-Verfahren durchgeführt wird, um negative Werte für den spezifischen Wolkenwassergehalt zu eliminieren. Die spezifische Feuchte wird auch einer Massenflusskorrektur unterzogen, die allerdings kaum nötig zu sein scheint. Für eine korrekte Schließung der Bilanz ist es daher nötig, die Massenflusskorrektur zu berücksichtigen. Um nicht einen neuen Term in die Bilanzgleichungen einzubringen, werden die Differenzen

$$M_{q_v}^{corr} = M_{q_v}^{mix} - \left[\left(\frac{\partial q_v}{\partial t}\right)_{vadv} + M_{q_v}^{TD}\right], \tag{3.51}$$

$$M_{q_c}^{corr} = M_{q_c}^{mix} - \left[\left(\frac{\partial q_c}{\partial t}\right)_{vadv} + M_{q_c}^{TD}\right] \tag{3.52}$$

zusammen mit der Tendenz auf Grund numerischer Diffusion in einem Term, der alle numerischen Effekte beschreibt, zusammengefasst:

$$M_q^{num} = M_q^{CM} + M_{q_v}^{corr} + M_{q_c}^{corr}. \tag{3.53}$$

Die Tendenzen auf Grund lateraler Randrelaxation und Rayleigh-Dämpfung werden im Folgenden nicht mehr einbezogen, da die Bilanzierungen nur für Gitterpunkte durchgeführt werden, die weit genug von den seitlichen Rändern und der Obergrenze des Modellgebietes entfernt sind. Für diesen Fall spielen beide Beiträge in den Wasserhaushaltsbilanzen keine Rolle.

3.2.3.5 Die Bilanzgleichung für Wasserdampf und Flüssigwasser

Nach Einbindung aller Modifikationen in die Bilanzgleichungen 3.45 bis 3.47 lautet die für diese Arbeit zu Grunde liegende Bilanzgleichung, die die Gas- sowie Flüssigphase von Wasser einschließt:

$$\frac{\partial q}{\partial t} = \left(\frac{\partial q}{\partial t}\right)_{adv} + M_q^{TD} + P_{tot} + S_q + M_q^{num}. \tag{3.54}$$

In Anlehnung an die vereinfachte Wasserhaushaltsgleichung (s. Gl. 2.11) kann Gleichung 3.54 nach horizontaler und vertikaler Integration über ein Kontrollvolumen, die in Abschnitt 5.1 besprochen wird, folgendermaßen formuliert werden:

$$\frac{\partial W}{\partial t} = -\nabla \cdot \boldsymbol{Q} + E - P + S + Num. \tag{3.55}$$

Gleichung 3.55 beschreibt den Wasserdampf- und Flüssigwasserhaushalt und wird fortan als **Wasserbilanz** bezeichnet. Die Variablen sind äquivalent zu den Termen in Gleichung 3.54. Dabei ergibt sich die turbulente Diffusion von Wasserdampf und Wolkenwasser $E = E_v + E_c$ aus der Volumenintegration des Terms M_q^{TD}. Die Abweichung zwischen linker und rechter Seite entspricht dem Residuum Res, das auf Grund numerischer Ungenauigkeiten bei der Berechnung der Bilanzterme zustande kommt:

$$Res = \frac{\partial W}{\partial t} - (-\nabla \cdot \boldsymbol{Q} + E - P + S + Num). \tag{3.56}$$

Die dominierenden Prozesse im Wasserhaushalt sind, wie in Kapitel 2 beschrieben, die zeitliche Wasserdampfänderung, Wasserdampfkonvergenz, Evapotranspiration sowie der Niederschlag, so dass es sich als günstig erweist, diese Komponenten einzeln zu betrachten. Daher wird ergänzend zur Wasserbilanz die im Folgenden als **Wasserdampfbilanz** bezeichnete Gleichung

$$\frac{\partial W_v}{\partial t} = -\nabla \cdot \boldsymbol{Q}_v + E_v - P \tag{3.57}$$

in die Analysen einbezogen.

Für die weitere Arbeit gelten folgende Konventionen: Generell bedeutet ein positiver Wert immer eine Zunahme des Wassergehalts, ein negativer Wert zeigt eine Abnahme an. Die Änderungstendenz $-\nabla \cdot \boldsymbol{Q}$ ist der Konvergenzterm. Positive Beiträge entsprechen Zunahmen des Wassergehalts durch Konvergenz, negative Beiträge gehen mit abnehmendem Wassergehalt durch Divergenz einher. Niederschlagsmengen P sind immer größer Null, daher zeigt das Subtrahieren des Niederschlags eine Abnahme des Wassergehalts an. Dementsprechend ist der Beitrag negativ, so dass im Folgenden die Niederschlagswerte nach obiger Konvention immer ein negatives Vorzeichen erhalten.

4 Messtechniken zur Bestimmung der atmosphärischen Wasserhaushaltskomponenten

Unser unzureichendes Wissen über die Prozesse im atmosphärischen Wasserhaushalt ist insbesondere auf fehlende und ungenaue Beobachtungen der relevanten atmosphärischen Größen zurückzuführen (z.B. Trenberth et al. 2007). So sind beispielsweise Verbesserungen in der numerischen Wettervorhersage und Studien zu Klimaveränderungen nur auf Basis präziser atmosphärischer Beobachtungsdaten und Modelle mit hoher räumlicher und zeitlicher Auflösung möglich. Auf Grund der besonderen Bedeutung des atmosphärischen Wasserdampfgehalts als wichtigstes Treibhausgas sind Messverfahren nötig, die seine hohe räumliche und zeitliche Variabilität gut erfassen können. Beobachtungen mit Radiosonden, Wasserdampfradiometern und VLBI (Very Long Baseline Interferometry) sind bekannte Verfahren zur Bestimmung des atmosphärischen Wasserdampfgehalts (Martin et al. 2006, Niell et al. 2001, Schneider et al. 2010). Bodengebundene und satellitengestützte Messtechniken mittels des Globalen Navigationssatellitensystems GNSS (z.B. GPS, GLONASS, Galileo) bieten eine kontinuierliche und wetterunabhängige Erfassung wichtiger Parameter der Atmosphäre (Reigber et al. 2004). Bodengestützte Verfahren werden seit Beginn der 1990er Jahre für räumlich und zeitlich hoch aufgelöste Messungen des atmosphärischen Säulenwasserdampfgehalts eingesetzt (Bevis et al. 1992). Für diese Arbeit werden Messungen mittels des US-amerikanischen Globalen Positionierungssystems (GPS) verwendet. Die GPS-Messtechnik und die Ableitung des Säulenwasserdampfgehalts aus den Beobachtungsdaten werden in Kapitel 4.1 näher erläutert. Auf die satellitengestützten Verfahren (Radiookkultation), anhand derer vertikale Profile von Temperatur, Druck und Feuchte bestimmt werden, wird nicht weiter eingegangen. Informationen dazu sind beispielsweise in Wickert et al. (2005) sowie in Wickert und Schmidt (2005) zu finden.

Im Kapitel 4.2 wird die Feldmesskampagne COPS (Convective and Orographically-induced Precipitation Study) beschrieben. Neben dem Einsatz von GPS zur Beobachtung des Säulenwasserdampfgehalts wurden hierbei Niederschlags- und Verdunstungsmessungen durchgeführt, deren Daten für die Wasserhaushaltsstudien in dieser Arbeit verwendet werden.

4.1 Bestimmung des atmosphärischen Wasserdampfgehalts mittels GPS

Das ursprünglich für Navigation und Zeitübertragung entwickelte GPS besteht aus einer nominellen Konstellation mit 24 Satelliten, wobei sich derzeit mehr als 30 verwendbare Satelliten im Orbit befinden (Müller et al. 2009), die kontinuierlich Mikrowellensignale aussenden (Leick 1990). Der Endausbau (Full Operational Capability, FOC) wurde am 17.07.1995 erreicht (Hofmann-Wellenhof et al. 2008). Die Signale im L-Band (1.2 und 1.6 GHz; Hofmann-Wellenhof et al. 2008) werden auf dem Weg vom Satelliten zum bodengebundenen GPS-Empfänger durch atmosphärische Gase verzögert und gebrochen, wobei die Wirkung der trockenen Atmosphäre überwiegt. Die Signalverzögerung durch den räumlich und zeitlich stark variablen Wasserdampf ist allerdings nicht vernachlässigbar, da er der einzige bekannte Bestandteil der Atmosphäre ist, der ein permanentes Dipolmoment besitzt. Verursacht wird dieses Dipolmoment durch die asymmetrische Ladungsverteilung im Wassermolekül. Die Folge ist die verzögerte Ausbreitung elektromagnetischer Strahlung durch die Atmosphäre (Businger et al. 1996). Der Einfluss von flüssigen und festen Bestandteilen der Erdatmosphäre auf die Ausbreitung von Signalen mit Frequenzen im L-Band ist gegenüber der Wirkung der atmosphärischen Gase minimal und wird daher vernachlässigt (Mansfeld 2004).

Der überwiegende Anteil des atmosphärischen Wasserdampfs tritt in der Troposphäre (ca. 0 bis 10 km) auf und bewirkt eine Verzögerung der GPS-Signalausbreitung. Der Wasserdampfgehalt in der darüber liegenden Stratosphäre (ca. 10 bis 50 km) ist mit etwa $2 \cdot 10^{-6}$ bis $4 \cdot 10^{-6}$ kg/kg (Milz et al. 2009) wesentlich geringer als in der Troposphäre (ca. 10^{-2} kg/kg nahe der Erdoberfläche), so dass die Signalverzögerung in der Stratosphäre vernachlässigt werden kann und im Folgenden nur von der troposphärischen Verzögerung gesprochen wird. Neben dem troposphärischen Anteil an der Signalverzögerung gibt es zusätzlich einen ionosphärischen Anteil. Die Ionosphäre entspricht dem Bereich der Atmosphäre, in dem Ionen und freie Elektronen vorkommen (ab ca. 60 km; Brasseur und Solomon 2005). Die maximale Elektronendichte ist in etwa 300 bis 400 km Höhe zu finden. Die Ionosphäre ist für Mikrowellen ein dispersives Medium, d.h. die bewirkte Signalverzögerung ist frequenzabhängig. Sie kann relativ genau durch die Messung beider vom GPS-Satelliten ausgesendeter Frequenzen und die Anwendung bekannter Dispersionsrelationen für die Ionosphäre bestimmt werden (Brunner und Gu 1991, Spilker 1980). Die Signalverzögerung in der Ionosphäre ist für die Betrachtungen dieser Arbeit nicht relevant, so dass im Folgenden ausschließlich der Einfluss der Troposphäre erläutert wird.

4.1.1 Signalverzögerungen in der Troposphäre

Die Troposphäre beeinflusst elektromagnetische Wellen auf zwei Arten: Zum Einen breiten sich die Wellen langsamer als im Vakuum aus, zum Anderen ist der Signalweg gekrümmt und verläuft nicht entlang einer Geraden (Bevis et al. 1992). Die Laufzeitverzögerung ΔL lässt sich wie folgt berechnen:

$$\Delta L = \int_{L} [n(s) - 1]ds + [S - G] \, . \tag{4.1}$$

Der erste Term beschreibt den Effekt der zeitlichen Verzögerung als Funktion des Brechungsindex $n(s)$, der wiederum von der Position s entlang des gekrümmten Signalweges L abhängt. Der zweite Term bezieht sich auf den Krümmungseffekt, wobei S die Weglänge entlang von L bezeichnet. G entspricht der geradlinigen geometrischen Weglänge durch die Atmosphäre, also dem in einem Vakuum mit $n = 1$ auftretenden Signalweg. Der Krümmungsterm ist so klein, dass er meist vernachlässigt wird. In Zenitrichtung verschwindet er nahezu vollständig. Dementsprechend gilt mit ausreichender Genauigkeit:

$$\Delta L = \int_{0}^{z} (n - 1)dz = 10^{-6} \int_{0}^{z} N dz \, . \tag{4.2}$$

Die Höhe der Tropopause (obere Grenze der Troposphäre) wird mit z bezeichnet. Die Brechungszahl $N = 10^{6}(n - 1)$ der Atmosphäre ist eine Funktion der Temperatur T, des Drucks trockener Luft p_d und des Wasserdampfdrucks p_v. Ihre Beschreibung durch Thayer (1974) lautet

$$N = k_1 \frac{p_d}{T} \frac{1}{Z_d} + k_2 \frac{p_v}{T} \frac{1}{Z_v} + k_3 \frac{p_v}{T^2} \frac{1}{Z_v} \tag{4.3}$$

mit den empirisch ermittelten Konstanten $k_1 = (77.604 \pm 0.014) \mathrm{K\,hPa^{-1}}$, $k_2 = (64.79 \pm 0.08) \mathrm{K\,hPa^{-1}}$ und $k_3 = (3.776 \pm 0.004) \cdot 10^{5} \mathrm{K^2\,hPa^{-1}}$. Die durch weitere Autoren bestimmten Konstanten weisen ähnliche Werte auf (Bevis et al. 1994, Hasegawa und Stokesbury 1975, Smith und Weintraub 1953). Eine umfassende Zusammenstellung der Konstanten k_1, k_2 und k_3 enthält Rüeger (2002). Z_d^{-1} und Z_v^{-1} sind die inversen Kompressibilitätsfaktoren für trockene Luft und Wasserdampf und werden als Korrekturterme für reale Gase eingeführt. Durch Einsetzen der allgemeinen Gasgleichung $p_d = \rho_d R_d T$ für trockene sowie $p_v = \rho_v R_v T$ für feuchte Luft und unter der Annahme $Z \approx 1$ kann ΔL in Abhängigkeit meteorologischer Parameter ausgedrückt werden:

$$\Delta L = 10^{-6} \int_{0}^{z} \left(k_1 \rho_d R_d + k_2 \rho_v R_v + k_3 \frac{\rho_v R_v}{T} \right) dz \, . \tag{4.4}$$

R_d und R_v sind die Gaskonstanten für trockene und feuchte Luft. Die Größen für trockene Luft werden als Differenzen von Gesamtluftdruck p bzw. –dichte ρ in der Form $p_d = p - p_v$ und $\rho_d = \rho - \rho_v$ dargestellt. Für Gleichung 4.4 folgt dann:

$$\Delta L = 10^{-6} k_1 R_d \int_0^z \rho \, dz + 10^{-6} \int_0^z \left(k_2 - k_1 \frac{R_d}{R_v} + \frac{k_3}{T} \right) \rho_v R_v \, dz \, . \tag{4.5}$$

Einsetzen der hydrostatischen Grundgleichung $dp/dz = -\rho \cdot g$ mit in vertikaler Richtung konstantem g[1] und der idealen Gasgleichung für feuchte Luft ergibt:

$$\Delta L = 10^{-6} k_1 R_d \frac{p_s}{g} + 10^{-6} \int_0^z \frac{p_v}{T} \left(k_2 - k_1 \frac{R_d}{R_v} + \frac{k_3}{T} \right) dz \, . \tag{4.6}$$

Die Größe p_s bezeichnet den Gesamtdruck an der Erdoberfläche. Nach Saastamoinen (1972) kann die gesamte atmosphärische Signalverzögerung in Zenitrichtung (Zenith Total Delay, ZTD) in einen trockenen und einen feuchten Anteil (Zenith Wet Delay, ZWD) zerlegt werden. Der trockene Anteil wird hier als hydrostatischer Anteil (Zenith Hydrostatic Delay, ZHD) bezeichnet:

$$ZTD = ZHD + ZWD \, , \tag{4.7}$$

$$ZHD = \Delta L_h^0 = 10^{-6} k_1 R_d \frac{p_s}{g} \, , \tag{4.8}$$

$$ZWD = \Delta L_w^0 = 10^{-6} \int_0^z \frac{p_v}{T} \left(k_2 - k_1 \frac{R_d}{R_v} + \frac{k_3}{T} \right) dz \, . \tag{4.9}$$

Die Verzögerungen ZTD, ZHD und ZWD werden in Metern angegeben. In der Praxis wird bei der Berechnung des ZHD die Abhängigkeit der Schwerebeschleunigung g von der geographischen Breite und Höhe der Erdoberfläche gegenüber dem Erdellipsoid berücksichtigt. Mit $k_2' = k_2 - k_1 R_d/R_v$ ergibt sich für den ZWD:

$$ZWD = \Delta L_w^0 = 10^{-6} \left(k_2' \int_0^z \frac{p_v}{T} \, dz + k_3 \int_0^z \frac{p_v}{T^2} \, dz \right) . \tag{4.10}$$

Die Größen geben die Verzögerung als Integral in Zenitrichtung an. Für die Bestimmung des ZWD aus Gleichung 4.10 stehen keine passenden Messungen von Temperatur- und Druckprofilen zur Verfügung. Daher werden die mit Hilfe von Messungen des Bodendrucks p_s an der GPS-Antenne bestimmte hydrostatische Verzögerung ZHD und die gemessene

---

[1] Für praktische Anwendungen ist die Annahme $g(z) = g = konst.$ zu ungenau. Daher wird eine Größe g_m definiert, die die mittlere Erdbeschleunigung für eine Luftsäule angibt. Nach Saastamoinen (1972) und Davis (1985) gilt in guter Näherung: $g_m = 9.784 \cdot f(\varphi, H) = 9.784(1 - 0.00266 \cos\varphi - 0.00028H)$, wobei φ die geographische Breite und H die Höhe der Beobachtungsstation in km über dem Ellipsoid ist.

Gesamtverzögerung ZTD verwendet, um aus der Differenz $ZWD = ZTD - ZHD$ den feuchten Anteil der Laufzeitverzögerung zu berechnen.

Der ZHD macht in der Regel mit etwa 2.3 bis 2.5 m den größten Anteil des ZTD aus und ist nur vom Oberflächendruck abhängig, während der ZWD eine Funktion der Wasserdampfverteilung ist (Davis et al. 1985, Niell 1996). Die Polarisierbarkeit der Moleküle, d.h. die Fähigkeit eines äußeren elektrischen Feldes, in die elektrisch neutralen Moleküle ein Dipolmoment zu induzieren, wird durch den ZHD gekennzeichnet. Neben dem dominierenden Beitrag der trockenen Luft zum ZHD beinhaltet dieser auch einen Beitrag durch die nicht-permanenten Dipolmomente des Wasserdampfs. Der ZWD resultiert aus dem permanenten Dipolmoment der Wasserdampfmoleküle. Der größte Anteil des ZWD tritt in der Troposphäre mit Maximalwerten in der unteren Troposphäre auf (Bevis et al. 1992). Die Größenordnung reicht von wenigen Millimetern in ariden Regionen bis zu 300 mm in den mittleren Breiten und 400 mm in den Tropen (Dick et al. 2001, Niell 1996). Die Summe aus ZHD und ZWD ist dabei nicht größer als etwa 2.5 m (Hofmann-Wellenhof et al. 2008). In flüssigem Wasser und Eis kompensiert die Wasserstoffbindung zwischen den Wassermolekülen die permanenten Dipolmomente weitestgehend, so dass Wolkenwasser und –eis die GPS-Wasserdampfmessungen nicht wahrnehmbar beeinflussen (Businger et al. 1996, Solheim et al. 1999).

Um die gemessene Verzögerung entlang des Signalweges mit unterschiedlichen Höhenwinkeln bzw. Elevationen (Winkel eines Punktes über dem Horizont) zu der in Zenitrichtung in Beziehung zu setzen, müssen eine oder mehrere Abbildungsfunktionen[2] verwendet werden. Die gesamte Verzögerung entlang eines Signalweges mit dem Höhenwinkel θ wird aus ZHD und ZWD mit

$$\Delta L = \Delta L_h^0 M_h(\theta) + \Delta L_w^0 M_w(\theta) \tag{4.11}$$

berechnet (Bevis et al. 1992), wobei $M_h(\theta)$ und $M_w(\theta)$ die Abbildungsfunktionen für die hydrostatische bzw. feuchte Verzögerung sind. Für Höhenwinkel zwischen 10° und 15° sind sich beide Abbildungsfunktionen ähnlich. Bei niedrigen Höhenwinkeln verlängert sich der Signalweg durch die Atmosphäre, was eine Verringerung der Stärke des empfangenen Signals und damit eine Reduzierung der Messgenauigkeit zur Folge hat. Desweiteren erschwert die starke zeitliche Variabilität in den untersten Atmosphärenschichten die genaue Bestimmung der Signalverzögerung. Aus diesem Grund werden Messungen der Laufzeitverzögerung bei Höhenwinkeln von weniger als 5° selten verwendet (z.B. Niell 2001).

---

[2] Abbildungsfunktion meint hier den in der Literatur auch verwendeten Begriff Mappingfunktion.

4.1.2 Bestimmung des Säulenwasserdampfgehalts der Atmosphäre

Die vertikal über dem Empfänger liegende Wasserdampfmenge IWV (Integrated Water Vapour in kg/m²) kann aus dem ZWD und der Oberflächentemperatur sowie dem bodennahen Druck bestimmt werden (Bevis et al. 1992). Für die Herleitung des Zusammenhangs zwischen Säulenwasserdampfgehalt IWV und ZWD wird eine gewichtete mittlere Temperatur der Atmosphäre eingeführt:

$$T_m = \frac{\int \frac{p_v}{T}\, dz}{\int \frac{p_v}{T^2}\, dz}\,.$$

(4.12)

T_m kann mittels Regression aus Messungen der Oberflächentemperaturen oder mit Hilfe numerischer Wettervorhersagemodelle bestimmt werden (Bevis et al. 1992). Das Deutsche GeoForschungsZentrum (GFZ) in Potsdam wendet die Regressionsgleichung nach Bevis et al. (1994) zur Berechnung von T_m aus der Oberflächentemperatur T_s an (Bender 2010; persönliche Mitteilung):

$$T_m = 70.2 + 0.72 \cdot T_s\,.$$

(4.13)

Sofern an der GPS-Station keine Messungen der Oberflächentemperatur verfügbar sind, wird T_s aus den Daten benachbarter Beobachtungsstationen interpoliert. Die Kombination der Gleichungen 4.10, 4.12 und der Zustandsgleichung für Wasserdampf ergibt

$$IWV = \int \rho_v\, dz = \frac{1}{R_v} \int \frac{p_v}{T}\, dz \approx \kappa \cdot ZWD$$

(4.14)

mit der dimensionslosen Konstanten

$$\kappa = 10^6 \left[\left(\frac{k_3}{T_m} + k_2' \right) R_v \right]^{-1}\,.$$

(4.15)

Der Wasserdampfgehalt der Atmosphäre wird auch als Höhe einer äquivalenten Säule an Flüssigwasser (PW, Precipitable Water in mm) beschrieben. Der Säulenwasserdampfgehalt IWV ist das Produkt aus ρ_W und PW, wobei ρ_W die Dichte von Wasser ist. Der Zusammenhang zwischen PW und ZWD lautet (Bevis et al. 1992, Bevis et al. 1994):

$$\frac{PW}{ZWD} = \frac{\kappa}{\rho_W} \approx 0.15\,.$$

(4.16)

4.1.3 GPS-Datenauswertung und Nutzung von GPS-Bodennetzen

Die GPS-Datenauswertung unterscheidet sich in Near Real Time Processing (NRT), bei dem die Ergebnisse kurz nach den Messungen zur Verfügung stehen, und Post-Processing, bei dem die Auswertungen zeitlich verzögert erfolgen. Das Post-Processing führt gegenüber den Ergebnissen des Near Real Time Processing zu einer Qualitätsverbesserung, da die besten bekannten Parameter über die Satellitenbahnen und Uhrenfehler in die Berechnung der Lösung eingehen (Dick et al. 2001, Hofmann-Wellenhof et al. 2008). Am GFZ Potsdam wird für die GPS-Datenanalyse die Software EPOS verwendet (Gendt et al. 2004). Wichtige Merkmale des Auswerteverfahrens sind in Tabelle 4.1 zusammengestellt.

Positionsbestimmung	PPP (Precise Point Positioning)[3]
Antennenkalibrierung	Relative Antennenkalibrierung
Satellitenbahnparameter	Bereitstellung von IGS (International GNSS Service)[4]
Elevationsmaske	7°
Abbildungsfunktion	Nach Niell (1996)

Tab. 4.1: Wichtige Merkmale der am GFZ Potsdam durchgeführten GPS-Datenauswertung. Die Angabe zur Antennenkalibrierung gilt insbesondere für die Datenauswertung zum Zeitpunkt der COPS-Messkampagne (s. Abschnitt 4.2).

Die Zuverlässigkeit bei der IWV-Bestimmung aus den Laufzeitverzögerungen wird durch die Genauigkeiten der Parameter der GPS-Satellitenbahnen, der Koordinaten des GPS-Empfängers sowie durch den minimalen Höhenwinkel bedingt (Tregoning et al. 1998). Werden ausschließlich Signalwege großer Höhenwinkel bei den GPS-Analysen berücksichtigt, ist ein Sensitivitätsverlust bei der Berechnung des ZWD die Folge. Allerdings gehen niedrige Höhenwinkel auch mit zunehmenden Unsicherheiten der Abbildungsfunktionen und erhöhtem Rauschen bei den GPS-Beobachtungen einher. Hagemann et al. (2003) führen Fehler bei der Messung des ZTD und des Oberflächendrucks p_s als die größten Unsicherheiten an. Ist eine Druckmessung an der GPS-Station nicht möglich, werden Ungenauigkeiten durch die horizontale und vertikale Interpolation von p_s eingeführt. Schwankungen des ZTD von 1 mm entsprechen einem IWV von 0.15 bis 0.16 kg/m². Druckvariationen von 1 hPa resultieren in IWV-Ungenauigkeiten von 0.33 bis 0.37 kg/m². Eine weitere Fehlerquelle liegt in der Annahme zur mittleren Temperatur der Atmosphäre. Bei Verwendung numerischer

---

[3] Nähere Ausführungen in z.B. Hofmann-Wellenhof et al. (2008)

[4] Die für das Post-Processing genutzten endgültigen IGS-Produkte enthalten keine Uhrenparameter mit der nötigen zeitlichen Auflösung. Aus diesem Grund werden beim Post Processing nochmals Bahn- und Uhrenkorrekturen mit einer höheren Genauigkeit und Auflösung bestimmt (Bender 2010; persönliche Mitteilung).

Wettervorhersagemodelle für die Bestimmung von T_m liegt der Fehler bei der Konvertierung des ZWD in den IWV bzw. PW unter 1%. Eine Regression von T_m aus der Oberflächen-temperatur führt zu Fehlern, die typischerweise etwa 2% ausmachen (Bevis et al. 1994). Vergleiche mit Radiosonden, Wasserdampfradiometern und VLBI zeigten, dass mit GPS Genauigkeiten von 1 bis 2 mm in der PW-Bestimmung erreicht werden können (Coster et al. 1996, Martin et al. 2006, Morland et al. 2009). Vergleiche des am GFZ in Near Real Time abgeleiteten PW mit Messungen von Wasserdampfradiometern und COSMO-Analysen zeigen einen Unterschied von weniger als 1 mm und eine Standardabweichung von etwa 1 mm (Bender et al. 2008, Dick et al. 2001).

Die IWV-Daten einer einzelnen GPS-Station sind für einen Radius von etwa 7 km (minimaler Elevationswinkel von ca. 15°) bis 15-16 km (minimaler Elevationswinkel von ca. 7°) repräsentativ. Für die operationelle und kontinuierliche, flächendeckende Bestimmung des atmosphärischen Wasserdampfgehalts ist auf Grund des kleinen Radius ein dichtes Bodensta-tionsnetz erforderlich. In Deutschland umfasst das Referenzstationsnetz SAPOS, betrieben von den Landesvermessungsbehörden der Bundesländer, etwa 270 Stationen mit einem mittleren Abstand von ca. 40 km (www.sapos.de, Wickert und Gendt 2006). Im Rahmen des GPS-Atmosphären-Sondierungs-Projekts (GASP), bei dem zusätzlich zu SAPOS Stationen von BKG (Bundesamt für Kartographie und Geodäsie), DWD, DLR (Deutsches Zentrum für Luft- und Raumfahrt), GFZ Potsdam und Fraunhofer-Gesellschaft einbezogen werden, konnte in Deutschland ein System zur operationellen, kontinuierlichen Bestimmung des atmosphäri-schen Wasserdampfgehalts etabliert werden (Gendt et al. 2004, Reigber et al. 2004). In den nachfolgenden Projekten TOUGH (web.dmi.dk/pub/tough) und E-GVAP (egvap.dmi.dk) wurde die GPS-basierte Atmosphärensondierung weiter ausgebaut und umfasst heute mehr als 300 Stationen.

Der aus GPS-Messungen abgeleitete Säulenwasserdampfgehalt kann für die Verbesserung der numerischen Wettervorhersage sowie für Studien zum Wasserkreislauf und zu Klimaein-flüssen genutzt werden (Reigber et al. 2004). Experimente mit der Assimilation der Daten in das Lokal-Modell LM des DWD zeigten, dass bei 12-Stunden-Vorhersagen Verbesserungen um 10% bezüglich der relativen Feuchte erreicht wurden. Bei der Niederschlagsvorhersage traten sowohl Verbesserungen als auch negative Effekte in niederschlagsfreien Gebieten auf (Gendt et al. 2004, Tomassini et al. 2002). Auch dreidimensionale Wasserdampffelder, die aus den Laufzeitverzögerungen entlang der Signalwege mittels der Wasserdampftomographie abgeleitet werden (Bender et al. 2008, Champollion et al. 2005, Troller et al. 2006), bieten sich für Assimilationen in numerische Wettervorhersagemodelle an. Alternativ können auch direkt die Signalverzögerungen für die Assimilation genutzt werden (Zus et al. 2008), um zu zuverlässigeren Wetter- und insbesondere Niederschlagsvorhersagen beizutragen.

4.2 Zur Wasserhaushaltsbestimmung verwendbare Messungen während COPS

COPS (Convective and Orographically-induced Precipitation Study) fand vom 1. Juni bis 31. August 2007 in Südwestdeutschland und Ostfrankreich statt (s. Abb. 4.1) und bietet auf Grund umfangreicher Datenerhebungen eine sehr gute Möglichkeit zur Bestimmung verschiedener Wasserhaushaltsgrößen. Ziel der Kampagne war die Untersuchung konvektiver Prozesse über komplexem Gelände, um Verbesserungen in der quantitativen Niederschlagsvorhersage erreichen zu können. Die Mittelgebirge der Vogesen, des Schwarzwalds und der Schwäbischen Alb sind geeignete Untersuchungsgebiete für vierdimensionale Beobachtungen und ergänzende Modellierungen des Lebenszyklus von orographisch induziertem konvektiven Niederschlag (Kottmeier et al. 2008, Wulfmeyer et al. 2008).

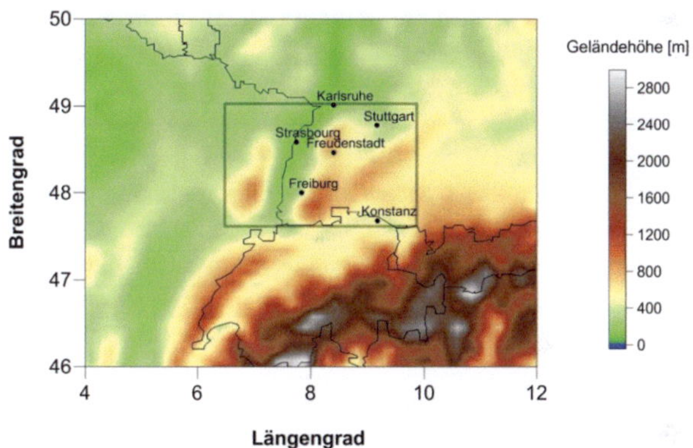

Abb. 4.1: Überblick über die Lage der COPS-Region und COSMO-Geländehöhen in m.

Die Verdichtung bereits existierender Messnetze ermöglicht die Untersuchung von Landoberflächen-Austausch und Grenzschichtprozessen. So ist das schon vorhandene GPS-Messnetz zur Bestimmung der Säulenwasserdampfgehalte mit zusätzlichen GPS-Empfängern ausgestattet worden. Austauschprozesse in Tälern konnten mit zusätzlichen Turbulenz- und Energiebilanzstationen gemessen werden. Eine Besonderheit der Kampagne war auch der Aufbau eines Transektes mit Hauptmessplätzen (sog. Supersites), das von den Vogesen über das Rheintal, die Hornisgrinde, das Murgtal bis hin zur Leeseite des Schwarzwalds in der Nähe von Stuttgart reichte. Alle Supersites waren mit Bodenfeuchtesensoren, Turbulenz- und Energiebilanz- sowie Radiosondenstationen, GPS-Empfängern und weiteren Geräten zur Messung meteorologischer Größen an der Erdoberfläche sowie aktiven und passiven Fernerkundungsverfahren (z.B. Lidar, Niederschlags- und Wolkenradar, Satellitenbeobachtungen von Wolkenbedeckung und Oberflächentemperatur) ausgestattet. Messungen wurden nicht nur in räumlich, sondern auch in zeitlich hochaufgelösten Abständen realisiert. Die

Durchführung von insgesamt 18 Intensivmessphasen (Intensive Observation Periods, IOPs) ermöglicht ausgiebige Studien von Episoden bei verschiedenen Wetterlagen (Kottmeier et al. 2008, Wulfmeyer et al. 2008).

Zusätzlich zu COPS fand im gesamten Jahr 2007 die General Observation Period (GOP) statt (Crewell et al. 2008). In ganz Europa wurden routinemäßige Beobachtungen gesammelt und Vergleiche mit operationellen Modellen durchgeführt. Diese zusätzlich zur Verfügung stehenden umfassenden Datensätze ermöglichen es, die COPS-Beobachtungen in einen größeren Kontext zu setzen und die Ergebnisse mit anderen Regionen zu vergleichen (Wulfmeyer et al. 2008).

4.2.1 GPS-Wasserdampfmessungen während COPS

Die aus GPS-Beobachtungen abgeleiteten Säulenwasserdampfgehalte wurden in Near Real Time und nach einem Post-Processing für den gesamten COPS-Zeitraum in zeitlicher Auflösung von 15 Minuten vom GFZ Potsdam zur Verfügung gestellt. Während COPS wurde in Südwestdeutschland die Dichte des GPS-Messnetzes durch Stationen vom GFZ Potsdam, dem Referenzstationsnetz SAPOS und INSU/CRNS (Institut National des Sciences de l'Univers/Centre National de la Recherche Scientifique) erhöht. Das während COPS erweiterte Messnetz in Ostfrankreich umfasst Stationen von EOST (Ecole et Observatoire des Sciences de la Terre, Strasbourg), RGP (Réseau GPS Permanent), Orpheon, INRA (Institut National de la Recherche Agronomique, Nancy) und INSU/CRNS. In der vorliegenden Arbeit werden die *IWV*-Daten nach dem Post-Processing verwendet. Abbildung 4.2 (links) zeigt einen Ausschnitt Südwestdeutschlands mit den GPS-Stationen, für die der *IWV* aus den Laufzeitverzögerungen sowie Druck- und Temperaturmessungen abgeleitet werden konnte (rot).

4.2.2 Verdunstungsmessungen während COPS

Die Verdunstung wird anhand der Flussdichte der latenten Wärme des Wasserdampfs E_0 (Einheit W/m²) beschrieben. Die Darstellung des latenten Wärmeflusses mit Hilfe des Gradienten-Ansatzes lautet (Kraus 2004):

$$E_0 = -L\rho K_z \frac{\partial q_v}{\partial z}. \tag{4.17}$$

Die Größe L bezeichnet die Verdampfungswärme in J/kg, K_z ist der turbulente Diffusionskoeffizient in m²/s. Die Messung solcher turbulenten Fluktuationen erfordert einen hohen technischen Aufwand.

Für die Bestimmung der Evapotranspiration werden die während COPS gemessenen latenten Wärmeflüsse an Energiebilanzstationen des IMK-TRO (KIT) verwendet (s. Abb. 4.2 links, grüne Stationspunkte). Die Datenwerte der latenten Wärmeflüsse liegen halbstündig vor und wurden über 1-Minuten- und 10-Minutenwerte gemittelt. Um aus dem latenten Wärmefluss die pro Flächen- und Zeiteinheit verdunstete Wassermenge E_v zu berechnen, muss durch die Verdampfungswärme dividiert und mit dem entsprechenden Zeitintervall multipliziert werden:

$$E_v = \frac{E_0}{L}\Delta t \,. \qquad\qquad (4.18)$$

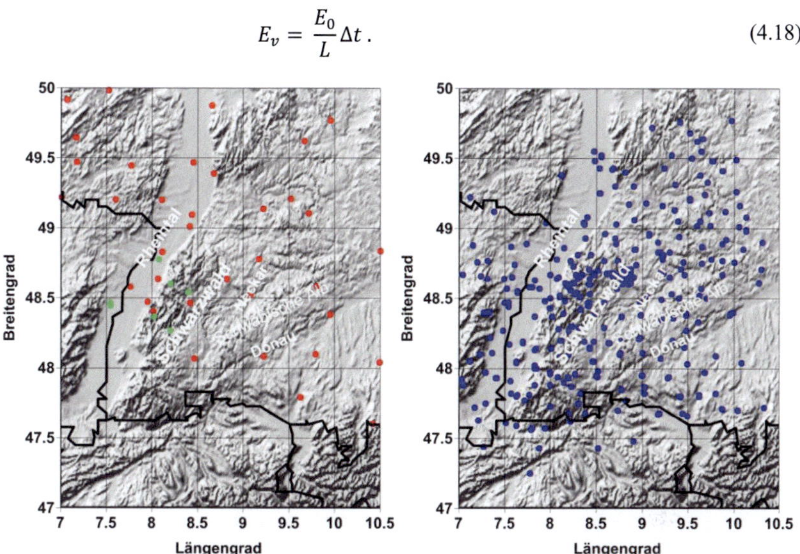

Abb. 4.2: Ausschnitt Südwestdeutschlands mit GPS- (rot, links) und Energiebilanzstationen (grün, links) sowie Niederschlagsstationen (blau, rechts) während COPS.

4.2.3 Niederschlagsmessungen während COPS

Während der COPS-Kampagne standen wesentlich mehr Niederschlagsmessstationen als GPS- und Energiebilanzstationen zur Verfügung (s. Abb. 4.2 rechts). Die Bodenstationen werden von verschiedenen Institutionen betrieben, zu denen der Deutsche Wetterdienst (DWD), das Landesamt für Umwelt, Messungen und Naturschutz (LUBW), IMK-TRO (KIT), Universität Bayreuth, Universität Innsbruck, LMU München, Universität Wien und University of Leeds gehören. Als weitere Datenquelle stehen GTS-Niederschlagsbeobachtungen (Global Telecommunications System) zur Verfügung. Daten liegen sowohl für halbstündliche und stündliche Niederschlagsmengen als auch für tägliche Niederschlagssummen vor.

5 Methoden der regionalen Wasserhaushaltsanalyse

Dieses Kapitel dient der Beschreibung der methodischen Aspekte der Wasserhaushaltsanalysen dieser Arbeit. Zunächst wird in Kapitel 5.1 das Konzept der Kontrollvolumina eingeführt, für die die Komponenten des atmosphärischen Wasserhaushalts quantifiziert werden. Die Bestimmung von Wasserhaushaltsgrößen durch die Kombination von GPS- und Modelldaten wird im darauffolgenden Abschnitt 5.2 erläutert. Die Modellergebnisse werden anhand von hochauflösenden regionalen Simulationen berechnet. Auf die Modellkonfigurationen sowie Simulations- und Untersuchungsgebiete wird in Kapitel 5.3 eingegangen.

5.1 Quantifizierung des regionalen Wasserhaushalts

Die Wasserhaushaltskomponenten werden sowohl räumlich als auch zeitlich integriert, um den atmosphärischen Wasserhaushalt einer Region zu charakterisieren und die zu untersuchenden atmosphärischen Prozesse zu identifizieren. Neben den theoretischen Überlegungen zur räumlichen und zeitlichen Integration werden in diesem Kapitel die Kriterien zur Auswahl von geeigneten Kontrollvolumina und Zeitintervallen erläutert.

5.1.1 Räumliche und zeitliche Integration der Wasserhaushaltsgrößen

Die hohe Relevanz regionaler Wasserhaushaltsstudien steht in Kontrast zu der unzureichend bekannten Variabilität der Wasserhaushaltskomponenten. Diese wird durch verschiedene niederschlagsbildende Prozesse in der Atmosphäre, die ihrerseits von der Topographie beeinflusst werden, sowie durch Landoberflächenprozesse, die von Oberflächeneigenschaften (z.B. Bodenfeuchte, Vegetation, Landnutzung) abhängig sind, verursacht (s. Kap. 1). Im Rahmen der vorliegenden Arbeit sollen charakteristische Aufteilungen der Wasserhaushaltskomponenten unter verschiedenen mesoskaligen und regionsspezifischen Bedingungen identifiziert werden. Grundlegend für die Analyse aller relevanten Komponenten des Wasserhaushalts ist ihre Bilanzierung (s. Gl. 3.57 und 3.55). Um bei der Bestimmung der Wasserhaushaltskomponenten kleinräumige Fluktuationen zu entfernen und signifikante Werte bezüglich der verschiedenen Einflussfaktoren zu erhalten, ist eine Integration über Gebietsgrößen, Prozesse und deren effektive Wirkung erforderlich. Eine über ein Volumen $dV = dx \cdot dy \cdot dz$ integrierte Größe $\Psi(t)$ lässt sich formal darstellen als:

$$\Psi(t) = \int_V \rho\, \psi(x, t)\, dV\,.\qquad(5.1)$$

Dabei entspricht ρ der Dichte und ψ einer von dem Ort x und der Zeit t abhängigen spezifischen Variablen (z.B. spezifischer Wasserdampfgehalt). Für die Bilanzierung des Wasserhaushalts sind die Änderungsraten einer Komponente über ein bestimmtes Zeitintervall relevant (z.B. verdunstete Menge an Wasser innerhalb eines Tages), so dass sich aus Gleichung 5.1 ergibt:

$$\frac{\partial \Psi}{\partial t} = \int_V \rho\, \frac{\partial \psi}{\partial t}\, dV\,.\qquad(5.2)$$

Die Bestimmung der atmosphärischen Wasserhaushaltskomponenten einer Region kann anhand von sogenannten Kontrollvolumina realisiert werden, die sich über das zu untersuchende Gebiet erstrecken und deren Größe sowie Lage variabel sind. Abbildung 5.1 veranschaulicht beispielhaft ein Kontrollvolumen. Exemplarisch sind die Advektion über die Seitenflächen, die Evapotranspiration sowie der Niederschlag dargestellt. Zur Erdoberfläche gerichtete vertikale turbulente Flüsse, in deren Folge Tau- und Reifbildung auftreten können, und vertikale advektive Feuchteflüsse durch einen in ausreichender Höhe liegenden oberen Rand (hier ca. 10 km) sind vernachlässigbar klein. Vertikale Advektionsflüsse durch den festen unteren Rand, der der Erdoberfläche entspricht, treten nicht auf.

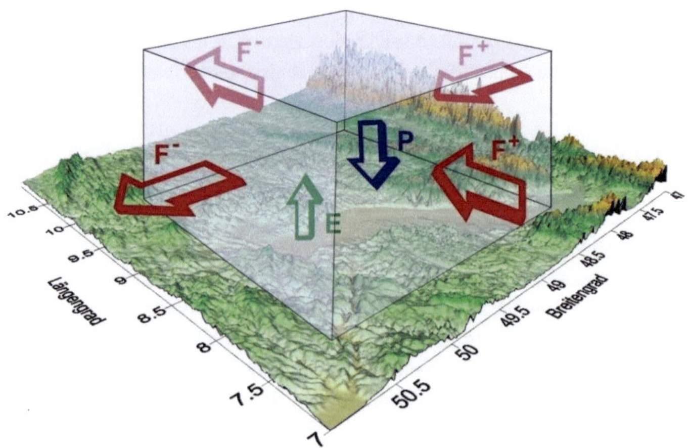

Abb. 5.1: Schema der atmosphärischen Wassertransporte bezüglich eines Kontrollvolumens. $F^{+/-}$ = advektive Wassertransporte über die Seitenflächen, E = Evapotranspiration, P = Niederschlag. Zu beachten ist, dass in den durchgeführten Analysen nicht die einzelnen Flüsse Q_i über jeweiligen Seitenflächen betrachtet werden, sondern ausschließlich die Änderungsraten auf Grund von Konvergenz bzw. Divergenz $-\nabla \cdot Q$.

Analog zu Abbildung 3.2 kann ein Kontrollvolumen in elementare Gitterzellen mit dem Volumen $dV = dx\,dy\,dz$ zerlegt werden. Für jeden Gitterpunkt (i,j,k) innerhalb des Kontrollvolumens seien die den Wasserhaushalt bestimmenden Variablen ψ bekannt. Die Seitenlängen einer elementaren Gitterzelle sind mit der geographischen Länge λ, der geographischen Breite φ sowie der Höhe z folgendermaßen definiert:

$$dx_{i,j} = R \cdot d\lambda_{i,j} \cdot cos\varphi_{i,j}\,, \tag{5.3}$$

$$dy_{i,j} = R \cdot d\varphi_{i,j}\,, \tag{5.4}$$

$$dz_{i,j,k} = z_{i,j,k-1/2} - z_{i,j,k+1/2}\,. \tag{5.5}$$

Bezüglich Gleichung 5.3 bzw. 5.4 wird der Mittelwert der horizontalen Abstände vom Gitterpunkt (i,j) zu $(i-1,j)$ bzw. $(i,j-1)$ und von (i,j) zum Punkt $(i+1,j)$ bzw. $(i,j+1)$ ermittelt, um die Seitenlängen der Gitterzelle, die durch den Gitterpunkt (i,j) definiert wird, zu berechnen. Der Erdradius R wird als konstant angenommen (sphärisches Erdmodell). Nach Bestimmung der Seitenlängen können die Volumenmittel der Variablen für die jeweilige Gitterzelle bestimmt werden. Die Quantifizierung der Wasserhaushalts-komponenten für das gesamte Kontrollvolumen erfolgt durch Integration über alle Gitter-zellen, die im Kontrollvolumen enthalten sind. Auf Basis von Gleichung 5.2 ergibt sich folgende diskrete Formulierung:

$$\frac{\partial\Psi}{\partial t} = \sum_{i,j,k} \frac{\partial\psi}{\partial t}_{\,i,j,k}\ \rho_{i,j,k}\ dx_{i,j}\ dy_{i,j}\ dz_{i,j,k}\,. \tag{5.6}$$

Die über das Volumen integrierten Komponenten $\partial\Psi/\partial t$ haben die Einheit kg/s. Die auf die Gitterpunkte bezogenen Tendenzen $\partial\psi/\partial t$ werden in 1/s bzw. $(kg_W/kg_L)/s$ angegeben. Die zeitliche Integration richtet sich, wie weiter unten erläutert wird, nach den zu untersuchenden atmosphärischen Prozessen.

Inwiefern sich die Größe eines Kontrollvolumens quantitativ auf die Komponenten auswirkt, wird anhand folgender Überlegung veranschaulicht. Die horizontale Seitenlänge eines Kontrollvolumens wird mit L_H, die vertikale Ausdehnung mit L_Z (z.B. Höhe der Troposphäre) bezeichnet. Für die Evapotranspiration E innerhalb des Kontrollvolumens gilt die Beziehung $E \sim L_H{}^2$. Die Konvergenz $-\nabla \cdot Q$ resultiert insbesondere aus advektivem Wassertransport durch die Seitenflächen des Kontrollvolumens, woraus $-\nabla \cdot Q \sim L_Z L_H$ folgt. Das Verhältnis von Konvergenz zur Evapotranspiration ergibt:

$$\frac{-\nabla \cdot Q}{E} \sim \frac{L_Z}{L_H} \tag{5.7}$$

Bei Vergrößerung des Kontrollvolumens nimmt die horizontale Länge L_H zu, L_Z wird jedoch konstant gehalten. Demzufolge wird das Verhältnis $-\nabla \cdot \mathbf{Q}/E$ kleiner, d.h. E nimmt gegenüber $-\nabla \cdot \mathbf{Q}$ zu. Bei globalen Wasserhaushaltsstudien ist $L_H \gg L_Z$ und es folgt:

$$\frac{-\nabla \cdot \mathbf{Q}}{E} \sim \frac{L_Z}{L_H} \to 0 \tag{5.8}$$

Gleichung 5.8 zeigt, dass der Term $-\nabla \cdot \mathbf{Q}$ gegenüber E bei großen horizontalen Längenskalen vernachlässigbar ist. Bei einer globalen Wasserhaushaltsbilanz werden keine Seitenränder betrachtet, über die advektiver Transport stattfinden kann und somit resultiert der Wasserdampf in der Atmosphäre nur aus Verdunstungsprozessen. Umgekehrt wird bei sehr kleinen horizontalen Längen mit $L_H \ll L_Z$ die Evapotranspiration E gegenüber der Konvergenz $-\nabla \cdot \mathbf{Q}$ vernachlässigbar klein. Analoge Überlegungen können für das Verhältnis von Niederschlag und Konvergenz durchgeführt werden. Dieser Zusammenhang zwischen der Größe des Kontrollvolumens und den Komponenten im Wasserhaushalt ist bei der Interpretation von Untersuchungsgebieten mit sehr unterschiedlichen räumlichen Ausdehnungen zu berücksichtigen.

5.1.2 Kriterien zur Auswahl von Kontrollvolumina und Zeitintervallen

Größe und Position eines Kontrollvolumens und betrachtete Zeitintervalle müssen auf Grundlage der zu untersuchenden wissenschaftlichen Fragestellung ausgewählt werden. Die hier durchgeführten Studien schließen folgende Aspekte ein (s. Kap. 1.2):

1. Modellvalidierung
2. Untersuchung des Einflusses der Topographie
3. Untersuchung des Einflusses mesoskaliger atmosphärischer Prozesse

Welche Kriterien sich aus den einzelnen Punkten für die Auswahl eines Kontrollvolumens und eines zu betrachtenden Zeitraums ableiten, wird nachstehend erläutert.

Modellvalidierung: Für den Vergleich von simulierten Wasserhaushaltskomponenten mit Beobachtungsdaten werden Größe und Position des Kontrollvolumens so gewählt, dass ausreichend Beobachtungsstationen mit möglichst regelmäßiger Verteilung im Untersuchungsgebiet verfügbar sind. Die Validierung kann dabei über Zeiträume von einigen Stunden oder Tagen bis zu Monaten oder Jahren erfolgen.

Untersuchung des Einflusses der Topographie: Die Topographie einer Region hat einen hohen Einfluss auf niederschlagsbildende Prozesse. Räumlich integrierte Wasserhaushaltskomponenten bezüglich eines Kontrollvolumens, das eine Vielfalt an Oberflächenstrukturen enthält (z.B. flaches und bergiges Gelände), geben die hohe räumliche Variabilität nicht in dem Maße wieder, wie es für kleinere Kontrollvolumina, die nur eine spezifische

Oberflächenform (z.B. nur flaches oder nur bergiges Gelände) ausweisen, der Fall ist. Für die Analyse der Abhängigkeit des Wasserhaushalts von der Topographie ist es daher erforderlich, ein Gebiet mit einer charakteristischen Oberflächenform auszuwählen. Anhand von Geländehöhen und Höhengradienten, die die Topographie kennzeichnen, lassen sich geeignete Untersuchungsgebiete eingrenzen und die Größe und Position eines Kontrollvolumens festlegen.

Analyse des Einflusses mesoskaliger atmosphärischer Prozesse: Für die Erfassung von atmosphärischen Prozessen und die Untersuchung ihrer Wirkung auf den Wasserhaushalt müssen bei der räumlichen Integration und der Berechnung der zeitlichen Änderungsraten der Wasserhaushaltskomponenten die charakteristischen horizontalen Längenskalen L_S und Zeitskalen T_S der Prozesse berücksichtigt werden. Das Kontrollvolumen sollte ausreichend groß sein, damit die Einflüsse der atmosphärischen Prozesse von denen der Erdoberfläche unterschieden werden können. Dennoch muss das Kontrollvolumen klein genug sein, so dass es nicht gleichzeitig unter dem Einfluss mehrerer mesoskaliger Systeme (z.B. nebeneinander liegender Hoch- und Tiefdruckgebiete) steht und nicht mehr identifiziert werden kann, wie sich eine bestimmte Wetterlage auf den Wasserhaushalt auswirkt. Desweiteren werden die untersuchten Zeiträume und -intervalle so gewählt, dass zeitliche Änderungen der Wasserhaushaltskomponenten als Reaktion auf die atmosphärischen Prozesse erfasst werden. In Anlehnung an das Shannon-Nyquist-Abtasttheorem (z.B. Taubenheim 1969) wird die Änderungsrate bezüglich einer Komponente über ein Zeitintervall bestimmt, das nicht größer als $T_S/2$ ist. Sind die betrachteten Zeitintervalle wesentlich zu klein, werden möglicherweise Systeme mit geringeren Längen- und Zeitskalen erfasst, so dass das zu untersuchende System nicht mehr identifiziert werden kann.

Die für diese Arbeit relevanten konvektiven Systeme und Frontendurchgänge weisen charakteristische Zeiten von einigen Stunden auf (Kraus 2004), so dass diese Prozesse anhand stündlicher Änderungsraten der Wasserhaushaltskomponenten ausgewertet werden. Die typische Lebenszeit von Hoch- und Tiefdruckgebieten liegt bei einigen Tagen (Kraus 2004). Dementsprechend sind für die Analyse ihres Einflusses auf den Wasserhaushalt tägliche Änderungsraten geeignet. Die charakteristischen horizontalen Ausdehnungen der genannten mesoskaligen Systeme erstrecken sich etwa in einem Bereich von 100 bis 2000 km (Obergrenze der Mesoskala; Kraus 2004). Folglich sollten die horizontalen Längen eines Kontrollvolumens, für das die Abhängigkeit des Wasserhaushalts von den genannten mesoskaligen Systemen analysiert wird, etwa in der Größenordnung von 100 km oder weniger liegen.

Zusammenfassend ergeben sich auf Basis dieser Erläuterungen folgende Kriterien zur Auswahl geeigneter Kontrollvolumina und Zeitintervalle:

1. Für die **Modellvalidierung** verwendbare Kontrollvolumina müssen ausreichend GPS-, Niederschlags- und Energiebilanzstationen mit möglichst regelmäßiger Verteilung vorhanden sein. Aus den Beobachtungsdaten lassen sich Stundenwerte für den Vergleich von Tagesgängen und Tageswerte über mehrere Monate ableiten.
2. Der **Einfluss der Topographie** wird anhand eines Gebiets mit Geländehöhen von weniger als 300 m und geringen Höhengradienten und einer Region mit Geländehöhen von mehr als 600 m und unterschiedlichen Höhengradienten analysiert.
3. Der **Einfluss von mesoskaligen atmosphärischen Prozessen** wird für Kontrollvolumina mit horizontalen Längen von etwa 50 bis 100 km untersucht. Anhand von stündlichen Änderungsraten können durch konvektive Systeme und Fronten bedingte Veränderungen der Wasserhaushaltskomponenten identifiziert werden. Tägliche Änderungsraten eignen sich für Wasserhaushaltsbilanzierungen bei verschiedenen Wetterlagen und damit verbundenen Hochdruck- und Tiefdruckeinflüssen.

Die Beschreibung der für diese Arbeit ausgewählten Kontrollvolumina erfolgt in Abschnitt 5.3.2.

5.2 Bestimmung von Wasserhaushaltskomponenten aus GPS- und Modelldaten

Dieses Kapitel beschäftigt sich mit der Frage, inwiefern die Informationen aus sowohl GPS-Beobachtungen als auch Modellsimulationen genutzt werden können, um die Wasserhaushaltsgrößen zuverlässig zu bestimmen.

5.2.1 Synthese von Modellsimulationen und Messungen

Die Quantifizierung der regionalen Wasserhaushaltskomponenten nach Gleichung 5.6 kann sowohl mit Modellergebnissen als auch mit Beobachtungsdaten, sofern diese für ein regelmäßiges Gitter vorliegen (s. Anhang A.1.1.2), vorgenommen werden. Regionale Modellsimulationen bieten die Möglichkeit, verschiedenste meteorologische Größen und somit auch alle Terme der Wasserhaushaltsgleichungen in hoher räumlicher und zeitlicher Auflösung zu bestimmen. Nachteilig ist, dass Annahmen und Näherungen in Modelle eingehen. Insbesondere Prozesse mit räumlichen Skalen, die unterhalb der Modellauflösung liegen, müssen parametrisiert werden.

Geeignet durchgeführte Messkampagnen können ebenfalls umfassende Datensätze auf Grund verdichteter Messnetze und Intensivmessphasen (IOPs, Intensive Observation Periods) liefern. Weiterhin sind Beobachtungsdaten für die Validierung von Modellergebnissen geeignet. Messungen sind jedoch mit erheblichem Aufwand bezüglich der Kosten, Zeit und Wartung verbunden, was die räumliche und zeitliche Auflösung von Beobachtungsdaten limitiert. Es ist daher vorteilhaft, regelmäßig verfügbare Messungen und Modellsimulationen zu kombinieren. Besonders geeignet sind in diesem Zusammenhang GPS-Bestimmungen des atmosphärischen Säulenwasserdampfgehalts (s. Kap. 4), wie sie für diese Arbeit in hoher zeitlicher Auflösung von 15 Minuten zur Verfügung gestellt wurden (Dick et al. 2001). Um Verbesserungen der Modellergebnisse und damit eine zuverlässige Quantifizierung von Wasserhaushaltsgrößen zu erreichen, sind Messdaten mit hohen Genauigkeiten erforderlich. Dies wird durch GPS-Messungen des integrierten Wasserdampfs mit Genauigkeiten besser als 1 bis 2 kg/m^2 gewährleistet (Dick et al. 2001).

5.2.2 Schließungshypothese

Die Niederschlagsquantifizierung anhand regionaler Modellsimulationen, vor allem im Zusammenhang mit kleinräumigen atmosphärischen Prozessen (z.B. Konvektion) über komplexem Gelände, ist bislang mit Unsicherheiten verbunden (Barthlott et al. 2010, Feldmann et al. 2008). Desweiteren weisen Messnetze zu geringe Stationsdichten auf, so dass insbesondere die Verdunstung, aber auch der Niederschlag nicht flächendeckend ermittelt werden können. Für regionale Wasserhaushaltstudien ist es jedoch erforderlich, Niederschlag und Verdunstung quantitativ flächendeckend zu bestimmen. Um die Vorteile von Modellsimulationen und Beobachtungen gewinnbringend einzusetzen, werden die flächendeckenden Simulationsergebnisse mit den räumlich hoch aufgelösten Säulenwasserdampfgehalten, die mit einer Genauigkeit von 1 bis 2 kg/m^2 aus GPS-Messungen abgeleitet werden, kombiniert. Wie in Kapitel 5.1 beschrieben werden die simulierten Wasserhaushaltskomponenten (Wasserdampfänderung, Niederschlag und Evapotranspiration jeweils mit Index *Sim*) für ein ausgewähltes Kontrollvolumen ermittelt. Die punktweise vorliegenden GPS-Säulenwasserdampfgehalte werden mittels Kriging (s. Anhang A.1.1.2) in die Fläche interpoliert, ebenfalls über die gewählte Region integriert, um anschließend die Wasserdampfänderung (Index *Obs*) bezüglich des Kontrollvolumens zu bestimmen. Die Kombination der Simulations- und GPS-Beobachtungsdaten erfolgt in Form einer einfachen Schließungshypothese, die besagt, dass die Verhältnisse von Niederschlag und Verdunstung zur zeitlichen Änderung des Wasserdampfgehalts in der Natur und im Modell gleich sind:

$$P_{Calc} = \partial W_v / \partial t_{Obs} \frac{P_{Sim}}{\partial W_v / \partial t_{Sim}}, \tag{5.9}$$

$$E_{v\,Calc} = \partial W_v / \partial t_{Obs} \frac{E_{v\,Sim}}{\partial W_v / \partial t_{Sim}}. \tag{5.10}$$

Die anhand der Kombination von COSMO- und GPS-Daten berechneten Niederschläge und Verdunstungen werden mit P_{Calc} bzw. $E_{v\,Calc}$ bezeichnet. Den Hypothesen 5.9 und 5.10 liegt die Annahme zugrunde, dass das Modell das Verhältnis der Wasserhaushaltskomponenten realitätsnah darstellt. Zwar können Über- und Unterschätzungen des Niederschlags und der Verdunstung im Modell auftreten, diese wirken sich jedoch verstärkend bzw. abschwächend auf die simulierte Wasserdampfänderung aus.

Ob ein solches Kombinationsverfahren erfolgreich angewendet werden kann, zeigt die Überprüfung der Schließungshypothese. Dafür stehen Niederschlags- und Verdunstungsbeobachtungen P_{Obs} und $E_{v\,Obs}$ zur Verfügung, die während COPS erhoben wurden (s. Abschnitte 4.2.2 und 4.2.3). Die Schließungshypothese kann insbesondere dann bestätigt werden, wenn die Niederschlags- und Verdunstungswerte P_{Calc} bzw. $E_{v\,Calc}$ mit Beobachtungen P_{Obs} bzw. $E_{v\,Obs}$ übereinstimmen:

$$P_{Calc} = P_{Obs}, \tag{5.11}$$

$$E_{v\,Calc} = E_{v\,Obs}. \tag{5.12}$$

Kritisch ist die Annahme dahingehend, dass nur die Zusammenhänge zwischen Niederschlag und Wasserdampfänderung bzw. Verdunstung und Wasserdampfänderung betrachtet werden. Änderungen des Wasserdampfgehalts müssen aber nicht zwangsläufig nur durch Niederschlag oder Verdunstung bewirkt, sondern können auch durch Konvergenz herbeigeführt werden (s. Gl. 3.57). Die Überprüfung der Hypothese erfolgt in Kapitel 7.2.

5.3 Hochauflösende regionale Modellsimulationen

Auf Grund der hohen räumlichen Variabilität von Wasserhaushaltsgrößen wie Niederschlag und Verdunstung sind Simulationen mit globalen Modellen nicht ausreichend, um den regionalen atmosphärischen Wasserhaushalt zu analysieren. Die horizontale Auflösung des Globalmodells GME beträgt mittlerweile 30 km (Majewski et al. 2010). Damit ist auch diese Auflösung noch zu gering, um die Variationen der Wasserhaushaltsgrößen im Bereich weniger Kilometern zu untersuchen, so dass für modellbasierte Wasserhaushaltsstudien hochaufgelöste regionale Simulationen durchgeführt werden müssen. Regionale Modellsimulationen beziehen sich dabei auf Gebietsgrößen von 10^4 bis 10^7 km^2 (IPCC 2001). Auf Grund der umfangreichen Erfahrungen am Institut für Meteorologie und Klimaforschung (IMK; z.B. Meissner et al. 2009) werden die Modellsimulationen mit dem Wettervorhersagemodell COSMO sowohl im Vorhersage- (s. Kap. 6) als auch im Klimamodus COSMO-CLM (s. Kap. 7) durchgeführt. In den folgenden Abschnitten werden die Modellkonfiguration und das Simulations- sowie die Untersuchungsgebiete vorgestellt.

5.3.1 Parametereinstellungen

Die Wahl der Modellparameter z.B. bezüglich des Zeitintegrations- oder Konvektionsschemas kann die Qualität der Modellergebnisse beeinflussen (Meissner et al. 2009). Die Parametereinstellungen hängen sehr von den zu betrachtenden meteorologischen Variablen ab, so dass nicht eine bestimmte Konfiguration für alle Modellvariablen die besten Ergebnisse produziert. Die für diese Arbeit verwendeten Modelleinstellungen erfolgen in Anlehnung zu der von Meissner et al. (2009) vorgeschlagenen, die die besten Ergebnisse für Simulationen des Niederschlags und oberflächennaher Temperaturen der vergangen Episoden in Südwestdeutschland liefert. Die zeitliche Integration basiert auf dem Leapfrog-Verfahren mit einem Zeitschritt von 40 Sekunden. Bezüglich der Wolken- und Niederschlagsparametrisierung (Wolken-Eis-Schema, auch Zwei-Kategorie-Eis-Schema) werden neben der gasförmigen Wasserphase die Hydrometeore Wolkenwasser, Wolkeneis, Regenwasser sowie Schnee berücksichtigt (Doms et al. 2005). Die Konvektionsparametrisierung wird mittels des Tiedtke-Massenfluss-Schemas (Tiedtke 1989) realisiert. Weitere Informationen zu den Parametrisierungen sind in Kapitel 3 zu finden.

Anders als bei Meissner et al. (2009) beträgt die Anzahl der Bodenschichten in den Simulationen dieser Arbeit nur sieben. Ausgehend vom Mehrschichten-Bodenmodell des Globalmodells GME, in dem ebenfalls sieben Bodenschichten berücksichtigt werden, wird diese Anzahl konstant gehalten. Die Abgrenzungen zwischen den Schichten liegen in 0.005, 0.02, 0.06, 0.18, 0.54, 1.62, 4.86 und 14.58 Metern Tiefe. Externe Parameter wie die Vegetation, Topographie und Land-Meer-Maske werden aus einem Datensatz des DWD bezogen (Doms et al. 2005).

Da Globalmodelle wegen ihrer zu geringen Auflösung die Einflüsse von Landoberflächeneigenschaften wie Topographie, Albedo, Bodentypen und -feuchte, Vegetationsbedeckung usw. auf die Atmosphäre nicht wiedergeben können, werden die räumlich begrenzten regionalen Modelle in globale Modelle eingebettet (McGregor 1997). Der Vorgang wird als dynamisches Downscaling bezeichnet. Dabei werden die Daten des Globalmodells als Antrieb für das regionale Modell verwendet. Das antreibende Modell der für diese Arbeit verwendeten Simulation ist das globale Wettervorhersagemodell GME des DWD. Es ist durch ein Dreiecksgitter mit einer horizontalen Auflösung von 40 km und eine vertikale Ausdehnung von 40 Schichten charakterisiert. Das feinere Gitter der COSMO-Modellsimulationen hat eine horizontale Auflösung von 0.0625°, was etwa 7 km entspricht. In der Vertikalen werden 40 Schichten definiert. Die GME-Daten sind in Abständen von drei Stunden verfügbar und werden mittels des Präprozessors INT2LM an die Ränder des feineren Gitters interpoliert, um sie anschließend ebenfalls in dreistündigen Abständen für die COSMO-Simulationen zu verwenden. Die wichtigsten Modelleinstellungen werden nochmals in Tabelle 5.1 zusammengefasst.

Modellversion	COSMO4.8-CLM7
Antriebsmodell	GME
Horizontale Auflösung	$0.0625° \approx 7$ km
Anzahl der horizontalen Gitterpunkte	124×140 Gitterpunkte
Anzahl der Vertikalschichten	40 (bis in Höhe von ca. 24 km)
Zeitintegration	Leapfrog-Schema
Zeitschritt	40 Sekunden
Parametrisierung des skaligen Niederschlags	Zwei-Kategorie-Eis-Schema (auch Wolken-Eis-Schema)
Konvektionsparametrisierung	Tiedtke-Schema

Tab. 5.1: Zusammenstellung wichtiger Modelleinstellungen. Nähere Erläuterunen zum Modellsystem COSMO sind in Kapitel 3 zu finden.

5.3.2 Simulations- und Untersuchungsgebiet

Die Wahl eines geeigneten Simulationsgebietes ist wichtig, da es einen starken Einfluss auf die Modellergebnisse haben kann (Meissner et al. 2009). Basierend auf Meissner (2008) umfasst das gesamte Simulationsgebiet einen Großteil Deutschlands und schließt den Alpenraum ein (s. Abb. 5.2). Die Wasserhaushaltsstudien werden für den Bereich der COPS-Messkampagne durchgeführt (s. Kap. 4.2), die im Sommer 2007 stattfand und umfangreiche Beobachtungen des Wasserdampfgehalts, des Niederschlags und der Evapotranspiration für die Validierung von Modellergebnissen liefert. Desweiteren bieten zahlreiche Studien zur Auslösung von Konvektion über komplexem Gelände im Rahmen von COPS Vergleichsmöglichkeiten für die in dieser Arbeit durchgeführten Wasserhaushaltsanalysen (z.B. Barthlott et al. 2010, Kalthoff et al. 2009, Kottmeier et al. 2008).

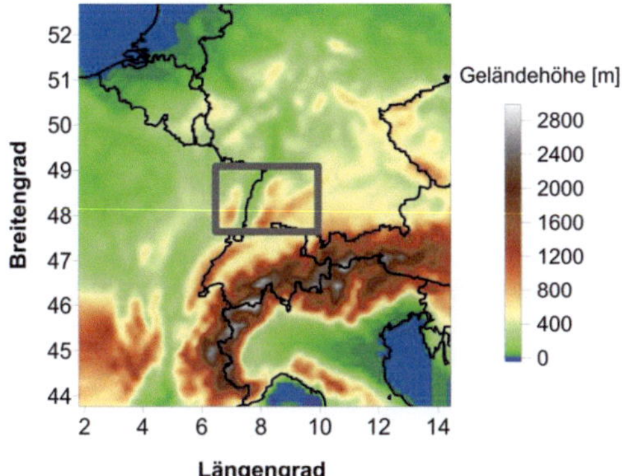

Abb. 5.2: Topographie des gesamten Modellsimulationsgebiets. Das graue Rechteck markiert die COPS-Region.

Die für die Wasserhaushaltsstudien ausgewählten Kontrollvolumina werden auf Basis des Modellgitters festgelegt, d.h. alle Begrenzungsflächen eines Kontrollvolumens entsprechen den Begrenzungsflächen von elementaren Gitterzellen (s. Abb. 3.2). Abbildung 5.3 veranschaulicht die Projektionen der Kontrollvolumina, die für verschiedene Zwecke ausgewählt werden:

1. Validierung des COSMO-Modells
2. Untersuchung des Einflusses der Topographie
3. Untersuchung des Einflusses von mesoskaligen atmosphärischen Prozessen und Wetterlagen

Für die Modellvalidierung werden die Kontrollvolumina A und B verwendet, da diese Stationen zur Messung der Wasserhaushaltsgrößen enthalten. Einen Überblick über die Lage der Beobachtungsstationen zeigt Abbildung 4.2. Kontrollvolumen A (gelb) enthält Stationen für die Messung des atmosphärischen Wasserdampfgehalts, der Verdunstung und des Niederschlags. Die Größe des Kontrollvolumens wird dabei durch die Anzahl der Energiebilanzstationen limitiert. Für dieses Kontrollvolumen können somit Vergleiche der Modell- und Messdaten bezüglich der genannten Größen durchgeführt werden. Kontrollvolumen B (grün) erstreckt sich über die Rheinebene sowie den nördlichen Schwarzwald und enthält mehr GPS- und Niederschlagsstationen, jedoch keine weiteren Energiebilanzstationen. Somit können für den Wasserdampfgehalt und den Niederschlag die Simulationen mit Beobachtungen für ein im Vergleich zu A größeres Kontrollvolumen verglichen werden. Die Größe und Position von Kontrollvolumen B ist so gewählt worden, dass noch ausreichend GPS- und Niederschlagsstationen enthalten sind.

Neben der Modellvalidierung wird Kontrollvolumen B für die Untersuchung des Einflusses von Wetterlagen auf den Wasserhaushalt herangezogen. Mit der in Abschnitt 5.1.2 beschriebenen Limitierung der horizontalen Ausdehnung des Kontrollvolumens durch die Lage von GPS- und Niederschlagsstationen ergibt sich für Kontrollvolumen B eine horizontale Seitenlänge von etwa 100 km und eine Grundfläche von etwa 10^4 km². Bezüglich der Zeitintervalle zur Bestimmung der Änderungsraten der Wasserhaushaltskomponenten werden zwei Fälle unterschieden. Zum Einen werden Prozessstudien für COPS-Episoden durchgeführt (s. Kap. 6). Um die Wechselwirkung von mesoskaligen konvektiven Systemen und dem atmosphärischen Wasserhaushalt auszuwerten, werden die Tagesgänge der Komponenten anhand stündlicher Änderungsraten ermittelt. Zusätzlich werden die jeweiligen Episoden mittels der täglichen Änderungsraten zur Erfassung der Wirkung von Hochdruck- und Tiefdrucklagen charakterisiert. Zum Anderen wird in Kapitel 8 der Einfluss von Wetterlagen für längere Zeiträume (Sommermonate 2005 bis 2009) analysiert. Hierfür spielen keine konvektiven Systeme und Frontendurchgänge, sondern Luftmasseneigenschaften (Temperatur, Feuchte) sowie Hochdruck- und Tiefdruckgebiete eine Rolle. Daher werden tägliche Änderungsraten der Wasserhaushaltskomponenten bestimmt und Mittelwerte zur Beschreibung des jeweiligen Wetterlageneinflusses gebildet.

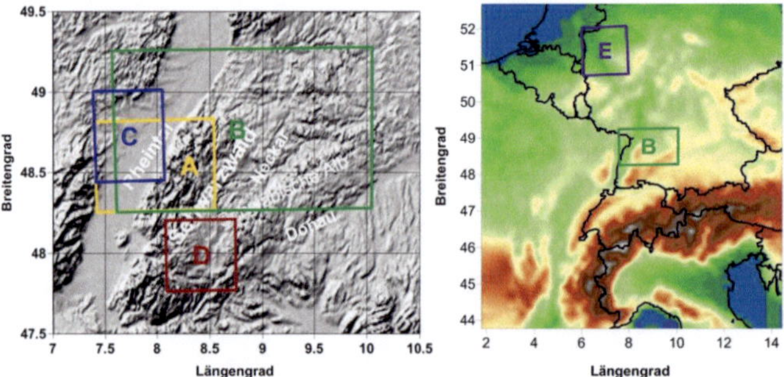

Abb. 5.3: Topographie Südwestdeutschlands und die ausgewählten Kontrollvolumina A bis D (links). Die Kontrollvolumina B und E im süddeutschen bzw. norddeutschen Raum (rechts).

Die Differenzierung von Gebieten mit unterschiedlicher Topographie erfolgt im nächsten Schritt (s. Abb. 5.3 links). Kontrollvolumen C (blau) liegt in der Rheinebene und ist durch flaches Gelände mit Höhen von weniger als 300 m gekennzeichnet. Kontrollvolumen D (rot) repräsentiert eine bergige Region im Raum Schwarzwald und Schwäbische Alb mit Geländehöhen von mehr als 600 m. Die eben genannten Kriterien für die Geländehöhen begrenzen schließlich auch die Größe der Kontrollvolumina. Die horizontalen Seitenlängen von etwa 50 km und die horizontale Ausdehnung des Kontrollvolumens mit einer Grundfläche von etwa 10^3 km² sind geringer als bei Kontrollvolumen B, so dass sich die Aufteilung der Wasserhaushaltskomponenten gegenüber dem größeren Kontrollvolumen verändern kann (s. Kap. 5.1.1). Für den direkten Vergleich verschiedener Kontrollvolumina ist eine ähnliche räumliche Ausdehnung wichtig. Dies ist im Fall von C und D gegeben. Diese beiden Kontrollvolumina eignen sich demzufolge für die Untersuchung der Aufteilung der Wasserhaushaltsgrößen in Abhängigkeit von der Topographie. Um ebenfalls Gegenüberstellungen zu Kontrollvolumen B zu ermöglichen, wird zusätzlich ein Kontrollvolumen E in Norddeutschland mit ähnlicher Flächengröße, jedoch geringeren Höhengradienten festgelegt (s. Abb. 5.3 rechts). Kontrollvolumen E wurde so gewählt, dass seine räumliche Ausdehnung in der Größenordnung von 10^4 km^2 liegt und die Höhengradienten möglichst gering sind.

Die untere Begrenzungsfläche aller Kontrollvolumina entspricht der Geländeoberfläche, die obere Begrenzungsfläche wird durch die 10. Modellfläche beschrieben, die bei einer Höhe von etwa 10 km liegt und nahezu horizontal ist. Eine schematische Darstellung der geländefolgenden Koordinatenflächen ist in Abbildung 3.1 zu finden.

6 Analyse des regionalen Wasserhaushalts für COPS-Episoden

Die umfangreichen Messungen während der COPS-Kampagne (s. Kap. 4) bieten die Möglichkeit intensive Wasserhaushaltsbetrachtungen auf Tagesbasis durchzuführen. Die synoptische Situation der dafür ausgewählten Episoden wird in Kapitel 6.1 kurz charakterisiert. Betrachtet werden die niederschlagsarme Hochdruckwetterlage des 15. Juli 2007 (IOP 8b) sowie der Zeitraum vom 19. bis 20. Juli 2007 (IOP 9b und 9c), der durch das Auftreten mesoskaliger konvektiver Systeme und konvektiven Niederschlags gekennzeichnet ist. Die Auswahl von niederschlagsarmen und niederschlagsreichen Episoden gestattet die Untersuchung der Bedeutung des Niederschlags im Wasserhaushalt und der Wechselwirkung mit den anderen Komponenten. Desweiteren wurden die betrachteten IOPs auch in anderen Studien analysiert (Kottmeier et al. 2008, Kalthoff et al. 2009, Barthlott et al. 2010), so dass Zusammenhänge zu darin gewonnenen Erkenntnissen hergestellt werden können.

Die Modellergebnisse bezüglich der Episoden basieren auf Simulationen im Vorhersagemodus des COSMO-Modells. Dabei werden die Randwerte der atmosphärischen Felder (z.B. horizontale Windgeschwindigkeiten, Temperatur, Feuchte) sowie der Bodenfelder (z.B. Bodentemperatur, Bodenwassergehalt) alle drei Stunden aktualisiert. Die Bestimmung der Wasserhaushaltskomponenten erfolgt zum Einen auf stündlicher Basis, um Tagesgänge darstellen zu können, die für Prozessstudien geeignet sind. Zum Anderen werden die täglichen Änderungsraten der Wasserhaushaltsgrößen berechnet, um anhand dieser Werte den Wasserhaushalt der jeweiligen synoptischen Situation und in Abhängigkeit von der Topographie charakterisieren zu können. Mittels stationsbasierter Vergleiche von Modell- und Messdaten werden die Simulationsergebnisse des Wasserdampfgehalts und der Evapotranspiration validiert, um zu klären, ob das Modell ihre Größenordnungen wiedergeben kann. Die darauf folgenden auf Kontrollvolumina basierenden Vergleiche dienen der Validierung der Modelldaten bezüglich des regionalen Wasserhaushalts. Im Fokus der Vergleiche stehen die zeitliche Wasserdampfänderung, der Niederschlag sowie die Evapotranspiration.

Nach der Validierung der Modellergebnisse werden im nächsten Schritt modellbasierte Wasserhaushaltsbilanzen erstellt. Die Differenzierung nach Wettersituationen und Topographie dient der Untersuchung der synoptisch-skaligen und regionsspezifischen Einflüsse auf die Aufteilung der Wasserhaushaltskomponenten. Die Quantifizierung erfolgt zum Einen für eine niederschlagsarme Episode mit Hochdruckwetterlage sowie eine Episode mit mesoskaligen konvektiven Systemen bezüglich des sich über die nördliche COPS-Region erstreckenden Kontrollvolumens B (s. Abb. 5.3). Zum Anderen werden die Wasserhaushalts-komponenten für die sich in ihrer Topographie unterscheidenden Kontrollvolumina C (Rheinebene) und D (Schwarzwald/Schwäbische Alb) bestimmt.

6.1 Charakterisierung der COPS-Episoden

6.1.1 Fallstudie für eine niederschlagsarme Hochdruckwetterlage (IOP 8b, 15. Juli 2007)

IOP 8b wird durch eine niederschlagsarme Strahlungswetterlage gekennzeichnet. Sie ist durch ein Hochdruckgebiet über Osteuropa, das sich vom Mittelmeer bis nach Polen ausdehnt, charakterisiert (Kottmeier et al. 2008). Über dem Atlantik befindet sich ein deutlich ausgeprägtes Tiefdruckgebiet. In Südwestfrankreich entwickelt sich bodennah ein flaches Tiefdruckgebiet, das zu einem schwachen Druckabfall in der COPS-Region führt, während in 500 hPa das Hochdruckgebiet dominiert (s. Abb. 6.1).

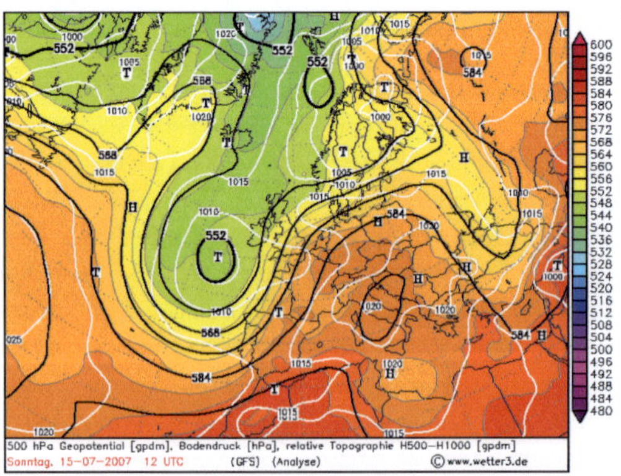

Abb. 6.1: GFS-Analyse für den 15. Juli 2007, 12h UTC (IOP 8b): Oberflächendruck in hPa (weiße Linien), 500 hPa in gpdm (schwarze Linien) und relative Topographie in gpdm[1] (s. Farbskala, www.wetter3.de).

Während des gesamten Tages befindet sich warme Luft in der unteren Troposphäre. Geringe Bewölkung und die damit verbundene hohe Einstrahlung führen zu sehr hohen Temperaturen in der atmosphärischen Grenzschicht. Die maximal gemessene 2m-Temperatur beträgt 33°C. Desweiteren ist die gesamte Troposphäre durch sehr hohe Trockenheit ausgezeichnet. Konvektion wird im Zusammenhang mit Orographie nur lokal initiiert, was über dem

---

[1] Die geopotentielle Höhe in gpdm (Geopotential Deca Meter) gibt die Höhe von Druckflächen an (Kraus 2004).

Schwarzwald und der Schwäbischen Alb zur Entwicklung lokaler Zirkulationssysteme führt. Zwischen 13h und 16h UTC entwickelt sich eine von Süden nach Norden laufende Linie konvektiver Bewölkung, einschließlich einer Cumulonimbus-Wolke (Cb) und zweier weiterer kleiner Konvektionszellen, die südlich von Freudenstadt zu Niederschlag führen. Hangaufwinde transportieren im Murg- und Kinzigtal feuchte Luft, die zu den Bergrücken aufsteigt.

6.1.2 Fallstudie für mesoskalige konvektive Systeme (IOP 9b und 9c, 19./20. Juli 2007)

Die IOPs 9b und 9c sind durch ein Tiefdruckgebiet bei 500 hPa über den Britischen Inseln und Westfrankreich gekennzeichnet (Kottmeier et al. 2008). Ein oberflächennahes Tiefdruckgebiet im südlichen und zentralen Frankreich bewegt sich nach Nordosten. Damit verbunden sind eine von Südwesten nach Nordosten gerichtete Front sowie mesoskalige konvektive Systeme (MCS), die durch die südwestliche Anströmung über die COPS-Region advehiert werden und diese am 19. Juli 2007 insbesondere von 6h bis 12h UTC beeinflussen (Yan et al. 2009). Mit dem Auftreten des MCS gehen auch Bewölkung und Niederschlagsereignisse einher (s. Abb. 6.2).

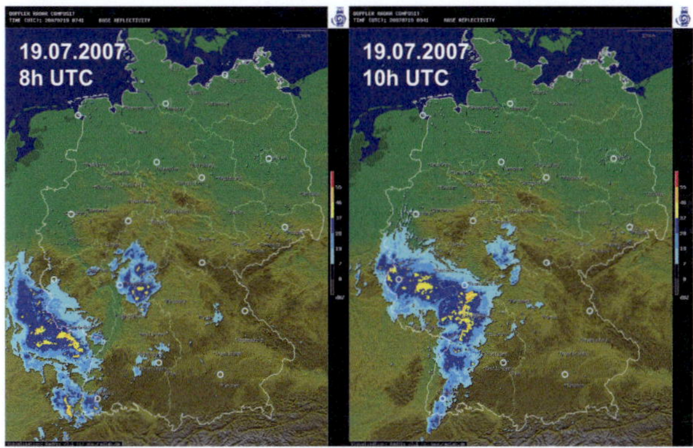

Abb. 6.2: Radarreflektivitäten am 19. Juli 2007 (IOP 9b) um 8h UTC (links) und 10h UTC (rechts). Produkte des DWD-Radarnetzwerks (www.cops2007.de).

Am 20. Juli 2007 steht die COPS-Region ebenfalls unter dem Einfluss des nach Nordosten ziehenden Tiefdruckgebiets und seiner Kaltfront (Kottmeier et al. 2008). Die Luft vor der Kaltfront ist warm und feucht, so dass am Morgen Warmluftadvektion im COPS-Gebiet vorherrscht, während am Nachmittag kalte und trockene Luft in die Region transportiert wird. Um 12h UTC liegt das Zentrum des Tiefdruckgebiets über Westdeutschland, wobei die Kaltfront in Nord-Süd-Richtung östlich vom Schwarzwald durch die COPS-Region verläuft (s. Abb. 6.3). Entlang der Kaltfront werden konvektive Prozesse über den Vogesen, dem

Rheintal und Schwarzwald ausgelöst, die wiederum mit Niederschlagsereignissen einhergehen. Das Niederschlagsgebiet hat eine bogenförmige Struktur und erstreckt sich von den Niederlanden bis nach Deutschland (Corsmeier et al. 2011). Auf Grund der Präsenz von konvektiven Niederschlägen eignen sich die IOPs 9b und 9c zur Untersuchung des Einflusses dieser Komponente auf den atmosphärischen Wasserhaushalt.

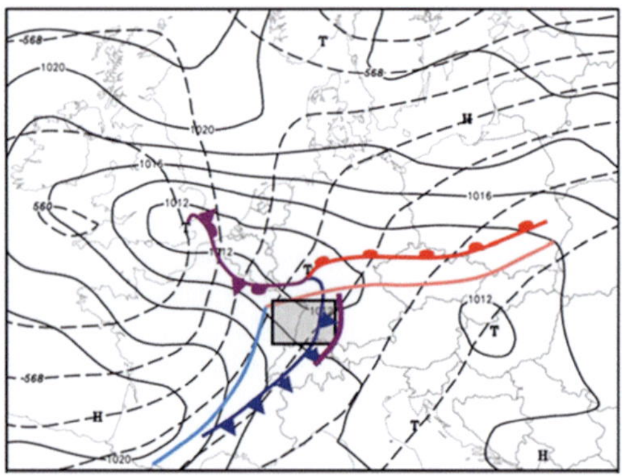

Abb. 6.3: GFS-Analyse für den 20. Juli 2007, 12h UTC (IOP 9c): Oberflächendruck in hPa (durchgezogene Linien), 500 hPa in gpdm (gestrichelte Linien) und Fronten (farbige Linien). Die Positionen der Fronten um 6h UTC sind in hellrot und hellblau angegeben, die um 12h UTC in dunkelrot und dunkelblau. Okklusionen[2] sind lila gekennzeichnet. Das Rechteck markiert das COPS-Gebiet (Kottmeier et al. 2008).

6.2 Stationsbasierte Vergleiche von Modell- und Messdaten

Im Folgenden werden stationsbasierte Vergleiche für den atmosphärischen Wasserdampfgehalt und die Evapotranspiration vorgestellt. Dafür werden die Modellergebnisse mittels bilinearer Interpolation für die Stationsposition bestimmt (s. Anhang A.1.1.1). Wegen der hohen räumlichen Variabilität des Niederschlags werden Stationsvergleiche für diese Größe nicht durchgeführt.

---

[2] Okklusionen entstehen auf Grund der höheren Geschwindigkeit von Kaltfronten im Vergleich zu Warmfronten. Dabei treffen die Kaltluft an der Vorderseite einer Warmfront und die Kaltluft an der Rückseite einer Kaltfront am Boden aufeinander und die Warmluft an der Rückseite der Warmfront wird komplett vom Boden abgehoben (Häckel 1999).

6.2.1 Vergleich des atmosphärischen Wasserdampfgehalts

GPS-Stationen sind sowohl im Kontrollvolumen A als auch im Kontrollvolumen B enthalten (s. Abb. 6.4). Für die ausgewählten IOPs werden die stündlichen Säulenwasserdampfgehalte für die Beobachtungen und die Simulationen bestimmt. Dargestellt in Abbildung 6.4 sind die Tagesmittelwerte der stündlichen Differenzen aus Simulationen und Beobachtungen für die einzelnen Stationen. Auffallend ist, dass im Rheintal die Modelldaten immer höhere Wasserdampfgehalte aufweisen. Bezüglich der Regionen Schwarzwald und Schwäbische Alb gilt das grundsätzlich auch, dennoch gibt es hier für IOP 8b und 9c auch einige Stationen, an denen höhere Wasserdampfgehalte gemessen werden als sie in den Modellergebnissen auftreten.

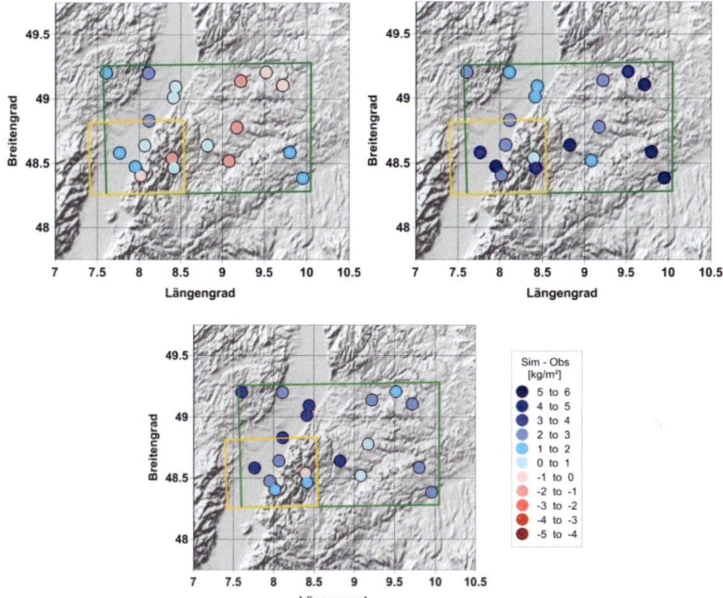

Abb. 6.4: Stationsvergleiche für den Säulenwasserdampfgehalt. Dargestellt sind die Tagesmittelwerte der stündlichen Differenzen Simulation-Beobachtung für die in Kontrollvolumen A (gelb) und B (grün) enthaltenen GPS-Stationen: IOP 8b (links oben), IOP 9b (rechts oben), IOP 9c (unten).

Tabelle 6.1 listet die Mittelwerte der Abweichungen über alle Stationen der in Abbildung 6.4 veranschaulichten Ergebnisse auf. Neben der absoluten ist die relative Abweichung angegeben. Die positiven Werte kennzeichnen nochmals die Überschätzung des Wasserdampfgehalts im COSMO-Modell. Die beste Übereinstimmung der Modell- und Messdaten liegt für die niederschlagsfreie Episode IOP 8b vor. Insgesamt ist die absolute Abweichung geringer als 3 kg/m² bzw. 9%.

IOP	8b		9b		9c	
Kontrollvolumen	A	B	A	B	A	B
Sim-Obs [kg/m²]	0.8±1.3	0.4±1.3	2.7±1.2	2.8±1.4	2.3±1.5	2.4±1.2
(Sim-Obs)/Obs×100 [%]	3±6	2±5	8±4	9±5	7±4	8±4

Tab. 6.1: Tagesmittelwerte gemittelt über alle Stationen und Standardabweichungen des Säulenwasser-dampfgehalts. Dargestellt sind die absoluten Abweichungen Simulation-Beobachtung in kg/m² und die relativen Abweichungen in % für die in Kontrollvolumen A und B enthaltenen GPS-Stationen.

Die für die GOP (s. Kap. 4.2) durchgeführten Vergleiche der operationellen COSMO-EU- und COSMO-DE-Säulenwasserdampfgehalte mit GPS-Beobachtungen zeigen ähnliche Abweichungen (Crewell et al. 2008, s. auch http://gop.meteo.uni-koeln.de). Dabei muss berücksichtigt werden, dass auf Grund der Datenassimilation, die in die operationellen COSMO-Läufe eingehen (s. Kap. 3, S. 19), bessere Übereinstimmungen für diese Vergleiche erwartet werden. GPS-Beobachtungen werden nicht assimiliert. Bei den operationellen Simulationen zu verschiedenen Startzeitpunkten wird der Einfluss der Assimilation der Feuchteprofile aus Radiosondendaten deutlich (Crewell et al. 2008). Die Überschätzung der Wasserdampfgehalte in der Rheinebene wird bei diesen Vergleichen auch insbesondere für IOP 8b und 9b festgestellt.

Eine weitere Ursache, die zu Abweichungen zwischen den Modell- und Beobachtungsdaten führen kann, ist die unterschiedliche zu Grunde liegende Topographie der GPS- und Modelldaten. Die Geländedaten in COSMO stammen aus dem Digitalen Geländemodell GLOBE und repräsentieren Höhen in Meter über dem Meeresspiegel in einer Auflösung von 1 km (www.ngdc.noaa.gov/mgg/topo/globe.html). Da die Modellsimulationen allerdings mit einer Auflösung von 7 km durchgeführt werden, liegen die Geländehöhen (s. Abb. 6.5) auch nur für diese horizontale Auflösung vor. Die vom GFZ Potsdam gelieferten *IWV*-Daten enthalten die Geländehöhen der GPS-Antenne über dem mittleren Meeresspiegel. Die Positionen der GPS-Stationen sowie ihre Geländehöhen sind ebenfalls Abbildung 6.5 zu entnehmen. Desweiteren stellt Abbildung 6.6 die GPS-Höhen den auf die Stationskoordinaten interpolierten COSMO-Höhen gegenüber. Insbesondere die Stationsgeländehöhen unterhalb von etwa 180 m und oberhalb von etwa 560 m werden von COSMO etwas unterschätzt, dagegen sind die Geländehöhen zwischen 180 und 560 m vorrangig im Vergleich zu den GPS-Daten zu groß. Die minimale Abweichung tritt für die Station Karlsruhe mit 1.81 m auf. Der maximale Unterschied mit 268.66 m ist für die Supersite AMF zu verzeichnen. Beide Stationen sind in den Abbildungen 6.5 und 6.6 gekennzeichnet. Die Supersite AMF liegt im Murgtal, das von der COSMO-Topographie nicht aufgelöst wird. Im Mittel liegen die Abweichungen zwischen den GPS- und COSMO-Geländehöhen bei 56.68 m.

Die Auswirkungen eines solchen Höhenunterschiedes werden im Folgenden kurz abgeschätzt. Dafür werden die Luftdichte auf 1 kg/m³ und die spezifische Feuchte auf 0.01 kg/kg festgelegt. So bewirkt ein Höhenunterschied von 1.81 m wie an der Station Karlsruhe eine Abweichung des Säulenwasserdampfgehalts von etwa 0.02 kg/m². Eine Höhendifferenz von 268.66 m wie an der AMF-Station führt zu einem Unterschied von etwa 2.69 kg/m². Demnach machen sich Unterschiede zwischen den Modell- und GPS-Höhen bemerkbar. Abweichungen bis hin zu 5 kg/m² (s. Abb. 6.4) können durch diese Unsicherheit allerdings nicht allein erklärt werden. Eine Höhenkorrektur der simulierten Säulenwasserdampfgehalte auf die GPS-Geländehöhen wurde nicht durchgeführt, da durch eine solche Korrektur die Quantifizierung der simulierten Wasserdampfgehalte nicht mehr konsistent zur Bestimmung aller anderen COSMO-Wasserhaushaltskomponenten wäre. Folglich wäre auch die Konsistenz einer modellbasierten Wasserhaushaltsbilanzierung nicht mehr gegeben.

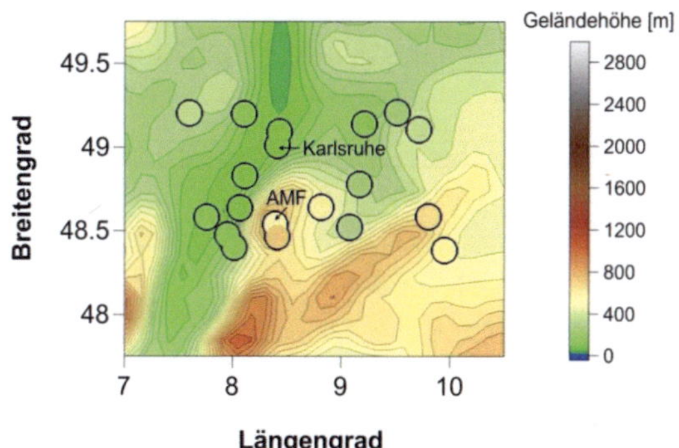

Abb. 6.5: COSMO-Geländehöhen und Positionen sowie Geländehöhen der im Kontrollvolumen B enthaltenen GPS-Stationen. Geländehöhen in Meter (s. Farbskala). Markiert sind die Stationen Karlsruhe sowie Supersite AMF.

Weitere Ursachen für Abweichungen zwischen den GPS- und COSMO-Säulenwasserdampfgehalten können aus der zeitlichen Verschiebung simulierter und von GPS beobachteter Frontensysteme, die vor allem im Sommer auftreten, resultieren (Gendt et al. 2004). Von Frontendurchgängen sind die IOPs 9b und 9c betroffen, die auch größere Abweichungen aufweisen. Desweiteren treten Tag-Nacht-Effekte auf, wobei die stündliche Abweichung zwischen Messung und Simulation tagsüber im Sommer mehr als 1 kg/m² betragen kann (Gendt et al. 2004). Die Differenzen zwischen Winter und Sommer sowie Tag und Nacht scheinen temperaturabhängig zu sein und werden möglicherweise durch eine fehlerhafte Modellierung des Tageszyklus verursacht. Als Ungenauigkeit im Zusammenhang mit den Beobachtungen kommen Konvertierungsfehler vom ZWD in den IWV in Betracht, die mit der mittleren Temperatur der Atmosphäre T_m und Fehlern bei der Messung des ZTD und des Oberflächendrucks p_s einhergehen. Auf die einzelnen Fehlerquellen bei der Bestimmung des GPS-Säulenwasserdampfgehalts wurde detaillierter in Abschnitt 4.1.3 eingegangen. Wie dort bereits erwähnt, liegt die Genauigkeit bei der Bestimmung des $PW = IWV/\rho_W$ aus GPS-Messungen bei etwa 1 bis 2 mm (Coster et al. 1996, Dick et al. 2001).

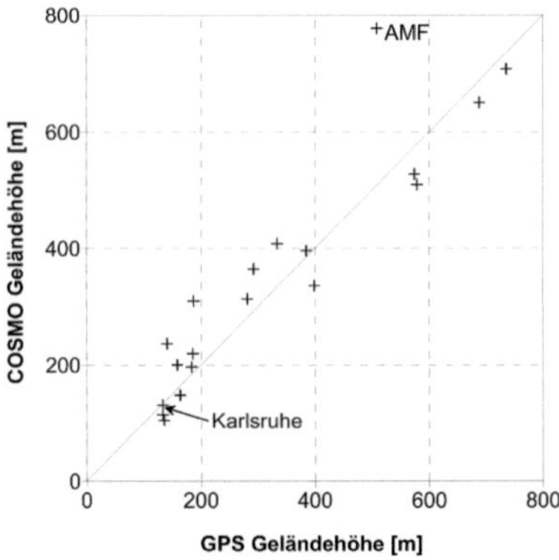

Abb. 6.6: Geländehöhen aus GPS- und COSMO-Daten bezüglich der in Kontrollvolumen B enthaltenen GPS-Stationen.

6.2.2 Vergleich der Evapotranspiration

Energiebilanzstationen liegen nur für das Kontrollvolumen A vor. Für jede IOP werden die täglichen Verdunstungsraten bestimmt. Abbildung 6.7 veranschaulicht die Differenzen zwischen Simulationen und Beobachtungen für jede der Energiebilanzstationen. Die Abweichungen reichen von -4 bis 3 kg/(m²d). Auffallend ist die Unterschätzung der Modell-verdunstungsraten insbesondere im Rheintal. Tabelle 6.2 fasst die Stationsmittelwerte der absoluten und relativen Abweichungen zusammen. Die beste Übereinstimmung lässt sich für IOP 8b mit einer relativen Abweichung von ca. -1% feststellen. Die Abweichungen in Bezug auf die einzelnen Stationen sind z.T. recht groß, auch für IOP 8b. Die Unterschätzung der Verdunstung vor allem im Rheintal wird durch Überschätzungen in den bergigeren Regionen ausgeglichen. Für IOP 9c sind die Unterschiede an den einzelnen Stationen geringer. IOP 9b weist die größte mittlere Abweichung von etwa -0.8 kg/(m²d) bzw. -26% auf. Hier sind insbesondere an den Energiebilanzstationen im Rheintal deutliche Unterschätzungen der Verdunstungsraten zu verzeichnen.

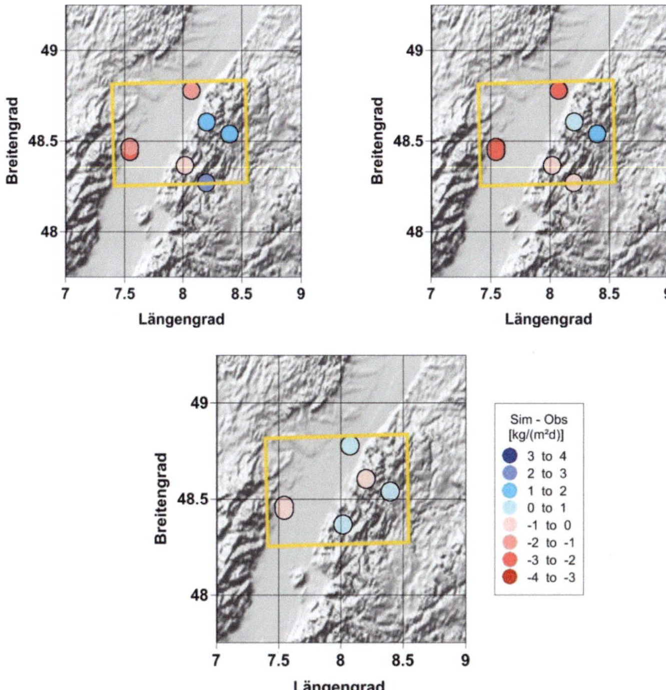

Abb. 6.7: Stationsvergleiche der täglichen Evapotranspirationsraten. Dargestellt sind die Differenzen Simulation-Beobachtung für die in Kontrollvolumen A (gelb) enthaltenen Energiebilanzstationen: IOP 8b (links oben), IOP 9b (rechts oben), IOP 9c (unten).

IOP	8b	9b	9c
Kontrollvolumen	A	A	A
Sim-Obs [kg/(m²d)]	-0.2 ± 1.9	-0.8 ± 1.7	-0.4 ± 0.6
(Sim-Obs)/Obs×100 [%]	-1 ± 47	-26 ± 60	-13 ± 23

Tab. 6.2: Stationsmittelwerte und Standardabweichungen der täglichen Verdunstungsraten. Dargestellt sind die absoluten Abweichungen Simulation-Beobachtung in kg/(m²d) und die relativen Abweichungen in % für die in Kontrollvolumen A enthaltenen Energiebilanzstationen.

Ähnliche Abweichungen sind in anderen Studien zu finden. Jacob et al. (2001) vergleichen die mittlere tägliche Verdunstungsrate acht regionaler Modellsysteme für die Ostsee und ihr Einzugsgebiet bezüglich der Monate August, September und Oktober des Jahres 1995. Für die meisten untersuchten Tage ist die Abweichung zwischen den Modellen geringer als 1 kg/(m²d), dennoch kann diese auch 2 kg/(m²d) betragen. Jaeger et al. (2009) vergleichen die mittleren Tagesgänge des latenten Wärmeflusses im Juli aus COSMO-CLM-Simulationen und FLUXNET-Messungen für verschiedene Klimazonen. Es werden Abweichungen von ±50 W/m² deutlich, die einer Verdunstungsrate von etwa 2.4 kg/(m²d) entsprechen.

Der Vergleich mit Untersuchungen anderer Gruppen zeigt, dass die gefundenen Differenzen zwischen Modellsimulationen und Beobachtungen im Rahmen der oben genannten Unsicherheiten liegen. Unterschiede kommen beispielsweise durch Diskrepanzen der Landnutzungen sowie Bodentypen im Modell und in der Natur zustande. So beziehen sich die Landoberflächeneigenschaften in COSMO auf den Durchschnittswert eines Gebiets von etwa 7×7 km². Beobachtungsstationen dagegen können an Orten mit Eigenschaften positioniert werden, die sich von der Umgebung unterscheiden und vom Modell nicht erfasst werden. Als eine der Hauptursachen der Limitierung der Evapotranspiration benennen Jaeger et al. (2009) die Bodenfeuchte. Weitere wichtige Rückkopplungen stehen im Zusammenhang mit der Wolkenbedeckung und ihrem Einfluss auf die Oberflächeneinstrahlung. Abweichungen dieser Größen im Modell führen folglich zu Unterschieden in den Evapotranspirationsraten.

Die Wasserhaushaltsstudien werden anhand der modellbasierten Bilanzen durchgeführt und nicht auf Grundlage der Messdaten. Das hat den Vorteil, dass alle Wasserhaushaltsgrößen erfasst werden und die Bestimmung der Komponenten konsistent ist, solange die Wechselwirkungen der Prozesse richtig simuliert werden. D.h. fehlerhafte Abschätzungen einer Komponente (z.B. Überschätzung des Niederschlags) wirken sich auf eine andere Größe aus (z.B. überhöhte Verdunstung nach dem Niederschlagsereignis). Die Fehlerabschätzung ist also wichtig für die modellbasierte Quantifizierung der Wasserhaushaltskomponenten. Dennoch ist zu berücksichtigen, dass die Datengrundlage der Beobachtungen wegen Messausfällen z.T. sehr lückenhaft ist, so dass große Abweichungen zwischen Mess- und Modelldaten nicht zwangsläufig auf Modelldefizite, sondern teilweise auf zeitliche Interpolationen der Beobachtungen zurückzuführen sind. Die Betrachtung von zeitlichen Mittelwerten sowie Stationsmittelwerten bzw. sich auf Kontrollvolumina beziehende Änderungsraten ist daher der Analyse des Wasserhaushalts an einer einzelnen Station vorzuziehen.

6.2.3 Folgerungen zu den stationsbasierten Vergleichen

Die stationsbasierten Vergleiche von Säulenwasserdampfgehalten und Verdunstungsraten zeigen Unterschiede zwischen den Modell- und Messdaten. Diese Abweichungen liegen jedoch im Bereich der bekannten Unsicherheiten. Die besten Übereinstimmungen an den einzelnen Stationen sind für IOP 9c zu finden, da hier die Abweichungen nur im Bereich von -1 bis 1 kg/(m²d) liegen. Sowohl IOP 9b als auch 9c sind mit Niederschlagsereignissen verbunden, die durch Konvektion ausgelöst werden. Ein hoher Wasserdampfgehalt in der bodennahen Atmosphäre, der erst beim Aufsteigen in Wolken- und Niederschlagswasser umgewandelt wird, bewirkt einen niedrigen Feuchtegradienten und damit eine Reduzierung der Verdunstungsprozesse. Dennoch wird die Verdunstung nur bis zu einem bestimmten Maße verringert, da sie auf Grund von Einstrahlung und der Erhöhung der oberflächennahen Boden- und Lufttemperaturen immer noch einem Tagesgang folgt. Wie in Kapitel 6.3 gezeigt wird, überschätzt COSMO die Niederschlagsmengen für IOP 9c deutlich, die Verdunstungsrate verringert sich allerdings nicht im gleichen Ausmaß, so dass die Beobachtungen und Simulationen an den Stationen die geringsten Abweichungen aufweisen.

Den atmosphärischen Wasserdampfgehalt gibt das Modell mit einer mittleren absoluten Abweichung von weniger als 3 kg/m² wieder. Die absolute Abweichung bezüglich der Verdunstung beträgt im Mittel weniger als 1 kg/(m²d), hat aber eine höhere Variabilität. Die Abweichungen liegen im Bereich der diskutierten Fehlerquellen. Wie im folgenden Abschnitt und in Kapitel 7 gezeigt wird, weisen die Simulationen nahezu die gleichen zeitlichen Verläufe der Wasserhaushaltsgrößen wie die Messdaten auf. Desweiteren bestätigte sich in Abschnitt 6.2.2, dass die Betrachtung von Mittelwerten über alle Stationen große Abweichungen an einzelnen Punkten verringert. Dementsprechend ist ein geringerer Unterschied zwischen Beobachtungen und Simulationen für volumenbasierte Wasserhaushaltsgrößen als für einzelne Stationen zu erwarten. Im nächsten Abschnitt werden die beobachteten und simulierten Wasserhaushaltsgrößen für die Kontrollvolumina A und B berechnet und gegenübergestellt.

6.3 Volumenbasierte Vergleiche von Modell- und Messdaten

Zur Bestimmung der Wasserhaushaltskomponenten für eine gesamte Region, repräsentiert durch ein Kontrollvolumen, müssen die Bilanzkomponenten auf einem regelmäßigen Gitter vorliegen (s. Abschnitt 5.1). Für die Modelldaten ist das bereits der Fall; die Messdaten werden mittels Kriging auf ein solches Gitter interpoliert (s. Anhang A.1.1.2). Die Bestimmung der zeitlichen Wasserdampfänderung, des Niederschlags und der Evapotranspiration erfolgt auf Tagesbasis für die Kontrollvolumina A und B. Dabei ist zu beachten, dass die räumliche Interpolation von Stationsdaten auf ein Gitter Fehler mit sich bringt, die von der Anzahl und der Dichte der verfügbaren Stationen abhängt. Desweiteren wird die Geländehöhe der Stationen bei der Interpolation nicht berücksichtigt, so dass beispielsweise die Werte an exponierten Standorten infolge der Interpolation, jedoch entgegen der Realität auf die Umgebung projiziert werden. Insbesondere die Interpolation der Beobachtungen der wenigen Energiebilanzstationen ist fehlerbehaftet. Aus diesem Grund wurde die Größe von Kontrollvolumen A so gewählt, wie es die Lage der Stationen vorgibt, und die Unsicherheit der Interpolation bei der Diskussion der Ergebnisse berücksichtigt.

6.3.1 Vergleich der zeitlichen Wasserdampfänderung und des Niederschlags

Da in die allgemeine Beschreibung des Wasserhaushalts nicht der Wasserdampfgehalt selbst, sondern seine zeitliche Änderung eingeht, werden die täglichen Änderungsraten des Wasserdampfgehalts bestimmt (s. Tab. 6.3 für Kontrollvolumen A und Tab. 6.4 für Kontrollvolumen B). Für die detaillierten Betrachtungen wird die niederschlagsarme Episode IOP 8b von den Situationen IOP 9b und 9c mit konvektiven Niederschlagsereignissen unterschieden.

IOP	8b		9b		9c	
	Obs	Sim	Obs	Sim	Obs	Sim
$\partial W_v/\partial t$	-2.50	-5.82	2.12	2.89	-3.96	-8.59
E_v	4.47	3.86	2.83	2.47	2.91	2.40
P	0.26	0.00	2.00	2.18	1.22	14.18

Tab. 6.3: Vergleich der beobachteten (Obs) und simulierten (Sim) Wasserhaushaltskomponenten für Kontrollvolumen A. Alle Einheiten in kg/(m²d).

IOP	8b		9b		9c	
	Obs	Sim	Obs	Sim	Obs	Sim
$\partial W_v/\partial t$	-2.72	-5.77	3.84	2.05	-2.67	-5.15
P	0.07	0.00	1.44	3.54	3.00	7.28

Tab. 6.4: Vergleich der beobachteten (Obs) und simulierten (Sim) Wasserhaushaltskomponenten für Kontrollvolumen B. Alle Einheiten in kg/(m²d).

6.3.1.1 Niederschlagsarme Hochdruckwetterlage (IOP 8b)

Positiv hervorzuheben ist, dass für alle IOPs und beide Kontrollvolumina sowohl die Beobachtungen als auch die Simulationen gleichermaßen eine Zunahme oder Abnahme des Wasserdampfgehalts anzeigen. Die Wasserdampfabnahme bei IOP 8b wird vom Modell jedoch deutlich überschätzt. Die möglichen Ursachen für die Unterschiede zwischen Beobachtungen und Simulationen können bei Betrachtung der anderen Komponenten besser verstanden werden. Die volumenbasierten täglichen Niederschlagsraten sind ebenfalls in den Tabellen 6.3 und 6.4 zu finden. IOP 8b wurde zuvor als niederschlagsarme Episode gekennzeichnet. In den Simulationen wird kein Niederschlag registriert. Die geringen gemessenen Niederschlagsmengen sind auf die Konvektionszelle, die sich am Nachmittag südlich von Freudenstadt entwickelt hat und von den Kontrollvolumina noch erfasst wird, zurückzuführen. Insgesamt spielt der Niederschlag für die Wasserhaushaltsbilanz dieser IOP nur eine untergeordnete Rolle. Der Unterschied zwischen den beobachteten und simulierten Evapotranspirationsraten ist zu gering, als dass er die Abweichung der zeitlichen Wasserdampfänderungen erklären kann. Diese muss folglich auf andere Prozesse zurückzuführen sein (s. Abschnitt 6.3.3).

6.3.1.2 Konvektive Niederschlagsereignisse (IOP 9b und 9c)

Eine Überschätzung der Wasserdampfzunahme wird für IOP 9b bezüglich des Kontrollvolumens A ersichtlich. Für Kontrollvolumen B ist die simulierte Wasserdampfzunahme allerdings geringer als bei der Beobachtung. Bezüglich IOP 9c überschätzt das Modell die Wasserdampfabnahme. Die Berücksichtigung der Wirkung des Niederschlags auf die Wasserdampfänderung zeigt seine Relevanz für IOP 9b und 9c. In allen Fällen wird der simulierte Niederschlag überschätzt, besonders stark für IOP 9c. Hier bleibt die Überschätzung bei Vergrößerung des Kontrollvolumens (s. Tab. 6.4) zwar immer noch bestehen, die relative Abweichung ist jedoch geringer. Das kann damit erklärt werden, dass ein größeres Kontrollvolumen die Lage des Niederschlagsgebiets besser erfasst.

Das Einbeziehen dieser Feststellungen lässt Schlussfolgerungen bezüglich des Verhaltens der simulierten Gesamtwasserdampfänderung zu. Der Wasserdampfverlust sowohl aus Kontrollvolumen A als auch B für IOP 9c ist im Vergleich zu den Beobachtungen zu groß und wird durch die zu hohen Niederschlagsmengen bewirkt. Für IOP 9b ist in Kontrollvolumen B die Zunahme des simulierten Wasserdampfgehalts zu gering. Gleichzeitig wird in COSMO der Niederschlag überschätzt, der der Wasserdampfzunahme im Kontrollvolumen entgegenwirkt und schließlich $\partial W_v / \partial t$ im Vergleich zu den Beobachtungen verringert. Im Fall von IOP 9b und Kontrollvolumen A ist die Wasserdampfzunahme zu hoch sowie die Niederschlagsrate leicht überschätzt. Hier hat die Wasserdampfkonvergenz Einfluss auf die Gesamtänderung des Wasserdampfgehalts. Auf ihre Bedeutung wird in Abschnitt 6.3.3 näher eingegangen.

Verdeutlicht werden sollen die Zusammenhänge zwischen der zeitlichen Wasserdampfänderung und den Niederschlagsereignissen anhand der stündlichen Bilanzkomponenten für IOP 9b und 9c (s. Abb. 6.8). Neben der Überschätzung der täglichen Niederschlagsraten ist ersichtlich, dass auch hier das Maximum des Modellniederschlags höher ist als bei den Messungen. Das Niederschlagsereignis für IOP 9b erstreckt sich in COSMO über einen kleineren Zeitraum, wohingegen der beobachtete Niederschlag eine breitere Verteilung aufweist (s. Abb. 6.8 oben). Die starke Überschätzung des Niederschlags für IOP 9c wird auch aus Abbildung 6.8 (unten) deutlich. Hier werden sogar zwei Niederschlagsereignisse simuliert, die in diesem Maße aus den Beobachtungen nicht entnommen werden können. Zwar wird nach dem ersten gemessenen Niederschlagsereignis, das sich von etwa 9h bis 15h UTC erstreckt, noch ein zweites in den Abendstunden registriert. Letzteres ist jedoch deutlich geringer. Das zu frühzeitige Auftreten der Niederschlagsereignisse sowie die zu hohen Intensitäten im Flächendurchschnitt werden bei COSMO-Simulationen auch von Kottmeier et al. (2008) festgestellt.

Bei Beginn der verschiedenen Niederschlagsereignisse ist ein Abfall der Kurven für die zeitliche Wasserdampfänderung zu verzeichnen. Interessant ist, dass bezüglich der Simulationen etwa mit Beginn des Niederschlags sich zunächst nur die Zunahme des Wasserdampfgehalts verringert. Erst wenn das Maximum der Niederschlagsrate erreicht ist, wird aus der Zunahme eine Abnahme des Wasserdampfgehalts. In diesem Zusammenhang ist das Modellverhalten bei konvektiven Niederschlagsprozessen relevant, die überwiegend im Sommer auftreten. Das Entstehen konvektiver Niederschläge erfolgt ohne Verzögerung nach der Kondensation von Wasserdampf während des Konvektionsprozesses. Die im COSMO verwendete Tiedtke-Parametrisierung erlaubt keine Speicherung von Wasser in Wolken und ein Ausfallen des Niederschlags zu einem etwas späteren Zeitpunkt. In der Natur kann sich Wolkenwasser aber zunächst ansammeln, bevor es sich in Niederschlagswasser umwandelt. Bezüglich der Beobachtungen ist bereits vor Beginn des Niederschlagsereignisses eine geringer werdende Wasserdampfzunahme festzustellen. Der Wechsel von der Wasserdampf-zunahme zur -abnahme erfolgt nahezu gleichzeitig mit dem Eintreten des Niederschlags-ereignisses. Die Rückwirkung des Niederschlags auf die Wasserdampfänderung unterliegt also einer Phasenverschiebung zwischen den Beobachtungen und Simulationen. Hasel (2006) führt neue Verfahren in die Konvektionsparametrisierung nach Tiedtke ein, bei denen die Entwicklungszeit hochreichender Konvektion anhand der für die Konvektion potentiell zur Verfügung stehenden Energie sowie eine Latenzzeit, die die Wolke bis zur Niederschlags-bildung benötigt, berücksichtigt werden. Anhand einer Fallstudie wird gezeigt, dass sich durch die Implementierungen eine Verschiebung des Niederschlags um bis zu zwei Stunden ergibt, was der tatsächlichen Entwicklung wesentlich besser entspricht.

Die zeitliche Verschiebung des Verlaufs der Wasserdampfänderung scheint auch die unter-schiedlichen Niederschlagszeitpunkte im Modell und in der Natur zu erklären. Die vor dem Niederschlagsereignis liegende Wasserdampfzunahme der Episode IOP 9b tritt im Modell etwas früher auf. Zusammen mit dem oben beschriebenen Effekt, dass in COSMO das Niederschlagsereignis noch bei anhaltender Zunahme des Wasserdampfgehalts eintritt, fällt der Niederschlag schließlich früher aus. Die Phasenverschiebung der Wasserdampfänderung in den Simulationen und Beobachtungen verstärkt sich sogar am Ende von IOP 9b und Anfang von IOP 9c. Das erste simulierte Niederschlagsereignis am 20. Juli wird vermutlich durch die Wasserdampfzunahme in den Nachmittags- und Abendstunden des 19. Juli gefördert. Die Beobachtungen zeigen für diesen Zeitraum jedoch eine Abnahme des Wasserdampfgehalts. Hier steigt der Wasserdampfgehalt erst wieder am Morgen des 20. Juli an, woraufhin das Niederschlagsereignis in den Mittagsstunden eintritt.

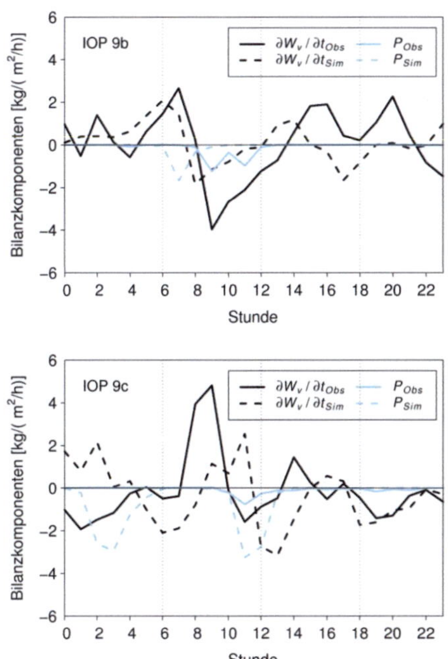

Abb. 6.8: Tagesgang der Wasserdampfänderung (schwarz) und des Niederschlags (blau) für IOP 9b (oben) und IOP 9c (unten) bezüglich Kontrollvolumen A. Beobachtungen = durchgezogene Linien, Simulationen = gestrichelte Linien.

Die Unter- bzw. Überschätzung des Niederschlags in mesoskaligen Modellen ist nicht überraschend. Die quantitative Niederschlagsvorhersage ist immer noch eine Herausforderung für derzeitige Wettervorhersagemodelle (Barthlott et al. 2010). Die Modelldefizite hängen mit Anfangs- und Randbedingungen und ungenügend erfassten Prozessen wie Wechselwirkungen mit der Oberfläche (Bodenfeuchte), Wolkenmikrophysik und Konvektion sowie Turbulenz zusammen. Die räumliche und zeitliche Verschiebung von Niederschlagsgebieten und -ereignissen ist auf einen räumlichen und zeitlichen Versatz der vorhergesagten Wettersysteme zurückzuführen. Insbesondere betroffen sind konvektive Systeme, deren Vorhersage aus Fehlern bei der Parametrisierung von unterhalb der Modellauflösung liegenden Prozessen resultiert (Crewell et al. 2008). Allerdings muss beim Vergleich mit Beobachtungsdaten beachtet werden, dass auch bei Messungen Unsicherheiten vorliegen. Die Niederschlagsmessung an Bodenstationen ist mit systematischen Fehlern verbunden. Niederschlagsunterschätzungen kommen beispielsweise dadurch zustande, dass Regenwasser auf Grund von Turbulenz in der Nähe des Messgerätes nicht aufgefangen wird oder wieder verdunstet. Die Unsicherheit hängt dabei von der Größe der Hydrometeore und der Niederschlagsintensität ab. Im Winter und in Höhenbereichen von 600 bis 1500 m, wo Niederschlag häufig als Schnee ausfällt, kann die Unterschätzung bis zu -12% betragen (Frei et al. 2003).

6.3.2 Vergleich der Evapotranspiration

Vergleiche der täglichen Evapotranspirationsraten (s. Tab. 6.3) können auf Grund der begrenzten Anzahl an Energiebilanzstationen nur für Kontrollvolumen A durchgeführt werden. Im Gegensatz zur Gesamtwasserdampfänderung und zum Niederschlag sind die Abweichungen zwischen Simulationen und Beobachtungen für die Verdunstung relativ gering. Die maximale relative Abweichung mit etwa 13.65% liegt für IOP 8b vor. Das ist insofern überraschend, da bei den Stationsvergleichen für diese Episode im Mittel die besten Übereinstimmungen vorlagen. Allerdings sind die Differenzen bei den einzelnen Stationen mit bis zu ±3 kg/(m²d) relativ groß, was die Ungenauigkeiten bei der anschließenden räumlichen Interpolation erhöhen kann.

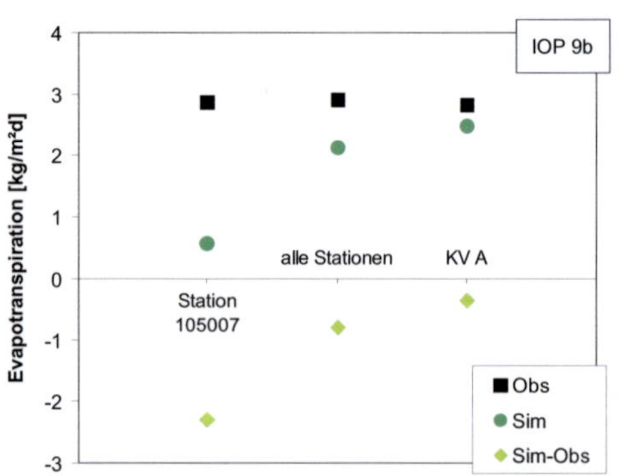

Abb. 6.9: Evapotranspirationsrate in kg/(m²d) für IOP 9b aus Beobachtungen (Obs; schwarz), Simulationen (Sim; dunkelgrün) und Differenz Sim-Obs (gelbgrün) bezüglich einer einzelnen Station, des Mittels über alle Stationen und Kontrollvolumen A (KV A).

Abbildung 6.9 veranschaulicht die Verbesserung der Übereinstimmung der täglichen Evapotranspirationsraten durch räumliche Integration. Bei Betrachtung einer einzelnen Station (hier: Station 105007 in der Rheinebene) liegt die Abweichung zwischen der beobachteten und simulierten Verdunstungsrate bei mehr als 2 kg/(m²d). Die Berechnung des Mittelwertes über alle Stationen führt zu einer Reduzierung des Unterschiedes. Die räumliche Interpolation der Beobachtungsdaten und die Bestimmung der Verdunstungsrate für

Kontrollvolumen A führt zu einer weiteren Verringerung der Abweichung zwischen Mess- und Modelldaten.

Weiterhin auffällig sind die geringeren simulierten Evapotranspirationsraten (s. Tab. 6.3). Diese Tendenz ist bereits aus den stationsbasierten Vergleichen bekannt (s. Abschnitt 6.2.2). Für die Fälle, bei denen COSMO die Gesamtwasserdampfabnahme überschätzt, wird folglich zu wenig Wasserdampf durch Verdunstung in die Atmosphäre transportiert. Umgekehrt kann die Unterschätzung der Evapotranspiration einer Überschätzung der Gesamtwasserdampfänderung entgegenwirken. Es ist jedoch zu beachten, dass die Differenzen nicht so groß sind, so dass die Unterschiede der Gesamtwasserdampfänderungen nicht allein aus der Evapotranspiration erklärt werden können.

6.3.3 Einfluss der Wasserdampfkonvergenz

Die in Abbildung 6.10 dargestellten Tagesgänge basieren ausschließlich auf den Simulationsergebnissen bezüglich des Kontrollvolumens A. Deutlich werden die sehr ähnlichen zeitlichen Verläufe der gesamten Wasserdampfänderung und der Änderung durch Wasserdampfkonvergenz. Der Zusammenhang zwischen beiden Komponenten wird anhand hoher Pearson-Korrelationskoeffizienten bestätigt (0.95 für IOP 9b und 0.84 für IOP 9c).

Größere Abweichungen zwischen beiden Kurven gibt es beim Auftreten von Niederschlagsereignissen. Allein durch Konvergenz steigt die Wasserdampfzunahme zunächst weiter an. Die gesamte Wasserdampfzunahme ist jedoch geringer, bis der Wechsel von der Zunahme in eine Abnahme eintritt. Beim Abklingen des Niederschlagsereignisses liegen die Kurven der Gesamtwasserdampfänderung und die Tendenz auf Grund von Konvergenz wieder nah beieinander. Folglich hat die Wasserdampfkonvergenz einen wesentlichen Beitrag zur gesamten Wasserdampfänderung im Kontrollvolumen, insbesondere wenn kein Niederschlag auftritt. Niederschlagsereignisse wirken Zunahmen des Wasserdampfgehalts durch positive Konvergenz entgegen, so dass die gesamte zeitliche Wasserdampfänderung von einem positiven Konvergenzbeitrag abweicht. Gemeinsam mit Niederschlag auftretende negative Konvergenzbeiträge verstärken sich, so dass die gesamte Wasserdampfabnahme im Kontrollvolumen größer ist, als es allein der negative Konvergenzbeitrag bewirken kann.

Der Beitrag der Konvergenz zur Wasserdampfänderung ist aus den Messdaten nicht bekannt. Unter der Annahme, dass keine weiteren Prozesse für die Wasserhaushaltsbilanz relevant sind und sich somit alle Komponenten zu Null addieren, kann ein theoretischer Wert aus den Änderungsraten in Tabelle 6.3 für den Konvergenzbeitrag berechnet werden. Eine Gegenüberstellung dieses Wertes zu den Modelldaten kann der Tabelle 6.5 entnommen werden.

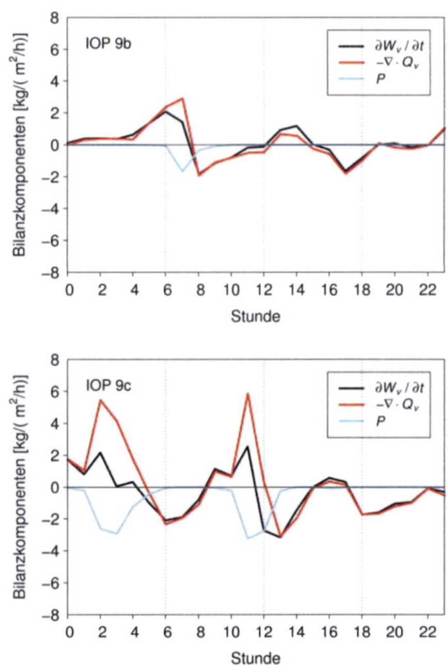

Abb. 6.10: Tagesgang der gesamten Wasserdampfänderung (schwarz), der Konvergenz (rot) und des Niederschlags (blau) für IOP 9b (oben) und 9c (unten) bezüglich Kontrollvolumen A. Dargestellt sind die COSMO-Simulationsergebnisse.

Die Wasserdampfzunahmen bzw. –abnahmen werden für alle drei IOPs bezüglich des Kontrollvolumens B vom Modell überschätzt. Unter Berücksichtigung der Abschätzungen für die Konvergenz und Divergenz zeigen sich mögliche Ursachen. Die zu große Wasserdampf-abnahme für IOP 8b in COSMO wird durch die starke Divergenz bewirkt, da Niederschlag für diesen Tag unbedeutend ist und die Evapotranspiration auf Tagesbasis ausschließlich zu Wasserdampfzunahmen führt. IOP 9b ist zwar durch eine geringfügig überschätzte Niederschlagsrate charakterisiert, jedoch kann die erhöhte simulierte Wasserdampfkonvergenz gemeinsam mit der Verdunstung eine Zunahme des Wasserdampfgehalts im Kontroll-volumen bewirken, die größer als der beobachtete Wert ist. Für IOP 9c simuliert COSMO zu hohe Wasserdampfabnahmen und zu hohe Niederschlagsmengen. Anstelle einer Divergenz, die aus der Abschätzung für die Beobachtungen resultiert, ergibt sich aus den Modelldaten eine Konvergenz. Der daraus resultierende zunehmende Wasserdampfgehalt steht für die Niederschlagsbildung zur Verfügung und trägt zur Überschätzung des Niederschlags bei.

IOP	8b		9b		9c	
	Obs*	Sim	Obs*	Sim	Obs*	Sim
$-\nabla \cdot \boldsymbol{Q}_v$	-6.71	-9.56	1.29	1.43	-5.65	5.20

Tab. 6.5: Vergleich der Konvergenzbeiträge zur Wasserdampfänderung für die Beobachtungen (Obs*) und Simulationen (Sim) bezüglich des Kontrollvolumens A. (*) Die beobachteten Konvergenzen werden durch Schließung der Gleichung 3.57 bestimmt. Alle Einheiten in kg/(m²d).

6.3.4 Folgerungen zu den volumenbasierten Vergleichen

Die volumenbasierten Vergleiche machen Unterschiede zwischen den Simulationen und Beobachtungen, aber auch Zusammenhänge zwischen den Wasserhaushaltskomponenten deutlich. Dabei sind die zeitliche Wasserdampfänderung, Wasserdampfkonvergenz und der Niederschlag die wesentlichen Komponenten, die zu Abweichungen bezüglich der beobachteten Wasserhaushaltsgrößen führen. Differenzen zwischen Evapotranspiration aus Mess- und Modelldaten sind zwar sichtbar, gegenüber denen der anderen Komponenten aber geringer.

Anhand der Tagesgänge der simulierten Komponenten wird der starke Einfluss der Wasserdampfkonvergenz auf die gesamte Wasserdampfänderung im Volumen deutlich. Niederschlagsereignisse folgen auf zunehmende Wasserdampfgehalte im Kontrollvolumen und wirken schließlich einer möglichen weiteren Konvergenz entgegen. Der Vergleich der simulierten Konvergenzen mit Abschätzungen basierend auf den Beobachtungen zeigt, dass sich Defizite in der Modellierung der Wasserdampfkonvergenz auf die Änderung des atmosphärischen Wasserdampfgehalts und die Niederschlagsvorhersage auswirken. Die fehlerhaften Abschätzungen des Konvergenzterms betreffen Unter- oder Überschätzungen. Desweiteren werden in COSMO positive Konvergenzbeiträge simuliert, aus den Beobachtungen lassen sich jedoch negative Beiträge (Divergenz) ableiten.

Der qualitative Vergleich zeigt, dass die Simulationen die Wechselwirkungen zwischen den Wasserhaushaltsgrößen ähnlich zu den Beobachtungen wiedergeben. Die simulierten und beobachteten Beiträge der Komponenten weisen allerdings Abweichungen auf. Dennoch sollen die Modellsimulationen als Werkzeug für regionale Wasserhaushaltsbetrachtungen verwendet werden, da die hohe räumliche und zeitliche Auflösung zur Quantifizierung der Komponenten allein aus Beobachtungsdaten nicht erreicht werden kann. Desweiteren verdeutlichen die in diesem Abschnitt durchgeführten Vergleiche die Stärke von Modellvalidierungen, bei denen alle Wasserhaushaltskomponenten gleichzeitig verglichen werden. Anhand dieser Betrachtungsweise können mögliche Ursachen für Abweichungen der Simulationsergebnisse von Messungen und Hinweise auf Modelldefizite gefunden werden.

6.4 Modellbasierte Analysen des Wasserhaushalts

Anhand modellbasierter Quantifizierungen soll die Aufteilung der Wasserhaushalts-komponenten in Abhängigkeit von verschiedenen Wettersituationen und der Topographie genauer untersucht werden. Hochaufgelöste regionale Modellsimulationen zur Bestimmung der detaillierten Wasserhaushaltsbilanz, in der nicht nur die dominierenden Komponenten Gesamtwasserdampfänderung, Wasserdampfkonvergenz, Evapotranspiration und Nieder-schlag berücksichtigt werden (s. Gl. 3.57), sondern alle zum Wasserdampf- und Flüssig-wasserhaushalt beitragenden Tendenzen (s. Gl. 3.55), wurden bisher nur in wenigen Wasser-haushaltsstudien durchgeführt (s. Kap. 1.1). Dabei liegt der Schwerpunkt auf der Quantifizierung und Analyse des atmosphärischen Wasserhaushalts von Regionen mit räumlichen Ausdehnungen von weniger als 10^5 km^2. Die betrachteten Gebiete anderer Studien umfassen höhere räumliche Skalenbereiche, was allerdings nicht die Untersuchung der Einflüsse räumlich hoch variabler Strukturen wie die der Topographie und Landnutzung erlaubt. Für das bessere Verständnis der Wasserhaushaltsbilanzierungen werden zunächst die Komponenten des Wasserdampf- und Flüssigwasserhaushalts erläutert.

6.4.1 Erläuterung der Bilanzierung des Wasserhaushalts

Als Beispiel zur Erklärung der einzelnen Wasserhaushaltskomponenten und ihrer Größenordnungen dient die Bilanzierung für die COPS-Episode IOP 9b bezüglich Kontrollvolumen B, das eine räumliche Ausdehnung in der Größenordnung von 10^4 km^2 hat. Grundlegend für die Bilanzierung des Wasserdampf- und Flüssigwasserhaushalts ist Glei-chung 3.55. Die Werte der darin enthaltenen Komponenten bezüglich von Wasserdampf (Index v), Wolkenwasser (Index c) und Regenwasser (Index r) sind in Tabelle 6.6 zusam-mengestellt.

Die Komponenten $\partial W / \partial t$, $-\nabla \cdot \mathbf{Q}$ und S können nochmals bezüglich der Wasserdampf- (v), Wolkenwasser- (c) und Regenwasseranteile (r) unterschieden werden. In Hinblick auf die Änderung des Wassergehalts auf Grund von Konvergenz ist zusätzlich der Beitrag durch kon-vektiven Massentransport $M_q^{MC} + P_{con}$ angegeben, der nicht in den konvektiven Niederschlag eingeht. Im Term E werden die turbulente Diffusion von Wasserdampf E_v und Wolkenwasser E_c berücksichtigt. Da der Beitrag von E_c vernachlässigbar klein ist, wird in Zukunft auch der Gesamtterm E als Evapotranspiration bzw. Verdunstung bezeichnet. Bezüglich des Nieder-schlags ist die Betrachtung der gesamten Niederschlagsmenge ausreichend. Der numerische Beitrag Num wird hier ebenfalls nicht differenziert, da er für die meteorologischen Prozesse nicht relevant ist. Die einzelnen Werte sind Tabelle 6.6 entnehmbar und weitere Erläuterungen in Kapitel 3 zu finden.

	$\partial W/\partial t$	$-\nabla \cdot Q$	E	P	S	Num	Res
$v + c + r$	1.95	1.80	1.86	-3.54	1.11	0.72	0.00
v	2.05	3.65	1.86		2.15		
c	-0.11	-0.09	0.00		-1.12		
r	0.00	-0.04			0.08		
$M_q^{MC} + P_{con}$		-1.71					

Tab. 6.6: Wasserhaushaltsgrößen in kg/(m²d) für IOP 9b bezüglich Kontrollvolumen B. Die Indizes in der ersten Spalte geben an, ob sich die Komponenten auf Wasserdampf und Flüssigwasser ($v + c + r$) oder jeweils nur Wasserdampf (v), Wolkenwasser (c) bzw. Regenwasser (r) beziehen. Die Summe $M_q^{MC} + P_{con}$ entspricht dem konvektiven Massentransport von Wasserdampf und Wolkenwasser, der nicht zum konvektiven Niederschlag beiträgt und laut Konvention (s. Abschnitt 3.2.3.3) zum Konvergenzterm addiert wird.

Auffallend ist, dass die gesamte zeitliche Wasserdampfänderung und die Wasserdampfänderungen auf Grund von Konvergenz und turbulenter Diffusion (Evapotranspiration) gegenüber den Komponenten des Wolkenwasser- und Regenwasserhaushalts vorherrschen. Der konvektive Massenfluss $M_q^{MC} + P_{con}$ nimmt ebenfalls eine wichtige Rolle ein und steuert einer positiven Wasserdampfkonvergenz entgegen. Die Phasenumwandlungsterme zeigen einen Wasserdampfgewinn an. Der Verlust an Wolkenwasser ist etwa halb so groß und die Zunahme des Regenwassergehalts deutlich geringer als die Erhöhung des Wasserdampfgehalts durch Umwandlungsprozesse, so dass letztere insgesamt überwiegen. Die bislang nicht berücksichtigten Wolkeneis- und Schneeumwandlungen (s. Abb. 3.3) sind hier relevant, andernfalls würde sich die Summe der Wasserdampf- und Flüssigwasserumwandlungen zu Null ergeben.

Das Residuum (s. Gl. 3.56) ist ein Maß dafür, wie genau die Bilanzgleichung geschlossen ist. Eine 100%ige Schließung der Bilanz entspricht einem Residuum von exakt Null. Das ist in diesem Beispiel zwar nicht der Fall, obwohl sich beim Runden auf zwei Nachkommastellen $Res = 0.00$ ergibt. Dennoch ist der Betrag des relativen Fehlers in Bezug auf die gesamte Wasseränderung geringer als 0.1%. Insgesamt sind die modellbasierten Bilanzen sehr gut geschlossen und auf das Residuum wird in den nachfolgenden Auswertungen nicht weiter eingegangen.

6.4.2 Quantifizierung für verschiedene Wettersituationen

Die Wasserhaushaltskomponenten werden bezüglich Kontrollvolumen B für die Episoden IOP 8b, 9b und 9c berechnet, um festzustellen, inwiefern sich verschiedene meteorologische Situationen auf den Wasserhaushalt auswirken (s. Abb. 6.11). IOP 8b ist durch eine Abnahme des Wassergehalts gekennzeichnet, der durch starke Divergenz hervorgerufen wird. Die Änderung auf Grund von Wasserdampfkonvergenz macht mit -8.9 kg/(m²d) den größten Anteil aus. Diese Divergenz ist auf das Hochdruckgebiet in 500 hPa zurückzuführen (s. Abschnitt 6.1.1). Verdunstungsprozesse wirken der Wasserdampfabnahme entgegen. Niederschlag spielt in der Bilanz des 15. Juli 2007 keine nennenswerte Rolle.

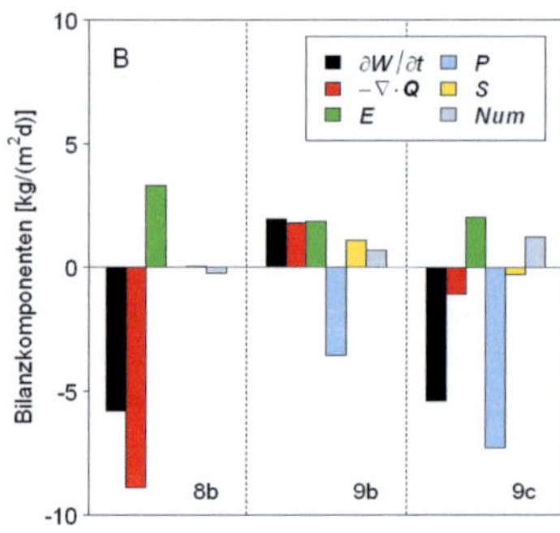

Abb. 6.11: Aufteilung der Wasserhaushaltskomponenten bezüglich Kontrollvolumen B für die Episoden IOP 8b, 9b und 9c.

Der Beitrag des Niederschlags ist in den Bilanzen für die IOPs 9b und 9c am größten. Im Gegensatz zu IOP 8b verringern sich jedoch die Verdunstungsbeiträge. Weitere Unterschiede zwischen beiden Episoden sind bezüglich der gesamten Änderung des Wassergehalts und der Tendenz auf Grund von Konvergenz auszumachen. Im Fall von IOP 9b geht die Zunahme des Wassergehalts mit positiver Konvergenz einher. Dagegen nimmt der Wassergehalt für IOP 9c stark ab, wozu die negative Konvergenz allerdings im Vergleich zum Niederschlag nur geringfügig beiträgt. Die Betrachtung des Konvergenzterms für Wasserdampf zeigt für beide Episoden den Einfluss positiver Konvergenz. Diese beträgt 3.7 kg/(m²d) für IOP 9b und 1.1 kg/(m²d) für IOP 9c. Wie Abbildung 6.10 zeigt, nehmen die Wasserdampfgehalte vor allem in der ersten Tageshälfte zu. Der Zusammenhang mit der in Abschnitt 6.1.2 beschriebenen synoptischen Situation wird deutlich: Am Morgen überwiegt die Advektion von warmer, feuchter Luft, dagegen von kalter, trockener Luft am Nachmittag. Wie bereits erwähnt verläuft um 12h UTC des 20. Juli die Kaltfront durch die COPS-Region. In

Abbildung 6.10 sind etwa zu dieser Zeit Wechsel von Wasserdampfzunahmen zu –abnahmen sowie von Konvergenz zu Divergenz zu erkennen.

Das gleichzeitige Auftreten von Wasserdampfkonvergenz und hohen Niederschlagsraten auf Tagesbasis zeigt, dass zwischen diesen beiden Wasserhaushaltsgrößen starke Wechselwirkungen bestehen. Die Wasserdampfkonvergenz bezüglich IOP 9b bewirkt eine Zunahme des Wasserdampfgehalts im Kontrollvolumen, der anschließend für die Bildung von Niederschlag zur Verfügung steht. Auf Grund anhaltender Konvergenz erhöht sich das verfügbare Wasser und damit die Niederschlagsrate vom 19. auf den 20. Juli. Desweiteren gehen für IOP 9b Wasserdampfzunahmen auch mit Phasenumwandlungen (s. Tab. 6.6) einher, die in diesem Fall ebenfalls einen bedeutenden Anteil ausmachen.

6.4.3 Quantifizierung für verschiedene Topographie

Analog zum vorhergehenden Abschnitt werden die Wasserhaushaltskomponenten für die in Abbildung 5.3 dargestellten Kontrollvolumina C (Rheintal) und D (Schwarzwald/ Schwäbische Alb), deren Topographie sich unterscheidet, bezüglich der drei Episoden bestimmt. Die räumliche Ausdehnung beider Kontrollvolumina ist geringer als bei B und liegt in einer Größenordnung von 10^3 km^2. Die Ergebnisse können Abbildung 6.12 entnommen werden. Die Aufteilung des Wasserhaushalts in der Rheinebene ist für IOP 8b sehr ähnlich zu den Resultaten des Kontrollvolumens B. Auch hier nimmt der Wassergehalt deutlich ab, was durch hohe Divergenz bewirkt wird. Die Divergenz kann auch für das Kontrollvolumen in der Region Schwarzwald/Schwäbische Alb beobachtet werden, jedoch kompensieren sich die Komponenten Evapotranspiration und Divergenz fast, so dass ein sehr geringer Betrag von 0.2 kg/(m²d) für die Gesamtwasseränderung resultiert.

Die Wasserhaushaltskomponenten zeigen für IOP 9b eine hohe räumliche Variabilität. Während in der Rheinebene der Wassergehalt zunimmt, ist in der Bergregion eine Abnahme zu verzeichnen. Auch hier ist der Betrag der Gesamtwasseränderung geringer, was auf eine Kompensation zwischen den anderen Wasserhaushaltskomponenten hinweist. Die Wirkung des Konvergenzterms unterscheidet sich ebenfalls für beide Kontrollvolumina. Abbildung 6.12 zeigt den Konvergenzbeitrag von Wasserdampf und Flüssigwasser. Bezüglich des Wasserdampfs liegt in der Rheinebene eine Konvergenz von 4.9 kg/(m²d) und im Schwarzwald bzw. der Schwäbischen Alb eine Divergenz von -5.7 kg/(m²d) vor. Weiterhin auffallend ist, dass der Niederschlag in Kontrollvolumen C den positiven Tendenztermen stärker entgegenwirkt als in Kontrollvolumen D. Im Gegensatz dazu nimmt in der Bergregion der Anteil der Evapotranspiration im Vergleich zur Rheinebene zu.

Für IOP 9c entspricht der Konvergenzbeitrag in der Rheinebene ebenfalls einem positiven Wert, dagegen in der bergigen Region einer Divergenz mit etwa der gleichen Größenordnung. Eine leicht erhöhte Verdunstung für Kontrollvolumen D ist auch hier gegenüber C erkennbar. Besonders deutlich wird nochmals der Effekt des Niederschlags. Dieser hat in der Rheinebene einen dominierenden Einfluss auf die Abnahme des Wassergehalts. Zwar ist die Gesamtwasseränderung auch für Kontrollvolumen D negativ, jedoch spielt der Niederschlag im Vergleich zur Divergenz eine untergeordnete Rolle.

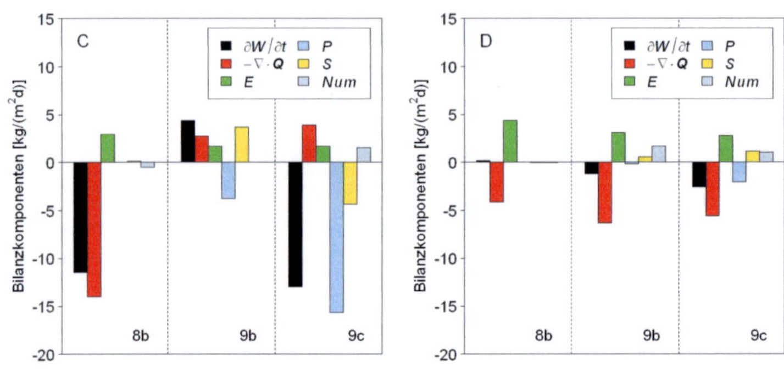

Abb. 6.12: Aufteilung der Wasserhaushaltskomponenten bezüglich der Kontrollvolumina C (Rheintal; links) und D (Schwarzwald/Schwäbische Alb; rechts) für die Episoden IOP 8b, 9b und 9c.

Für die drei betrachteten Episoden ist die Änderung des Wassergehalts in der Bergregion geringer als in der Rheinebene. Die Komponenten kompensieren sich mehr als in Kontrollvolumen D, was bedeutet, dass die durch einen Prozess transportierten Wassermengen auch eher in einen anderen Prozess überführt werden. Zusätzlich haben die Phasenumwandlungen im Kontrollvolumen C im Fall des 19. und 20. Juli einen größeren Einfluss auf die Gesamtänderung des Wassergehalts. Warme und feuchte Luft wird sowohl bei IOP 9b als auch bei 9c aus südwestlicher Richtung in die COPS-Region transportiert. Die beobachteten mesoskaligen konvektiven Systeme (s. Abschnitt 6.1.2) fördern die Niederschlagsbildung, von der insbesondere die Rheinebene betroffen ist. An den Hangbereichen des Schwarzwalds können auf Grund von Hebungseffekten und Konvektion ebenfalls Niederschlagsereignisse ausgelöst werden, die allerdings von Kontrollvolumen D nicht erfasst werden. Die Niederschlagsintensität ist für IOP 9c größer als für 9b. Wie aus Abschnitt 6.3.1.2 bekannt, überschätzt das Modell den Niederschlag jedoch sehr stark (s. Tab. 6.3 und 6.4). Desweiteren wird aus den Beiträgen des Konvergenzterms deutlich, dass die bergige Region im Gegensatz zur Rheinebene durch Wasserdampfdivergenzen mit -5.7 kg/(m²d) für IOP 9b und -5.2 kg/(m²d) für IOP 9c gekennzeichnet ist. In Kontrollvolumen C überwiegt jedoch die Zunahme des Wasserdampfgehalts durch Konvergenz. Die Abnahme der Niederschlagsrate und der Wechsel von positiver zu negativer Konvergenz bei Kontrollvolumen D kann mit dem Luv-

Lee-Effekt erklärt werden. Kontrollvolumen D liegt auf der Leeseite des Schwarzwalds und der Schwäbischen Alb und ist daher von positiver Konvergenz bei südwestlichen Anströmungen weniger betroffen. Bezüglich der Tagesänderungsrate sind sogar Divergenzen zu beobachten. Der Wasserdampfverlust im Kontrollvolumen auf Grund von Divergenz führt schließlich zu einer Verringerung der Niederschlagsrate.

Wie schon in Abschnitt 6.4.2 angesprochen, kann auch in Abbildung 6.12 die Wechselwirkung zwischen erhöhter Verdunstung und vermindertem Niederschlag bzw. umgekehrt beobachtet werden. Die mit einer Konvergenz einhergehenden Niederschläge bewirken eine Verringerung der Verdunstung. Divergenz tritt dagegen gleichzeitig mit geringem oder gar keinem Niederschlag auf, wodurch Verdunstungsprozesse gefördert werden. Die Erhöhung der Verdunstungsrate in der Bergregion kann durch verschiedene Einflüsse verursacht werden. Über Hochplateaus und Bergrücken können besonders hohe Windgeschwindigkeiten auftreten (Häckel 1999), die dazu führen, dass wasserdampfhaltige Luftmassen von einem Gebiet wegtransportiert werden. Solche Bergüberströmungen erhöhen die Feuchtegradienten der Atmosphäre und fördern Verdunstungsprozesse.

Die stärkere Bewaldung im Schwarzwald und in der Schwäbischen Alb fördert die Transpiration von Pflanzen, begünstigt durch ihre Vegetationszeit. Ein wichtiger Einflussfaktor auf die Evaporation ist die Bodenfeuchte, die ihrerseits von der Bodenart abhängt. Ergänzend zu den täglichen Evapotranspirationsraten sind in Abbildung 6.13 die Tagesgänge des latenten Wärmeflusses E_0 bezüglich IOP 9b (oben) und 9c (unten) für die Kontrollvolumina C und D dargestellt. Insbesondere für IOP 9b ist der Tagesgang in der bergigen Region dem zeitlichen Verlauf eines Strahlungswettertages sehr ähnlich. Das Maximum liegt mit 260.4 W/m² sehr deutlich über dem größten Wert bezüglich Kontrollvolumen C. Insbesondere zwischen 7 und 10 Uhr weicht die Zeitreihe für das flache Gebiet vom idealen Tagesgang ab, was mit Bewölkung und damit einer Verminderung der Einstrahlung einhergeht. Dieses Zeitintervall fällt wiederum mit dem Auftreten der mesoskaligen konvektiven Systeme zusammen (s. Abschnitt 6.1.2). Für IOP 9c ist zwischen 0 und 6 Uhr der latente Wärmefluss bei Kontrollvolumen D zwar geringer als bei Kontrollvolumen C, allerdings nimmt dieser in den Morgen- und Vormittagsstunden deutlich zu, so dass das Maximum wieder oberhalb des maximalen latenten Wärmeflusses in der Rheinebene liegt. Im Tagesgang zeichnen sich Verminderungen der latenten Wärmeflüsse für beide Kontrollvolumina ab, die wiederum mit dem Auftreten von Bewölkung verbunden sind. Der Zusammenhang zwischen Bewölkung und Wasserhaushalt spiegelt sich schließlich in den hohen Niederschlagsraten der Episoden wider.

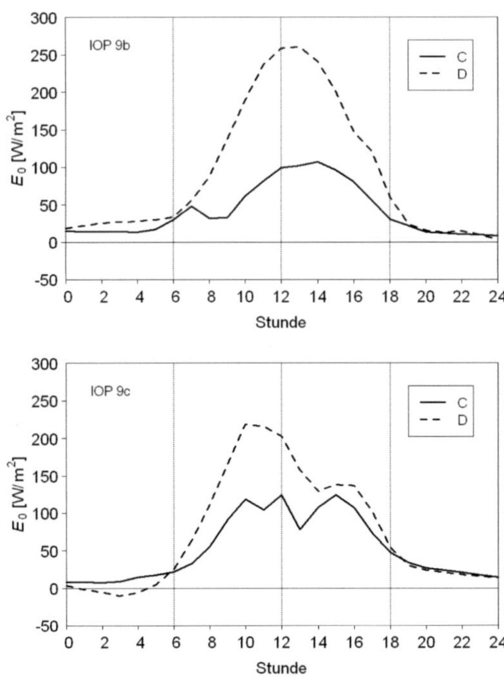

Abb. 6.13: Zeitreihe der latenten Wärmeflüsse E_0 in W/m². Dargestellt sind die Flächenmittelwerte von Kontrollvolumen C (durchgezogene Linie) und D (gestrichelte Linie) für IOP 9b (oben) und 9c (unten).

Die erhöhte Evapotranspiration in der Bergregion steht im Gegensatz zu den Ergebnissen der Arbeit von Barthlott et al. (2006), die anhand von Stationsmessungen im Rheintal und an Hangbereichen sowie Bergrücken des nördlichen Schwarzwalds Energiebilanzanalysen eines ausgewählten Sommertages durchführten. Den Ergebnissen zufolge wird Strahlungsenergie im Rheintal hauptsächlich in latente Wärmeflüsse umgesetzt. Dagegen sind bei höher gelegenen Gebieten Zunahmen des fühlbaren Wärmeflusses und Abnahmen des latenten Wärmeflusses bzw. der Verdunstung festzustellen. Das höhere Verhältnis vom sensiblen zum latenten Wärmefluss (Bowen Ratio) in Bergregionen im Vergleich zum Rheintal, das durch die Geländehöhen und die damit zunehmende Einstrahlung sowie Erwärmung der Landoberflächen bewirkt wird, existiert für den Großteil des Jahres (Wenzel et al. 1997). Die Dominanz des sensiblen Wärmeflusses in höher gelegenen Regionen treibt lokale Zirkulationssysteme und Konvergenz an (Barthlott et al. 2006). Zu beachten ist, dass die Lage des Kontrollvolumens D nicht durch die Untersuchungsgebiete bei Barthlott et al. (2006) und Wenzel et al. (1997) abgedeckt wird, da sich ein Großteil der Stationen im Rheintal sowie in den westlichen Hangbereichen des Schwarzwalds befand.

Dass die in dieser Arbeit simulierten Evapotranspirationsraten dennoch sinnvoll sind, zeigt sich anhand von Vergleichen der Verdunstungsraten über verschiedener Vegetation. So liegen im Sommer die monatlichen Transpirationsraten (Verdunstung von Pflanzen) bei sommergrünen Wäldern (ca. 60 mm/Monat) über denen immergrüner Wälder (ca. 50 mm/Monat; Dunn und Mackay 1995). Auch Brechtel und Hammes (1985) zeigen eine Erhöhung der mittleren jährlichen Verdunstung von Laub- und Nadelwäldern im Vergleich zu Acker- und Grasflächen. Der Vergleich von Evapotranspirationsraten verschiedener Studien ist sehr schwierig, da unterschiedliche Standortbedingungen (Exposition, Niederschlagsverteilung, Höhen des Grundwasserstandes usw.) hohe Variabilitäten der Verdunstung bewirken (Mendel 2000).

6.4.4 Folgerungen zur Aufteilung des Wasserhaushalts bei verschiedenen Einflüssen

Die gezeigten Aufteilungen der Wasserhaushaltskomponenten bei unterschiedlichen Wettersituationen sowie variierender Topographie veranschaulichen auf Tagesbasis hohe zeitliche und räumliche Variabilitäten. Die niederschlagsfreie Episode geht mit einer hohen Verdunstungsrate und Divergenz einher. Die Divergenz steht mit der Hochdruckwetterlage in Verbindung, die zur adiabatischen Erwärmung absinkender Luftmassen und Wolkenauflösung führt. Niederschlag tritt in den Beobachtungen auf Grund lokaler Initiierung von Konvektion auf (Kottmeier et al. 2008). Im Zuge von Niederschlagsereignissen verringert sich die verdunstete Wassermenge. Desweiteren stehen die Episoden mit Niederschlag im Zusammenhang mit einer Wasserdampfkonvergenz. Die hohen Niederschläge im Rheintal sind auf Konvektionsauslösungen entlang einer Konvergenzlinie im nördlichen COPS-Gebiet zurückzuführen (Kottmeier et al. 2008). In der Region Schwarzwald/Schwäbische Alb zeigt sich eine Erhöhung der Verdunstung bei gleichzeitig abnehmenden Niederschlagsraten. Während im Rheintal Konvergenz Wasserdampfzunahmen bewirkt, ist das bergige Gebiet durch Wasserdampfdivergenz charakterisiert. Für die drei untersuchten Fälle sind die gesamten Wasseränderungen in der Bergregion geringer als in der Rheinebene, was auf eine höhere Kompensation der Beiträge der anderen Wasserhaushaltskomponenten schließen lässt.

Ausgehend von diesen Fallstudien stellt sich die Frage nach der Übertragbarkeit der Ergebnisse auf andere Situationen. Dafür bieten sich statistische Analysen des Wasserhaushalts für längere Zeitskalen an. Die Durchführung solcher Studien wird in Kapitel 8 besprochen. Zuvor werden in Kapitel 7 die Modellergebnisse einer längeren Simulation validiert und diese mit GPS-Daten kombiniert, um Verbesserungen bei der Niederschlags- und Verdunstungsbestimmung zu erreichen.

7 Bestimmung der Wasserhaushaltskomponenten durch Kombination von GPS- und COSMO-Daten

Erst längerfristige Studien zum regionalen atmosphärischen Wasserhaushalt ermöglichen statistisch gesicherte Auswertungen und die Überprüfung der Gültigkeit von Ergebnissen aus Fallstudien für andere Situationen. Bevor in Kapitel 8 unter der Verwendung von Simulationen über mehrere Jahre der Frage nachgegangen wird, welche Einflüsse verschiedene Wetterlagen und Topographie auf den atmosphärischen Wasserhaushalt haben, werden in Kapitel 7.1 COSMO-CLM-Simulationen für den Sommer 2007 mit Beobachtungen an GPS-, Niederschlags- und Energiebilanzstationen, die im Rahmen von COPS (s. Kapitel 4.2) durchgeführt wurden, verglichen. Die Simulationen im Klimamodus unterscheiden sich von denen im Vorhersagemodus in der Initialisierung. Während bei Vorhersagesimulationen sowohl die atmosphärischen als auch die Bodenfelder alle drei Stunden als Randdaten eingegeben werden, werden die Klimasimulationen zum Startzeitpunkt mit den genannten Feldern initialisiert. Anschließend werden alle drei Stunden an den Rändern nur die atmosphärischen Felder aktualisiert (Meissner und Schädler 2008). Im Gegensatz zu Vorhersagesimulationen wird im Klimamodus die Temperatur und Bodenfeuchte der untersten Bodenschicht in einer Tiefe von etwa 15 m konstant gehalten. Die Bodentemperaturen und -feuchten aller anderen Schichten werden vom Modell berechnet und nicht alle drei Stunden aktualisiert. Auf Grund der Tatsache, dass die Variabilitäten der Bodeneigenschaften viel längere Zeitskalen als atmosphärische Größen haben, ist die Bodeninitialisierung bei mehrjährigen Klimasimulationen besonders wichtig. Die Bodentemperaturen und -feuchten des antreibenden Modells sind oftmals mangelhaft, da bei einigen antreibenden Modellen die Anzahl der Bodenschichten geringer als beim regionalen Modell ist und sich auch die Bodentypen unterscheiden können. Daraus folgt, dass die Vertikalprofile der Bodentemperatur und -feuchte sich deutlich von denen unterscheiden können, die COSMO-CLM selbst berechnet.

Die mittels der Klimasimulationen berechneten Wasserhaushaltsgrößen basieren auf Tageswerten. Da in Kapitel 8 jeweils die Sommermonate von fünf aufeinanderfolgenden Jahren betrachtet werden, um längere Zeitreihen für statistische Analysen zur Verfügung zu haben und die Einflüsse von Wetterlagen (Luftmasseneigenschaften, Hochdruck- und Tiefdrucklagen) sowie Topographie zu untersuchen, werden tägliche Änderungsraten der Komponenten verwendet. Die Datenmenge monatlicher Änderungsraten ist für den Untersuchungszeitraum zu gering. Außerdem wären anhand monatlicher Änderungen der Wasserhaushaltsgrößen atmosphärische Prozesse mit charakteristischen Zeitskalen von einem bis mehreren Tagen nicht erkennbar. Komponenten auf Stundenbasis sind für Prozessstudien geeignet, die in dieser Arbeit nicht für die längeren Zeitreihen durchgeführt werden, sondern im Rahmen von Fallstudien (s. Kap. 6).

Die in Kapitel 6 durchgeführten Vergleiche von Modellsimulationen und Beobachtungen des atmosphärischen Wasserdampfgehalts, Niederschlags und der Evapotranspiration zeigten gute Übereinstimmungen, allerdings auch Über- und Unterschätzungen der Änderungsraten. Da die GPS-Beobachtungen kontinuierliche und räumlich sowie zeitlich hoch aufgelöste Messungen des atmosphärischen Säulenwasserdampfgehalts liefern, soll in Kapitel 7.2 untersucht werden, ob die Kombination der GPS-Daten mit Modellergebnissen zu Verbesserungen bei der Bestimmung der Wasserhaushaltskomponenten Niederschlag und Evapotranspiration führt. Die zu Grunde liegende Methodik wurde in Kapitel 5.2 erläutert.

7.1 Modellvalidierung

Bevor die Ergebnisse der COSMO-CLM-Simulationen für Wasserhaushaltsstudien verwendet werden, muss geklärt werden, ob sich die Daten für längerfristige Untersuchungen eignen. In Anlehnung an die Validierung der Modelldaten mittels Beobachtungsdaten für einzelne COPS-Episoden werden in diesem Kapitel die Modellwasserhaushaltskomponenten für den gesamten COPS-Zeitraum vom 01. Juni bis 31. August 2007 mit Messungen verglichen. Da die stations- und volumenbasierten Vergleiche aus Kapitel 6 gute Übereinstimmungen zwischen den Wasserhaushaltskomponenten zeigen, werden hier direkt die für die Kontrollvolumina A und B bestimmten zeitlichen Wasserdampfänderungen, Niederschlags- sowie Evapotranspirationsraten miteinander verglichen.

7.1.1 Vergleich der zeitlichen Wasserdampfänderung

Die GPS-Beobachtungen des atmosphärischen Wasserdampfgehalts wurden vom GFZ Potsdam bereitgestellt (s. Kap. 4). Wie bereits in Kapitel 6.3 wurden die Stationsdaten mittels Kriging (s. Anhang A.1.1.2) ohne Berücksichtigung der Höhenabhängigkeit in die Fläche interpoliert, um anschließend die Volumenintegration durchzuführen (s. Kap. 5.1).

Die täglichen Änderungsraten des Gesamtwasserdampfgehalts vom 01. Juni bis 31. August 2007, die aus den Differenzen der um jeweils 00:07 UTC beobachteten Wasserdampfgehalte bestimmt werden, sind in Abbildung 7.1 dargestellt. Insgesamt passt der zeitliche Verlauf der Simulationsergebnisse sehr gut zu den Beobachtungen. Die Zu- und Abnahmen des Wasserdampfgehalts gibt das Modell bis auf eine Ausnahme Ende Juli wieder. Desweiteren werden in einigen Fällen die Zu- und Abnahmen vom Modell überschätzt.

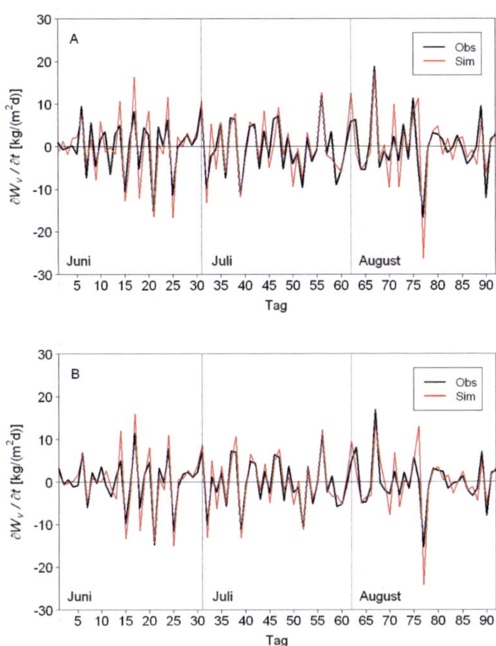

Abb. 7.1: Tägliche Änderungsraten des Wasserdampfgehalts im Sommer (JJA) 2007 für Kontrollvolumen A (oben) und B (unten). Schwarz: GPS-Beobachtungen, rot: Simulationen.

Zur Beurteilung der Übereinstimmung zwischen den GPS- und COSMO-Daten werden die beobachteten und simulierten Wasserdampfänderungen in Abbildung 7.2 gegenübergestellt. Die Pearson-Korrelationskoeffizienten betragen 0.83 für Kontrollvolumen A und 0.90 für Kontrollvolumen B. Für das Kontrollvolumen B, das ein größeres Gebiet umfasst als Kontrollvolumen A, ist die Übereinstimmung auf Grund der besseren Erfassung der räumlichen Wasserdampfverteilung und ihrer Änderungen größer. Anhand Abbildung 7.2 werden aber auch die Über- bzw. Unterschätzungen der Zu- bzw. Abnahmen des simulierten Wasserdampfgehalts deutlich, da die Datenpunkte von der Diagonalen (strichliert), die einer idealen Übereinstimmung entspricht, abweichen. Durch lineare Regression wird für Kontrollvolumen A die Regressionsgerade $y = 0.99x - 0.05$ und für Kontrollvolumen B die Regressionsgerade $y = 1.09x - 0.04$ bestimmt (durchgezogene Linien). Der Anstieg der Regressionsgeraden ist sehr nahe bei 1, was auf eine sehr gute Übereinstimmung beider Datensätze hindeutet. Der Schnittpunkt mit der Ordinate ist nahe Null.

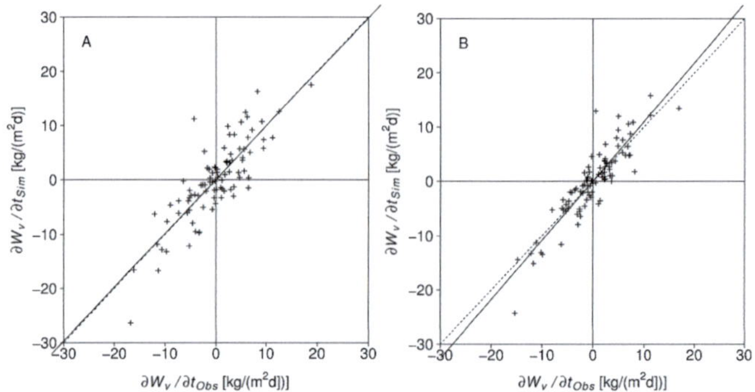

Abb. 7.2: Tägliche Änderungsraten des Wasserdampfgehalts aus GPS-Messungen und COSMO-Simulationen im Sommer (JJA) 2007 für Kontrollvolumen A (links) und B (rechts). Durchgezogen: Regressionsgerade, strichliert: Diagonale.

Abbildung 7.3 veranschaulicht die Reduzierung der Abweichung bei einerseits längeren Mittelungszeiträumen und andererseits größeren Kontrollvolumina. Zwar sind bezüglich des 19. Juli 2007 die Abweichungen zwischen Beobachtungen und Simulationen für Kontrollvolumen B größer als bei A, jedoch weist bei längeren Mittelungszeiträumen Kontrollvolumen B geringere Differenzen zwischen Mess- und Modelldaten auf als A. Desweiteren werden die abnehmenden Abweichungen bei längeren Mittelungszeiträumen deutlich. Folglich eignen sich räumliche und zeitliche Integrationen, um bessere Übereinstimmungen zwischen Beobachtungen und Simulationen zu erreichen.

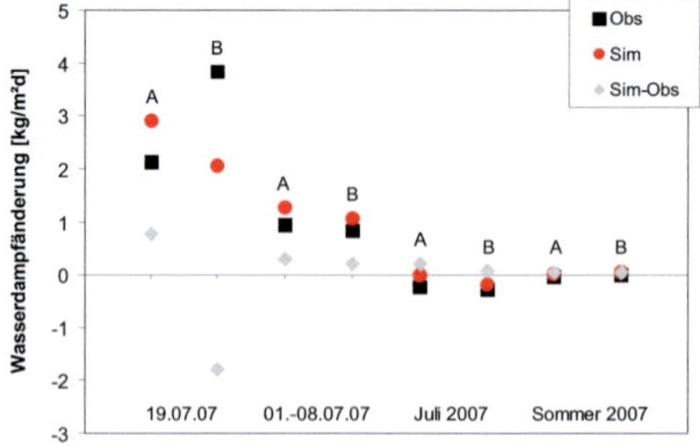

Abb. 7.3: Wasserdampfänderungen in kg/(m²d) aus Beobachtungen (Obs; schwarz), Simulationen (Sim; rot) und Differenz Obs-Sim (grau) bezüglich der Kontrollvolumina A und B. Tägliche Änderungsraten für 19. Juli 2007 (IOP 9b), gemittelt über eine Woche (01.-08. Juli 2007), einen Monat (Juli 2007) und drei Monate (Sommer 2007).

7.1.2 Vergleich des Niederschlags

Der zeitliche Verlauf der täglichen Niederschlagsraten in kg/(m²d) während der COPS-Kampagne bezüglich der Kontrollvolumina A und B wird für die Beobachtungen und Simulationen in Abbildung 7.4 veranschaulicht. Insgesamt wird das Vorkommen der Niederschlagsereignisse durch COSMO wiedergegeben. Lediglich Ende August wird ein Niederschlagsereignis in den Beobachtungen verzeichnet, das in den COSMO-Simulationen nicht auftritt. Die bereits bei den Episodenvergleichen erwähnte Überschätzung der Modellniederschläge von 7.0 kg/(m²d) (Kontrollvolumen A) und 1.3 kg/(m²d) (Kontrollvolumen B) im Fall von IOP 9c wird auch hier deutlich. Zum Teil stimmen die beobachteten und simulierten Niederschläge mit Differenzen von weniger als 1 kg/(m²d) recht gut überein. Dennoch kommt es auch zu deutlich überhöhten COSMO-Niederschlagsmengen mit Differenzen bis zu 43 kg/(m²d) am 21. Juni 2007 bezüglich Kontrollvolumen A. Im Mittel liegen die Beträge der Abweichungen bei 1.1 kg/(m²d) (Kontrollvolumen A) und 0.5 (Kontrollvolumen B).

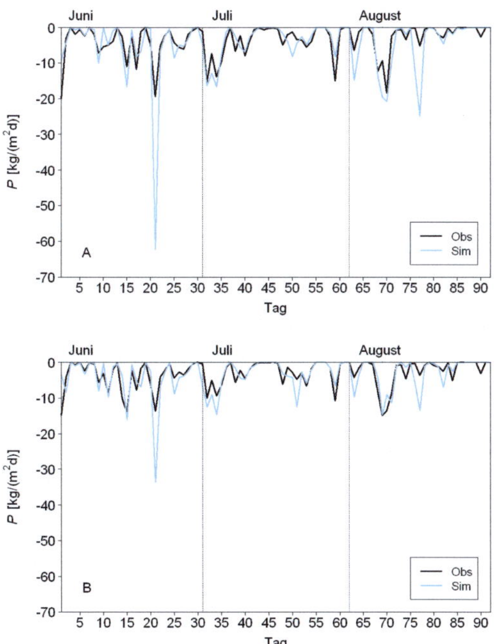

Abb. 7.4: Tägliche Niederschlagsraten im Sommer (JJA) 2007 für Kontrollvolumen A (oben) und Kontrollvolumen B (unten). Schwarz: Beobachtungen, blau: Simulationen.

Gegenüberstellungen der beobachteten und simulierten Niederschläge sind in Abbildung 7.5 für die Kontrollvolumina A (links) und B (rechts) zu finden. Es ist nur ein Ausschnitt ausgewählt, bei dem der Ausreißer vom 21. Juni 2007 der besseren Übersichtlichkeit wegen nicht dargestellt ist. Zusätzlich ist die Diagonale (strichliert) angegeben, die die ideale Übereinstimmung $P_{Obs} = P_{Sim}$ zeigt. Die Übereinstimmungen sind bei niedrigen Niederschlagsmengen etwas besser, wobei vermehrt die Fälle mit $|P_{Obs}| > |P_{Sim}|$ auftreten. Bei starken Niederschlägen sind die Abweichungen zwischen den Messungen und Simulationsergebnissen größer und der Modellwert liegt über der Niederschlagsbeobachtung. Die Differenz zwischen dem beobachteten und COSMO-Niederschlag verringert sich für das Kontrollvolumen B gegenüber A.

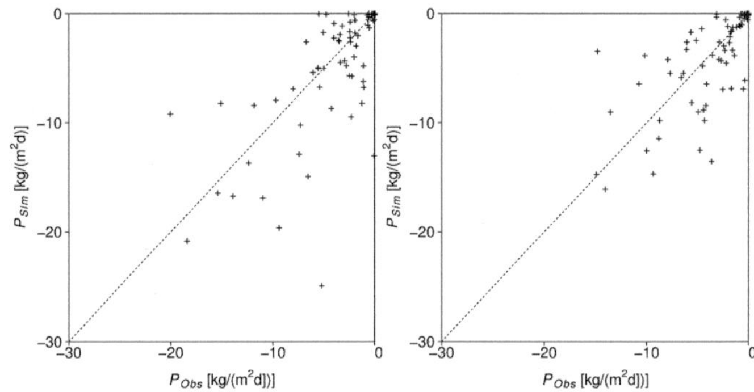

Abb. 7.5: Tägliche Niederschlagsraten der Beobachtungen und Simulationen im Sommer (JJA) 2007 für Kontrollvolumen A (links) und Kontrollvolumen B (rechts). Strichliert: Diagonale. Aus Gründen der Übersichtlichkeit sind nur Niederschlagsraten bis zu -30 kg/(m²d) dargestellt.

Der Pearson-Korrelationskoeffizient beträgt für Kontrollvolumen A 0.72 und für B 0.73. Für das größere Kontrollvolumen B sind die Abweichungen zwischen den Beobachtungen und Simulationen geringer. Zum einen können räumlich verschobene beobachtete und simulierte Niederschlagsgebiete durch Kontrollvolumina mit größeren räumlichen Ausdehnungen besser erfasst werden. Größere Kontrollvolumina ermöglichen auch, dass Unter- und Überschätzungen in einzelnen Gitterzellen im Mittel geringer sind als bei kleinen Kontrollvolumina. Desweiteren sind in Kontrollvolumen B mehr Niederschlagsstationen enthalten. Die höhere Datendichte verringert Interpolationsfehler. Zwar gibt es zum Teil immer noch große Differenzen wie am 21. Juni 2007, aber beide Datensätze zeigen bessere Übereinstimmungen für das größere Kontrollvolumen B. Dieses Verhalten kann wiederum auf die bessere räumliche Erfassung des Niederschlagsgebiets zurückgeführt werden.

7.1.3 Vergleich der Evapotranspiration

Abbildung 7.6 zeigt die täglichen Verdunstungsraten für die Sommermonate des Jahres 2007. Anfang Juni liegen die simulierten Werte noch deutlich unter den Beobachtungen, wobei kurzzeitige Schwankungen recht gut wiedergegeben werden. Dieser Unterschied kann auf Grund verschiedener Bodenwassergehalte und der Einschwingzeit des Bodens bei Modellsimulationen zustande kommen. Ab dem 15. Juni stimmen die Beobachtungen und Simulationen wesentlich besser überein. Unterschätzungen der COSMO-Evapotranspiration gehen oftmals mit starken Niederschlagsereignissen einher (z.B. 7. bis 10. August). Im Moment des Auftretens des Niederschlagsereignisses ist die Verdunstung nur gering, hat danach aber wieder einen größeren Beitrag. Überschätzungen der simulierten Verdunstungsmenge, beispielsweise um 0.3 kg/(m²d) am 15. Juli, treten gleichzeitig mit vernachlässigbaren Niederschlagsmengen auf. Wie in Kapitel 6.4 gezeigt, geht die niederschlagsfreie Episode IOP 8b mit Divergenz einher, die den Feuchtegradienten in Bodennähe erhöht. Bei Überschätzungen der simulierten Divergenz steigt der Feuchtegradient in höherem Maße an und Evapotranspiration wird gefördert. Die Überschätzung der simulierten Evapotranspiration steht im Gegensatz zu den COSMO-Vorhersagen (s. Kap. 6), die für den 15. Juli (IOP 8b) eine zu geringe verdunstete Wassermenge mit einer Abweichung von 0.6 kg/(m²d) simulieren. Der wesentliche Unterschied beider Simulationen besteht darin, dass beim Vorhersagemodus Bodentemperaturen und -feuchtewerte alle drei Stunden aktualisiert werden. Bei den Klimasimulationen werden die Bodentemperaturen und -feuchtewerte nur beim Start initialisiert und anschließend vom Modell selbst berechnet. Daraus können sich die genannten Abweichungen ergeben.

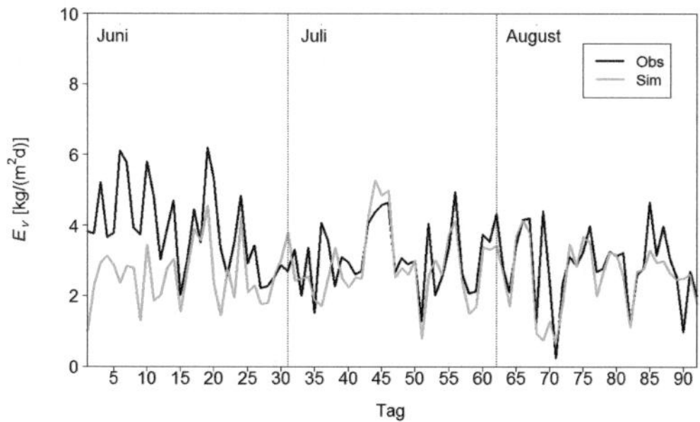

Abb. 7.6: Tägliche Verdunstungsraten im Sommer 2007 (JJA) für Kontrollvolumen A. Schwarz: Beobachtungen, grün: Simulationen.

Die Gegenüberstellung der täglichen beobachteten und simulierten Evapotranspirationsraten (s. Abb. 7.7) zeigt nochmals die häufige Unterschätzung der Verdunstung in COSMO im Vergleich zu den Messungen. Der Pearson-Korrelationskoeffizient beträgt 0.5 und ist deutlich geringer als es bei der Wasserdampfänderung (s. Abschnitt 7.1.1) und beim Niederschlag (s. Abschnitt 7.1.2) der Fall ist.

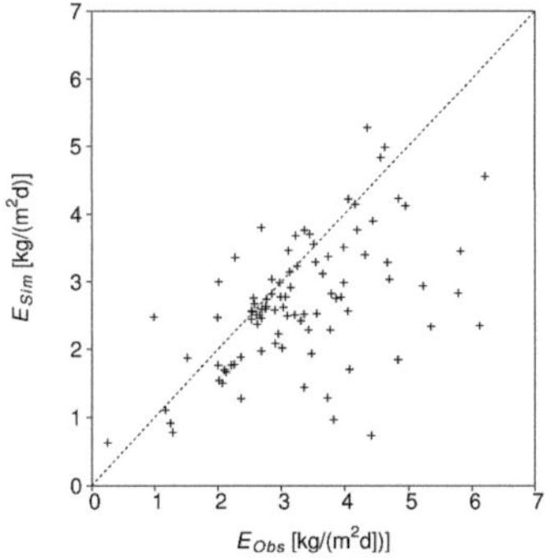

Abb. 7.7: Tägliche Evapotranspirationsraten der Beobachtungen und Simulationen im Sommer (JJA) 2007 für Kontrollvolumen A. Strichliert: Diagonale.

Die Abweichungen zwischen Beobachtungen und Simulationen müssen auch unter dem Aspekt betrachtet werden, dass nur sieben Energiebilanzstationen zur Messung des latenten Wärmeflusses zur Verfügung standen. Die Stationen haben nicht durchgängig gemessen; es gibt Stationsausfälle über einige Stunden hinweg, aber auch für ganze Tage. Dementsprechend lückenhaft ist die Datengrundlage für die räumliche und zeitliche Interpolation der Beobachtungen, um daraus die auf ein Kontrollvolumen bezogene tägliche Evapotranspiration zu berechnen. Andere Unsicherheiten wie unterschiedliche Standorteigenschaften in der Natur und im Modell wurden bereits in Abschnitt 6.2.2 besprochen.

7.1.4 Folgerungen zu den Vergleichen

Die Vergleiche von Messdaten für die Änderung des Wasserdampfgehalts, den Niederschlag und die Verdunstung mit COSMO-CLM-Simulationen zeigen generell gute Übereinstimmungen bezüglich der Größenordnung der Werte und des zeitlichen Verlaufs. Typischerweise werden die Wasserdampfzunahmen und -abnahmen durch das Modell überschätzt. Ebenso weisen die simulierten Niederschlagsraten oftmals höhere Werte auf als die Beobachtungen. In den meisten Fällen sind die simulierten Verdunstungsraten gegenüber den Beobachtungen verringert und treten gleichzeitig mit vom Modell überschätzten Niederschlägen auf. Wie aus Kapitel 6.3 bekannt gehen Niederschlagsüberschätzungen in COSMO mit hoher Konvergenz einher, die wiederum die bodennahen Feuchtegradienten absenken und damit Verdunstungsprozesse limitieren. Sind die simulierten Niederschlagsraten dagegen geringer als in den Beobachtungen, treten erhöhte Verdunstungsraten auf, die durch Divergenz und damit höhere bodennahe Feuchtegradienten gefördert werden.

Die Modellvalidierung für den COPS-Zeitraum zeigt, dass COSMO-CLM die wesentlichen Charakteristika der betrachteten Wasserhaushaltsgrößen wiedergibt. Die Abweichungen zu den beobachteten Werten einer Wasserhaushaltsgröße stehen wie eben beschrieben in Wechselwirkung mit den Abweichungen der anderen Wasserhaushaltskomponenten. Diese wurden bereits in Kapitel 6.3 eingehend erläutert. Auf Grund der guten Übereinstimmungen und der hohen räumlichen sowie zeitlichen Auflösungen können die Modelldaten für Wasserhaushaltsstudien verwendet werden. Im Fall der Evapotranspiration können die Simulationen sogar als bessere Datengrundlage als die Beobachtungen betrachtet werden, da letztere auf Grund der geringen Stationsdichte und Messausfälle bei räumlichen und zeitlichen Interpolationen hohe Ungenauigkeiten erzeugen. Ob durch die Kombination von GPS- und Modelldaten Verbesserungen bei der Niederschlags- und Verdunstungsbestimmung erreicht werden können, soll im Folgenden geprüft werden.

7.2 Bestimmung von Wasserhaushaltsgrößen aus GPS- und COSMO-Daten

In den Kapiteln 6 und 7.1 wird gezeigt, dass die simulierten Wasserhaushaltsgrößen gut mit den Beobachtungen übereinstimmen. Dennoch gibt es Situationen mit deutlichen Abweichungen, z.B. bei der Niederschlagsbestimmung. Zu klären ist, ob für solche Fälle durch eine Kombination von GPS-Beobachtungen und Modellergebnissen Verbesserungen der Niederschlags- und Verdunstungswerte in Bezug auf die Simulationen erreicht werden können. Unter der Annahme, dass die relative Verteilung der Wasserhaushaltskomponenten in der Natur und im Modell gleich ist, werden anhand der in Abschnitt 5.2 beschriebenen Methodik die Komponenten Niederschlag und Verdunstung für den Zeitraum der COPS-Messkampagne vom 01. Juni bis 31. August 2007 bestimmt. Die GPS- und COSMO-gestützten Berechnungen erfolgen je nach Komponente für die Kontrollvolumina A oder B und werden zunächst auf Tagesbasis durchgeführt. Mittels der anschließenden Änderung des Mittelungszeitraums wird untersucht, wie die Ergebnisse davon abhängen.

7.2.1 Bestimmung des Niederschlags

Dieser Abschnitt erläutert zunächst wichtige Kriterien, die bei der Berechnung des Niederschlags aus den COSMO- und GPS-Daten beachtet werden müssen. Unter Berücksichtigung dieser Voraussetzungen werden anhand der Schließungshypothese (s. Gl. 5.9) die täglichen Niederschlagsintensitäten berechnet und ausgewertet. Anschließend werden die Niederschlagsraten bezüglich längerer Zeitintervalle ermittelt, um die Gültigkeit der Hypothese und ihre Sensitivität zum betrachteten Mittelungszeitraum zu überprüfen.

7.2.1.1 Bestimmung des Niederschlags auf Tagesbasis

Die Bestimmung des Niederschlags aus den GPS- und Modelldaten bezieht sich auf Kontrollvolumen B, da für dieses ausreichend Niederschlagsstationen zur Verfügung stehen. Der Niederschlag wird hier mit positivem Vorzeichen definiert. Wichtig bei seiner Berechnung ist, dass die zeitlichen Wasserdampfänderungen aus Beobachtung und Simulation das gleiche Vorzeichen haben, da sonst die positive Definitheit des Niederschlags nicht gewährleistet ist. Sollten die Vorzeichen der beobachteten und simulierten Änderungen des Wasserdampfgehalts unterschiedlich sein, wird der Niederschlagswert nicht bestimmt (Kriterium 1). Probleme bei der Anwendung von Gleichung 5.9 ergeben sich bei sehr geringen simulierten Wasserdampfänderungen, da das Verhältnis der Wasserdampf-änderungen sehr groß wird und somit auch der berechnete Niederschlag deutlich überschätzt werden kann. Im Folgenden soll nur für die Tage der Niederschlag berechnet werden, bei denen $|\partial W_v/\partial t_{Sim}|$ mindestens 5% der maximalen, im betrachteten Zeitraum auftretenden COSMO-Wasserdampfänderung beträgt (Kriterium 2). Der maximale Wert für $|\partial W_v/\partial t_{Sim}|$ entspricht 24.2 kg/(m²d). Abbildung 7.8 können die täglichen Niederschlagsraten basierend auf Beobachtungen (Obs), Simulationsergebnissen (Sim) sowie den berechneten Werten (Calc) entnommen werden. Ist eines der beiden oben genannten Kriterien nicht erfüllt, werden nur P_{Obs} und P_{Sim} dargestellt, nicht aber P_{Calc}. Zusätzlich sind die Zeitreihen der GPS- und Modellwasserdampfänderungen dargestellt.

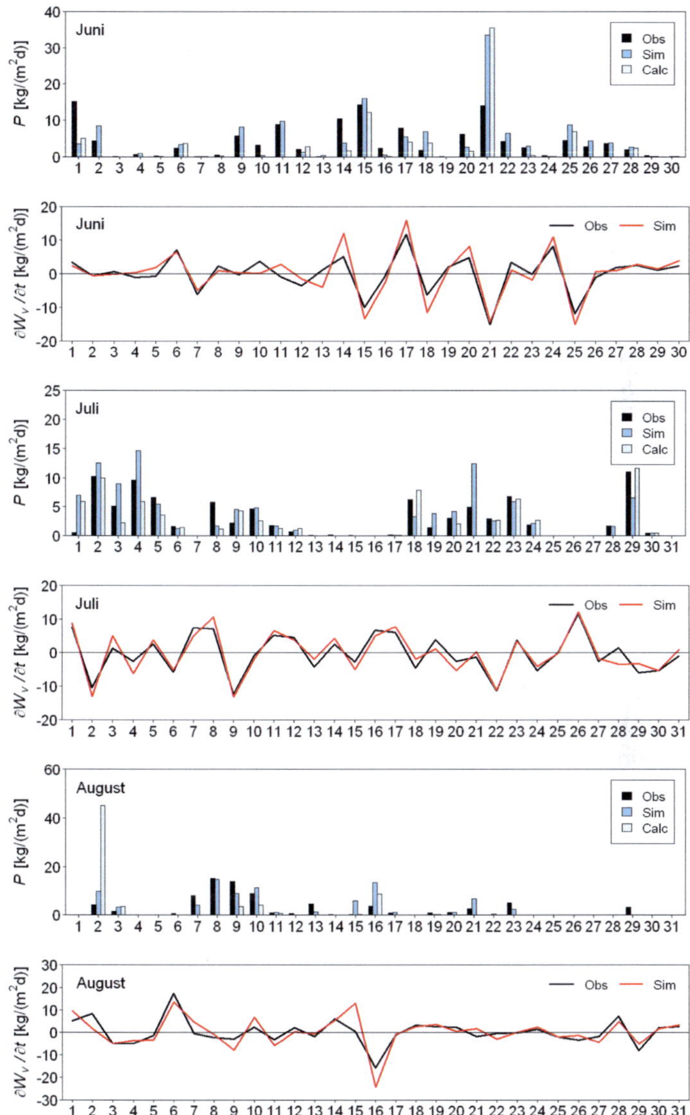

Abb. 7.8: Tägliche Niederschlagsraten aus Beobachtungen (schwarz), Simulationen (blau) sowie GPS- und COSMO-gestützten Berechnungen (blau schraffiert) sowie tägliche Wasserdampfänderungen aus Beobachtungen (schwarz) und Simulationen (rot) bezüglich Kontrollvolumen B und der Sommermonate (JJA) 2007.

Auf Grund der Kriterien 1 und 2 entfallen 26 Tage aus der Niederschlagsbestimmung. Das entspricht fast einem Drittel der gesamten Anzahl an betrachteten Tagen. Eine Annäherung der berechneten Niederschlagswerte an die Beobachtungen gegenüber den simulierten Niederschlagsmengen ist beispielsweise für den 2., 6. und 29. Juli feststellbar. Zum Teil liegen die berechneten Werte sehr nah an den Niederschlagsmessungen, manchmal wird aber auch nur eine geringe Verbesserung gegenüber den Modelldaten wie z.B. am 1. Juni erreicht. Desweiteren gibt es einige Tage, für die keine Verbesserung, sondern eine Verschlechterung im Vergleich zu den simulierten Niederschlägen erkennbar ist. So simuliert COSMO am 21. Juni eine zu hohe Niederschlagsmenge. Durch die Kombination von GPS- und Modelldaten steigt der Niederschlagswert noch weiter an. Tabelle 7.1 gibt einen Überblick über die Anzahl der Tage mit Verbesserungen, Verschlechterungen und keinen Änderungen der berechneten Niederschlagswerte gegenüber den Modelldaten. Erkennbar ist, dass die Anzahl der Verbesserungen und der Verschlechterungen nahezu gleich ist. Ziel ist es, eine bessere Übereinstimmung mit den Beobachtungen zu erreichen.

	Verbesserung	Keine Änderung	Verschlechterung
Anzahl der Tage	33	8	25

Tab. 7.1: Übersicht über die Anzahl der Tage, für die sich die berechneten Niederschlagswerte im Vergleich zu den COSMO-Niederschlagsraten verbessert, verschlechtert oder nicht geändert haben.

Abbildung 7.9 zeigt die Häufigkeitsverteilungen der Differenzen zwischen Modell- und Messdaten (links) sowie Berechnungen und Beobachtungen (rechts). Die größten Abweichungen zwischen den nach Gleichung 5.9 berechneten und den beobachteten Niederschlagswerten betragen knapp 41 kg/(m²d). Geringe Abweichungen zwischen -5 und 0 kg/(m²d) treten häufiger auf, was als eine Verbesserung der Niederschlagswerte durch die Kombination von GPS- und Modelldaten interpretiert werden kann. Allerdings ist die Häufigkeit der Abweichungen zwischen 0 und 5 kg/(m²d) geringer als bei den Differenzen zwischen Modell- und Beobachtungsdaten. Die Verbesserung der Niederschlagswerte im Vergleich zu den Modelldaten tritt also nicht über den gesamten Wertebereich gleichmäßig auf. Geringe Überschätzungen bezüglich der Beobachtungen werden reduziert, geringe Unterschätzungen sind häufiger.

Um mögliche Ursachen zu finden, warum in manchen Fällen die Niederschlagsberechnung mehr von den Beobachtungen abweicht als die Simulation, werden die Tagesraten der Wasserdampfänderungen hinzugezogen (s. Abb. 7.8). Trotz der Anwendung von Kriterium 2, welches einen Mindestbetrag der simulierten Wasserdampfänderung festlegt, können dennoch Fälle wie am 2. August (in Abb. 7.9 im rechten Histogramm Säule ganz rechts) auftreten, bei denen $\partial W_v/\partial t_{Sim}$ deutlich geringer als $\partial W_v/\partial t_{Obs}$ ist. Die Division der GPS-Wasserdampfänderung durch einen kleinen Modellwert führt hier zu einer drastischen Überschätzung von

P_{Calc}. Eine Erhöhung des Schwellenwertes von 5% der COSMO-Wasserdampfänderung führt jedoch dazu, dass mehr Fälle ausgeschlossen werden, für die bessere Übereinstimmungen des berechneten Niederschlagswertes mit den Messungen möglich sind.

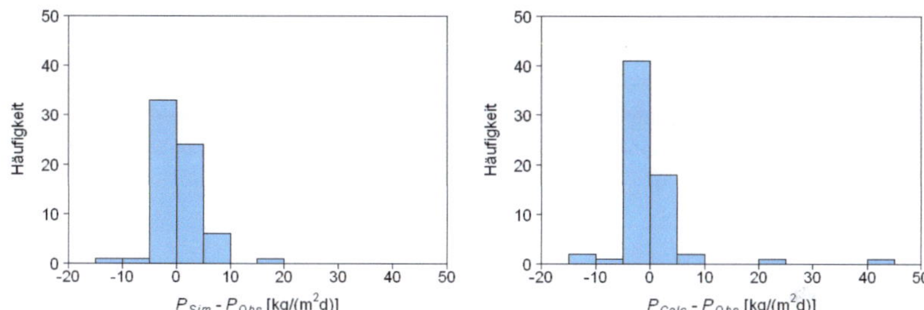

Abb. 7.9: Histogramm der täglichen Niederschlagsdifferenzen zwischen Simulationen (Sim) und Beobachtungen (Obs) sowie COSMO- und GPS-gestützten Berechnungen (Calc) und Beobachtungen (Obs) bezüglich Kontrollvolumen B und der Sommermonate (JJA) 2007.

Der mit Gleichung 5.9 berechnete Niederschlag stimmt oftmals auch dann schlechter mit den Beobachtungen überein als die Simulationswerte, wenn die Wasserdampfzunahme groß ist. So beträgt am 14. Juni die Zunahme des Wasserdampfgehalts in COSMO etwa 10 kg/(m²d). Die beobachtete Wasserdampfzunahme ist mit etwa 5 kg/(m²d) halb so groß. Die Multiplikation des Verhältnisses der GPS- und Modellwasserdampfänderungen von etwa 1/2 mit einem zu geringen simulierten Niederschlag führt zu einer weiteren Reduzierung von P_{Calc}, wobei der Niederschlagsmesswert deutlich größer ist. Die Gleichung 5.9 zugrunde liegende Annahme geht davon aus, dass bei einer geringeren Wasserdampfzunahme auch ein verminderter Wasserdampfgehalt für die Niederschlagsbildung zur Verfügung steht. Tatsächlich scheint aber die geringe GPS-Wasserdampfzunahme auf ein starkes Niederschlagsereignis zurückzuführen zu sein. Auffallend ist, dass dieses Problem vor allem bei Wasserdampfzunahmen und damit für Situationen auftritt, bei denen positive Wasserdampfkonvergenz einen deutlichen Einfluss hat. Im Verlauf eines Tages können zunächst hohe Wasserdampfmengen durch Konvergenz in das Kontrollvolumen transportiert werden. Es folgen Niederschlagsereignisse, woraufhin der atmosphärische Wasserdampfgehalt wieder abnimmt. Diese Prozesskette wird in der Annahme nicht berücksichtigt. Dies könnte durch stündliche Änderungsraten getan werden, die aber auch auf Grund der zeitlichen Verschiebungen zwischen beobachteten und simulierten Niederschlägen (s. Abschnitt 6.3.1.2) nachteilhaft sind.

Annäherungen der berechneten Niederschlagswerte an die Beobachtungen im Vergleich zu den Simulationsergebnissen gibt es vor allem im Fall von Wasserdampfabnahmen. So ist beispielsweise am 29. Juli die simulierte Wasserdampfabnahme zu gering, was auf eine Unterschätzung der Niederschlagsmenge zurückzuführen ist. Gemeinsam mit der höheren GPS-Wasserdampfabnahme ergibt sich ein größerer Niederschlagswert P_{Calc}. Der abnehmende Wasserdampfgehalt wird im Kontrollvolumen folglich durch ein starkes Niederschlagsereignis bewirkt. Nimmt der Wasserdampfgehalt im Kontrollvolumen ab, ist ein positiver Konvergenzbeitrag nicht so groß, dass er den Wasserdampfverlust durch Niederschlag überwiegen kann. Treten dagegen Niederschlagsereignisse gemeinsam mit einer Wasserdampfzunahme auf, ist die Wirkung positiver Konvergenz wesentlich stärker. Wie in den Kapiteln 6 und 8 erläutert, ist eine hohe Wasserdampfdivergenz eher mit geringen bzw. keinen Niederschlägen verbunden.

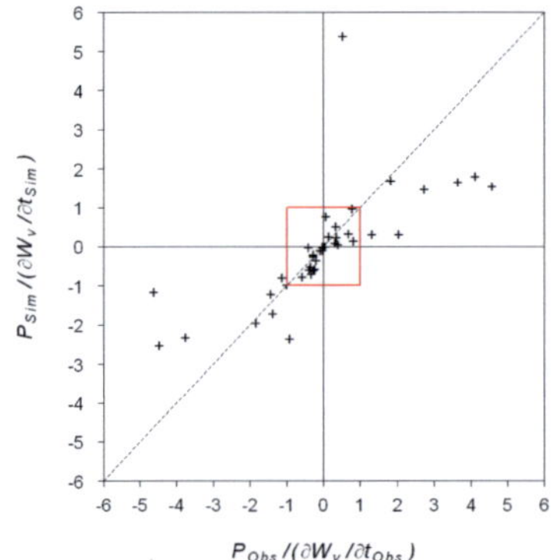

Abb. 7.10: Tägliche Verhältnisse $P/(\partial W_v/\partial t)$ aus Beobachtungen (Obs) und Simulationen (Sim) bezüglich Kontrollvolumen B und der Sommermonate (JJA) 2007.

Wie gut die dieser Methodik zu Grunde liegende Annahme

$$\frac{P_{Obs}}{\partial W_v/\partial t_{Obs}} = \frac{P_{Sim}}{\partial W_v/\partial t_{Sim}} \tag{7.1}$$

realisiert wird, veranschaulicht das Streudiagramm in Abbildung 7.10. Auch hier wurde Kriterium 2 angewandt. Idealerweise würde sich die Punktwolke entlang der eingezeichneten Diagonalen verteilen. Dies ist vor allem der Fall bei kleinen Verhältnissen zwischen -1 und 1. Werden die Beträge der Verhältnisse größer, liegen die Datenwerte weiter von der Diagonalen entfernt. Negative Quotienten treten bei Wasserdampfabnahmen auf, positive dagegen bei Wasserdampfzunahmen. Die beobachteten Verhältnisse Niederschlag zu Wasserdampfänderung sind öfter größer als die simulierten Verhältnisse, was größere P_{Obs} oder geringere Beträge von $\partial W_v/\partial t$ bedeutet. Letztere weisen auf Überschätzungen der Wasserdampfänderungen in COSMO hin. Dazu gehören beschriebene Situationen wie die des 14. Juni, bei denen die simulierte Wasserdampfzunahme zu hoch und der Niederschlag in COSMO zu gering im Vergleich zur Beobachtung ist. Insofern scheint die zu Grunde liegende Arbeitshypothese bei kleinen Beträgen der Verhältnisse von Niederschlag zu Wasserdampfänderung anwendbar zu sein. Sie versagt zunehmend bei größeren Verhältnissen.

7.2.1.2 Sensitivität der Niederschlagsbestimmung bezüglich des Mittelungszeitraums

Die Wasserhaushaltskomponenten können statt als Tageswerte auch über einen längeren Zeitraum bestimmt werden. Unter Umständen werden dann Abweichungen ausgeglichen, so dass sich eine Verbesserung der berechneten Niederschlagswerte gegenüber den Simulationsergebnissen ergeben kann. Die Niederschlagsraten werden aus den täglichen Änderungen über die jeweiligen Wochen, Monate sowie die gesamten drei Sommermonate bestimmt um zu prüfen, ob eine solche Verbesserung erreicht wird. Wichtig ist, dass nur die Tageswerte in die Summenbildung einbezogen werden, für die die positive Definitheit der berechneten Niederschlagswerte sowie eine ausreichend hohe simulierte Wasserdampfänderung gewährleistet ist. Ist das nicht der Fall, werden der beobachtete, simulierte und berechnete Niederschlag in der Summenbildung nicht berücksichtigt. Die daraus resultierenden Niederschlagswerte dürfen folglich nicht mit den tatsächlichen Niederschlagssummen über den jeweiligen Zeitraum verwechselt werden. Es wird also für jeden geeigneten Tag der Niederschlag nach Gleichung 5.9 berechnet und dann über den gewählten Zeitraum gemittelt.

Im ersten Fall werden die Niederschlagsmengen über die Monate Juni, Juli und August des Jahres 2007 summiert und anschließend über die Anzahl an berücksichtigten Tagen gemittelt, um die Einheit kg/(m²d) zu erhalten. Die Ergebnisse der jeweiligen Datenquelle sowie die Abweichungen der simulierten und berechneten Niederschlagswerte von den Beobachtungen können Tabelle 7.2 entnommen werden. Sowohl die Modelldaten als auch die berechneten Werte weisen gegenüber den Beobachtungen eine größere Niederschlagsmenge auf. Die Abweichung der Berechnungen von den Beobachtungen ist allerdings geringer als die Differenz zwischen Modell- und Messwert. Demzufolge führt die kombinierte Verwendung der Daten in diesem Fall zu einer besseren Übereinstimmung des berechneten Niederschlagswertes mit der Beobachtung als die Modelldaten.

	Obs	Sim	Calc	Sim-Obs	Calc-Obs
JJA	3.14	3.57	3.33	0.43	0.19

Tab. 7.2: Niederschlagsraten in kg/(m²d) für den Sommer (JJA) 2007 bezüglich Kontrollvolumen B. Obs: Beobachtungen, Sim: Simulationen, Calc: GPS- und COSMO-gestützten Berechnungen.

Als nächstes werden jeweils die im Juni, Juli und August gefallenen Niederschlagsmengen als Mittelwerte über die Anzahl an berücksichtigten Tagen bestimmt und miteinander verglichen (s. Tab. 7.3). Auffallend ist wiederum die Überschätzung der simulierten Niederschläge verglichen mit den Beobachtungen. Die berechneten Niederschlagswerte sind im Juni und Juni geringer als die Beobachtungen, im August jedoch größer. In allen Fällen ist die Abweichung der berechneten Niederschlagsmenge von den Messungen höher als die der Modellniederschläge. Im Juni und Juli unterscheiden sich die Differenzen $P_{Sim} - P_{Obs}$ und $P_{Calc} - P_{Obs}$ nicht sehr stark, im August dagegen etwas mehr. Die berechneten Werte stimmen folglich nicht besser mit den Beobachtungen überein als die Simulationen.

	Obs	Sim	Calc	Sim-Obs	Calc-Obs
Juni	4.81	5.09	4.46	0.29	-0.35
Juli	3.14	3.41	2.82	0.27	-0.32
August	1.78	2.53	3.02	0.74	1.24

Tab. 7.3: Niederschlagsraten in kg/(m²d) jeweils für Juni, Juli und August 2007 bezüglich Kontrollvolumen B. Obs: Beobachtungen, Sim: Simulationen, Calc: GPS- und COSMO-gestützte Berechnungen.

Durch Aufsummieren der täglichen Niederschlagsmenge über jeweils eine Woche wird das Mittelungsintervall weiter verringert. Analog zu den vorherigen Berechnungen werden die wöchentlich gefallenen Niederschlagsmengen durch die Anzahl der Tage, über die aufsummiert wurde, dividiert. Die Ergebnisse sind in Tabelle 7.4 zusammengestellt. In vielen Fällen tritt wieder eine Unterschätzung der berechneten Niederschläge gegenüber den Messdaten auf. Dagegen sind die simulierten Niederschläge öfter höher als die beobachteten Niederschlagswerte. In sechs Fällen wird durch die Kombination der GPS- und COSMO-Daten eine Annäherung an den beobachteten Wert im Vergleich zum Modellniederschlag erreicht (grüne Markierung). In einem Fall gibt es weder eine Verbesserung noch eine Verschlechterung. Bei sechs Fällen verschlechtern sich die berechneten Werte gegenüber den Modelldaten (rote Markierung). Dabei weicht in Woche 9 der berechnete Niederschlag sehr stark von der Beobachtung im Vergleich zum Modellniederschlag ab. Im Mittel liegt die Abweichung zwischen Beobachtung und Simulation bei 0.05, zwischen Messung und Berechnung bei -0.09. Die Beträge der mittleren Differenzen unterscheiden sich folglich nicht sehr stark voneinander.

	Obs	Sim	Calc	Sim-Obs	Calc-Obs
Woche 1	5.88	2.28	2.94	-3.59	-2.94
Woche 2	6.27	2.52	2.20	-3.75	-4.07
Woche 3	6.66	9.31	8.16	2.65	1.50
Woche 4	2.33	3.62	2.44	1.29	0.12
Woche 5	4.64	6.96	3.95	2.33	-0.69
Woche 6	2.39	2.14	1.70	-0.25	-0.69
Woche 7	1.13	0.56	1.31	-0.57	0.18
Woche 8	2.92	2.96	2.75	0.03	-0.17
Woche 9	3.18	3.34	11.46	0.16	8.28
Woche 10	3.24	2.48	1.37	-0.76	-1.86
Woche 11	2.87	6.45	2.76	3.58	-0.11
Woche 12	0.34	0.31	0.13	-0.03	-0.21
Woche 13	0.47	0.03	0.03	-0.44	-0.44
Mittelwert	3.25	3.30	3.17	0.05	-0.09

Tab. 7.4: Auf die Wochen bezogene Niederschlagsraten in kg/(m²d) bezüglich Kontrollvolumen B. Obs: Beobachtungen, Sim: Simulationen, Calc: GPS- und COSMO-gestützte Berechnungen. Verbesserungen sind grün, Verschlechterungen sind rot markiert.

Für die Niederschlagsbestimmung aus der Kombination von GPS- und COSMO-Daten ergeben sich sowohl auf kurzen als auch längeren Mittelungszeiträumen in einigen Fällen Verbesserungen der Niederschlagswerte gegenüber den Simulationsergebnissen. Über den Mittelungszeitraum von Juni bis August kompensieren sich Fehler, so dass eine Verbesserung erzielt wird. Der Vorteil bei der Bestimmung täglicher Niederschlagsraten ist, dass die Wechselwirkungen zwischen Wasserdampfänderung und Niederschlag auf kurzen Zeitskalen besser identifizierbar sind. Über längere Mittelungszeiträume können jedoch Über- und Unterschätzungen der simulierten Wasserhaushaltskomponenten eher ausgeglichen werden. Allerdings besteht auch die Gefahr, dass die Wasserdampfänderung über einen langen Zeitraum nahe Null liegt und schließlich der Zusammenhang zum Niederschlag nicht mehr identifizierbar ist.

7.2.2 Bestimmung der Verdunstung

Nach der Anwendung der Kombination von GPS- und Modelldaten für die Niederschlags-bestimmung wird in diesem Abschnitt überprüft, inwiefern durch die GPS- und COSMO-gestützten Berechnungen die Modellergebnisse für die Verdunstung (s. Abschnitt 7.1.3) verbessert werden können. Es werden zunächst wieder die täglichen Verdunstungsraten dargestellt (s. Abb. 7.11). Dabei gilt analog zur Niederschlagsquantifizierung, dass die berechneten Werte in der Abbildung nur berücksichtigt werden, sofern die positive Definitheit der Evapotranspiration gewährleistet ist, also die beobachtete und simulierte Wasserdampf-änderung das gleiche Vorzeichen aufweisen (Kriterium 1). Kriterium 2 für die Berechnung der Verdunstung gilt analog zum Niederschlag, also dass die Beträge der täglichen COSMO-Wasserdampfänderung mindestens 5% des Maximalwertes, der 24.2 kg/(m²d) entspricht, ausmachen. Da nur wenige Energiebilanzstationen verfügbar sind, beziehen sich alle Berechnungen unter Verwendung der Schließungshypothese (s. Gl. 5.10) auf Kontrollvolu-men A.

Der Wechsel von niedrigen zu hohen Evapotranspirationsraten bei den Beobachtungen und Simulationen und umgekehrt wird für die berechneten Werte nicht deutlich. Die Variabilität der Werte von einem Tag zum anderen ist viel größer. Desweiteren fallen starke Überschätzungen im Vergleich zu den Beobachtungs- und Modelldaten wie am 19. Juni und 18. Juli oder Unterschätzungen wie am 3. und 4. Juni auf. Vereinzelt nähern sich die berechneten Werte an die Beobachtungen an, z.B. am 7. Juni, 1. und 8. Juli. Der Mittelwert über alle berücksichtigten Tage beträgt für die Beobachtungen 3.24 kg/(m²d), für die Simulationen 2.78 kg/(m²d) und die Berechnungen 2.65 kg/(m²d). Sowohl der Mittelwert der Simulationen als auch der Berechnungen liegt unterhalb der mittleren beobachteten Evapotranspirationsrate. Die Mittelwerte zeigen somit eine schlechtere Übereinstimmung der berechneten Evapotranspirationen mit den Beobachtungen an, als es für die Simulationsergeb-nisse der Fall ist. Die Häufigkeitsverteilungen der absoluten Abweichungen $E_{v_{Sim}} - E_{v_{Obs}}$ (s. Abb. 7.12 links) und $E_{v_{Calc}} - E_{v_{Obs}}$ (s. Abb. 7.12 rechts) veranschaulichen die Ergebnisse hinsichtlich Verbesserungen und Verschlechterungen.

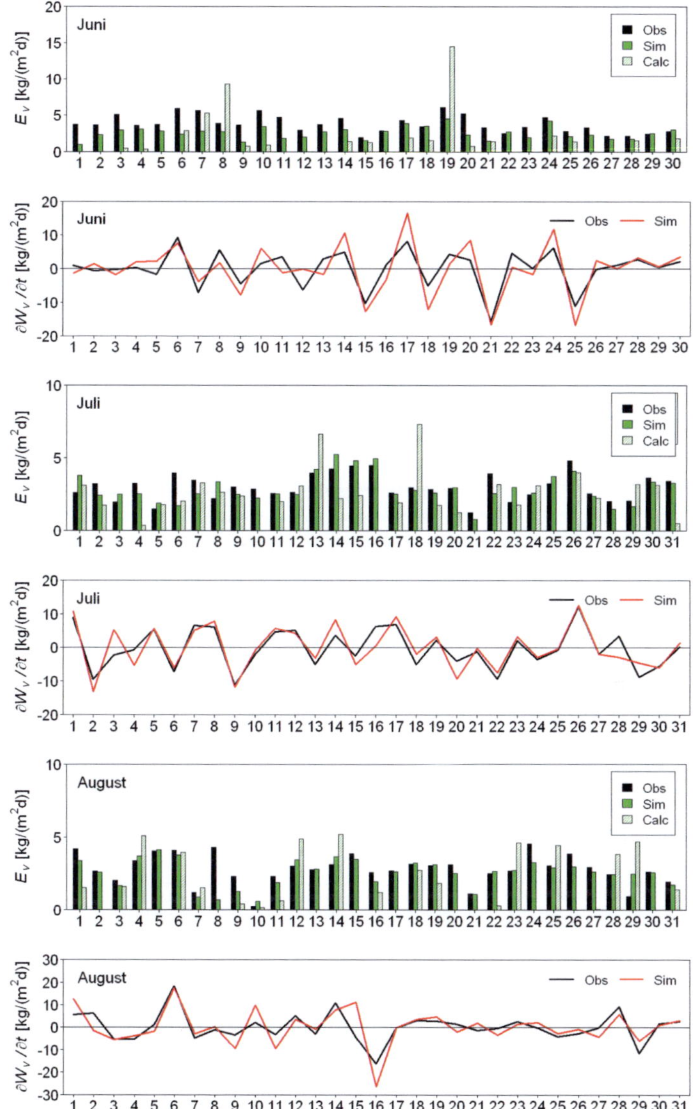

Abb. 7.11: Tägliche Verdunstungsraten aus Beobachtungen (schwarz), Simulationen (grün) sowie GPS- und COSMO-gestützte Berechnungen (grün schraffiert) sowie tägliche Wasserdampfänderungen aus Beobachtungen (schwarz) und Simulationen (rot) bezüglich Kontrollvolumen A und der Sommermonate (JJA) 2007.

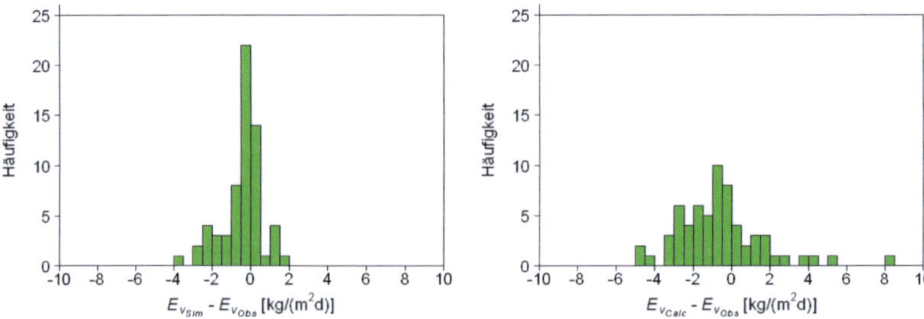

Abb. 7.12: Histogramm der täglichen Differenzen der Evapotranspiration zwischen Simulationen (Sim) und Beobachtungen (Obs; links) sowie GPS- und COSMO-gestützten Berechnungen (Calc) und Beobachtungen (Obs; rechts) bezüglich Kontrollvolumen A und der Sommermonate (JJA) 2007.

Die absoluten Abweichungen zwischen Modell- und Beobachtungsdaten liegen im Bereich von -4 bis 2 kg/(m²d). Die Differenz zwischen Berechnungen und Beobachtungen streut dagegen wesentlich mehr. Das zeigen auch die Unter- und Überschätzungen der Verdunstungsraten in Abbildung 7.11. Wünschenswert ist eine hohe Häufigkeit der geringen Abweichungen. Die Häufigkeit der Differenz zwischen -0.5 und 0.5 kg/(m²d) liegt für die Beobachtungen und Simulationen zusammen bei etwa 40. Die Häufigkeit für die entsprechenden Abweichungen zwischen Berechnungen und Beobachtungen ist mit etwa 20 deutlich geringer. Insgesamt ist die Übereinstimmung zwischen Modell- und Beobachtungsdaten somit wesentlich besser als für die berechneten und beobachteten Verdunstungsraten. Tabelle 7.5 gibt einen Überblick über die Anzahl der Tage, für die Verbesserungen, Verschlechterungen oder keine Änderungen erreicht werden. Es ist deutlich erkennbar, dass sich für den Großteil der Fälle durch die Kombination von GPS- und Modelldaten die Evapotranspirationsraten im Vergleich zu den simulierten Werten verschlechtern.

	Verbesserung	Keine Änderung	Verschlechterung
Anzahl der Tage	11	0	51

Tab. 7.5: Übersicht über die Anzahl der Tage, für die sich die berechneten Verdunstungswerte im Vergleich zu den COSMO-Verdunstungsraten verbessert, verschlechtert oder nicht geändert haben.

Analog zu Abbildung 7.10 zeigt Abbildung 7.13 die Gegenüberstellung der Verhältnisse $E_v/(\partial W_v/\partial t)$ bezüglich der Beobachtungen und Simulationen, um die Gültigkeit der Schließungshypothese

$$\frac{E_{v\,Obs}}{\partial W_v/\partial t_{Obs}} = \frac{E_{v\,Sim}}{\partial W_v/\partial t_{Sim}} \qquad (7.2)$$

zu überprüfen. Wie schon in Abbildung 7.10 gilt hier sowohl für $\partial W_v/\partial t_{Obs}$ als auch $\partial W_v/\partial t_{Sim}$ das Kriterium 2, da die Nenner sonst zu klein werden. Bei 100%iger Übereinstimmung verteilen sich die Datenpunkte entlang der eingezeichneten Diagonalen. Die Übereinstimmung ist, ähnlich zu den Verhältnissen zwischen Niederschlag und Wasserdampfänderung, für geringe Quotienten, vor allem im Bereich von -1 bis 1, sehr gut. Je größer die Verhältnisse werden, desto weiter streuen die Werte. Vereinzelt liegen die beobachteten und simulierten Verhältnisse bei Wasserdampfzunahmen sehr weit voneinander entfernt. Demzufolge ist die Arbeitshypothese insbesondere bei kleinen Verhältnissen gültig. Bei niedriger Wasserdampfänderung oder hoher Evapotranspiration entweder auf Seite der Beobachtungen oder der Simulationen können sich deutliche Abweichungen von der Annahme ergeben.

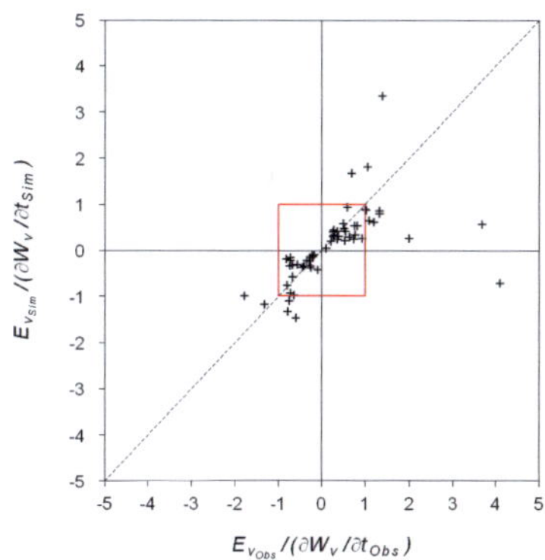

Abb. 7.13: Tägliche Verhältnisse der Wasserdampfänderungen und Evapotranspirationsraten aus Beobachtungen (Obs) und Simulationen (Sim) bezüglich Kontrollvolumen A und der Sommermonate (JJA) 2007.

Zusätzlich zu den Tageswerten soll geprüft werden, ob für längere Mittelungszeiträume Verbesserungen der simulierten Verdunstungsraten erreicht werden können. Die Bestimmung der Verdunstung erfolgt wiederum unter Anwendung der Kriterien 1 und 2. Sowohl bei der Mittelung der Verdunstung über alle drei Sommermonate (s. Tab. 7.6) als auch über den jeweiligen Monat (s. Tab. 7.7) liegt der berechnete Wert unter den beobachteten und simulierten Evapotranspirationen. Auch die Simulationsergebnisse zeigen geringere Werte als die Beobachtungen. Die Differenz zwischen E_{vSim} und E_{vObs} sowie E_{vCalc} und E_{vObs} sind sich sehr ähnlich. Lediglich für Juli 2007 weicht die Berechnung etwas stärker von der Messung ab als die Simulation. Desweiteren sind die Unterschiede zwischen den verschiedenen Mittelwerten im August 2007 nicht besonders groß. Bei der Wahl einer längeren Zeitskala gleichen sich die Unterschätzungen und Überschätzungen der berechneten täglichen Verdunstungsraten also nicht aus. Vielmehr dominieren die Unterschätzungen sowohl der simulierten als auch der berechneten Evapotranspirationen. Bessere Übereinstimmungen der berechneten Evapotranspirationen mit den Beobachtungen werden kaum erreicht.

Da sich sowohl für die täglichen Änderungsraten (s. Abb. 7.11 und Tab. 7.5) als auch bei längeren Mittelungszeiträumen (s. Tab. 7.6 u. 7.7) keine wesentlichen Verbesserungen der Evapotranspiration durch die Kombination von GPS- und Modelldaten gegenüber den simulierten Verdunstungsraten ergibt, wird auf die Mittelung über wöchentliche Abstände verzichtet, da auch hier keine Verbesserungen zu erwarten sind. Anhand der Abbildungen 7.11 und auch 7.6 wird deutlich, dass die simulierten und beobachteten Evapotranspirationsraten ziemlich gut übereinstimmen. Die mittlere Abweichung beträgt 0.8 kg/(m²d), wobei die Standardabweichung bei 0.8 kg/(m²d) bzw. die Varianz bei 0.7 kg/(m²d) liegt. Die maximale Abweichung beträgt 3.6 kg/(m²d) und tritt am 6. Juni 2007 auf. Unter Berücksichtigung der Tatsache, dass die mittleren Evapotranspirationsraten bei den Beobachtungen 3.2 kg/(m²d) und bei den Simulationen 2.7 kg/(m²d) betragen, ist diese maximale Abweichung durchaus mit einer großen Unsicherheit verbunden. Allerdings tritt sie Anfang Juni auf und damit in einem Zeitraum, in dem die COSMO-Evapotranspirationen auf Grund der Einschwingzeit des Bodens generell unterhalb der beobachteten Verdunstungsraten liegen (s. Abschnitt 7.1.3). Ab dem 15. Juni stimmen die Beobachtungen und Simulationen gut überein.

	Obs	Sim	Calc	Sim-Obs	Calc-Obs
JJA	3.24	2.78	2.65	-0.46	-0.59

Tab. 7.6: Evapotranspirationsraten in kg/(m²d) für den Sommer (JJA) 2007 bezüglich Kontrollvolumen A. Obs: Beobachtungen, Sim: Simulationen, Calc: GPS- und COSMO-gestützte Berechnungen.

	Obs	Sim	Calc	Sim-Obs	Calc-Obs
Juni	4.17	2.80	2.76	-1.37	-1.41
Juli	3.10	2.96	2.69	-0.14	-0.41
August	2.58	2.53	2.52	-0.05	-0.06

Tab. 7.7: Evapotranspirationsraten in kg/(m²d) jeweils für Juni, Juli und August 2007 bezüglich Kontrollvolumen A. Obs: Beobachtungen, Sim: Simulationen, Calc: GPS- und COSMO-gestützte Berechnungen.

Ein Problem der Methodik zur Berechnung der Verdunstung ist, dass nach Gleichung 5.10 Abweichungen der Wasserdampfänderung aus GPS- und COSMO-Daten zu Unrecht auf Unterschiede in der Verdunstung zurückgeführt werden. Der Zusammenhang der Gesamtwasserdampfänderung zur Verdunstung ist allerdings geringer als zum Niederschlag (s. Kap. 6 und 7). Demzufolge wird die Differenz zwischen beobachteter und simulierter Wasserdampfänderung fälschlicherweise auf die Verdunstung projiziert, obwohl der Unterschied z.B. mit einer fehlerhaften Niederschlagssimulation verbunden ist.

7.2.3 Fehlerdiskussion

Die Schwierigkeiten einer erfolgreichen Anwendung des vorgeschlagenen Kombinationsverfahrens von Modellsimulationen und mit GPS bestimmten Säulenwasserdampfgehalten können verschiedene Ursachen haben. Dieser Abschnitt erörtert die Fehlerquellen und Unsicherheiten im Zusammenhang mit der dem Verfahren zugrunde liegenden Schließungshypothese, dem Mittelungszeitraum und den räumlich interpolierten Messdaten.

7.2.3.1 Schließungshypothese

Durch die Kombination der GPS-Wasserdampfänderungen und Modelldaten nach Gleichung 5.9 wird in etwa 50% der Fälle eine bessere Übereinstimmung der Niederschläge mit den Beobachtungen im Vergleich mit den Simulationsergebnissen erreicht. Die Anwendung der Methodik auf die Verdunstungsbestimmung führt jedoch im Allgemeinen zu Verschlechterungen. Die dieser Methodik zu Grunde liegende Hypothese besagt, dass das Verhältnis der Wasserhaushaltskomponenten untereinander in der Natur und im Modell gleich ist. Bei Gültigkeit dieser Hypothese müsste sich beispielsweise eine Überschätzung des Modellniederschlags in einer im gleichen Maße überschätzten Wasserdampfänderung widerspiegeln. Wie verschiedene Situationen in Abschnitt 7.2.1.1 zeigen, kann allerdings eine hohe positive Konvergenz eine Wasserdampfzunahme im Kontrollvolumen bewirken. Bei einem in COSMO unterschätzten Niederschlagsereignis kann die gesamte Wasserdampfzunahme gegenüber den Beobachtungen zu groß sein. Die Annahme führt allerdings eine verringerte Wasserdampfzunahme in der Natur nur auf weniger Niederschlag zurück. Anhand der Hypothese ist nicht identifizierbar, dass eine hohe Wasserdampfzunahme durch positive Konvergenz und ein anschließendes starkes Niederschlagsereignis insgesamt eine verringerte Wasserdampfzunahme bewirken können. Insofern basiert die Methodik auf einer zu stark vereinfachenden Voraussetzung.

Die Ergebnisse für die Niederschlagsbestimmung liefern bessere Resultate als für die Verdunstungsberechnung, was ein Hinweis auf ein weiteres Defizit ist. Wie in den Kapiteln 6 und 8 gezeigt, ist der Zusammenhang der Wasserdampfänderung zur Verdunstung nicht so groß wie zum Niederschlag. Überschätzungen der COSMO-Wasserdampfänderungen werden folglich nicht zwangsläufig durch eine fehlerhafte Simulation der verdunsteten Wassermenge bewirkt. Auf Tagesbasis ist die Wechselwirkung zwischen der Wasserdampfänderung und dem Niederschlag zwar sehr stark, dennoch können Unterschiede bei den beobachteten und simulierten Verhältnissen der Wasserhaushaltskomponenten auftreten. Abweichungen werden dann durch die Nichtberücksichtigung verschiedener Zeitskalen und Gedächtnis-Effekte des

Bodens bewirkt, die die Verdunstung bestimmen. So laufen die Prozesse in der Atmosphäre auf kürzeren Zeitskalen (Stunden, Tage) ab als die im Boden (Monate, Jahre).

7.2.3.2 Mittelungszeitraum

Bezüglich der Niederschlagsbestimmung wird bei einer Mittelung über die drei Sommermonate im Jahr 2007 eine bessere Übereinstimmung der berechneten Niederschläge mit den Beobachtungen erreicht. Für die Verdunstung ist das nicht der Fall. Möglicherweise werden Über- und Unterschätzungen der COSMO-Wasserdampfänderungen und -Niederschläge besser ausgeglichen, woraus der Erfolg der Methode auch bei längeren Zeiträumen resultiert. Allerdings ist zu beachten, dass hier nur die Integration über den Sommer eines Jahres durchgeführt wurde. Um belastbarere Aussagen zu treffen, müsste das Verfahren über weitere Zeiträume getestet werden, was im Rahmen dieser Arbeit nicht geprüft wurde.

Der Ausgleich von Abweichungen der simulierten Wasserhaushaltsgrößen durch Akkumulation über einen längeren Zeitraum und damit eine Verbesserung der Niederschlags- und Verdunstungsbestimmung kann insofern problematisch sein, dass die Summen bzw. Mittelwerte der zeitlichen Wasserdampfänderung auf Monats- und Jahreszeitenbasis nahe Null sein können, was bei der Verhältnisbildung von Beobachtungen und Simulationen zu sehr großen Niederschlags- und Verdunstungswerten führt. Ein weiterer Nachteil längerer Integrationszeiträume kann sein, dass die Wirkungszusammenhänge zwischen den Wasser-haushaltskomponenten auf solchen Zeitskalen nicht mehr erkennbar sind.

7.2.3.3 Unsicherheiten der Messdaten und der räumlichen Interpolation

Nicht nur die Simulationsergebnisse, sondern auch die Beobachtungsdaten, die als Referenz genutzt werden, sind mit Unsicherheiten verbunden. Dazu gehören zum einen Ungenauigkeiten der Messtechniken selbst. Zum anderen spielt die Anzahl und Verteilung der Stationen eine wichtige Rolle bei der Bestimmung der räumlichen Niederschlags- und Verdunstungsverteilung. Wie bereits in Kapitel 6 und 7.1 angesprochen, stehen bezüglich der Verdunstungsmessungen nur wenige Energiebilanzstationen zur Verfügung. Für die Interpolation der Stationsdaten auf die Fläche zur Quantifizierung der Verdunstungsmenge innerhalb eines Kontrollvolumens bedeutet die geringe Stationsanzahl eine Erhöhung der Unsicherheiten. Zwar wurde das Kontrollvolumen A bezüglich der Verdunstungsunter-suchungen möglichst klein gewählt, um die vorhandene Stationsdichte effizient ausnutzen zu können, dennoch ist die Interpolation mit Ungenauigkeiten behaftet. Desweiteren wurden die Geländehöhen der Stationen bei der Interpolation nicht berücksichtigt, was zusätzliche Unsicherheiten bei der Bestimmung der Wasserhaushaltskomponenten bewirken kann. Desweiteren gab es viele Messausfälle, so dass neben der räumlichen auch eine zeitliche Interpolation durchgeführt werden musste, die eine weitere Fehlerquelle darstellt.

In die Berechnung der Niederschlags- und Verdunstungsraten gehen die GPS-Säulenwasserdampfgehalte ein, die ebenfalls Unsicherheiten mit sich bringen. Fehleruntersuchungen von Dick et al. (2001) ergeben eine Differenz zwischen dem *PW*, der etwa dem *IWV* entspricht, und anderen Beobachtungsdaten (Wasserdampfradiometer usw.) von 1 bis 2 mm. Um den Wasserdampfgehalt und seine Änderung innerhalb des Kontrollvolumens zu ermitteln, müssen auch hier die punktweise vorliegenden *IWV*-Daten räumlich interpoliert werden. Neben der Verbesserung der Interpolation, z.B. unter Hinzunahme zusätzlicher Beobachtungen wie den aus Radiosondenprofilen abgeleiteten Säulenwasserdampfgehalten (Khodayar 2009), bietet die GPS-Wasserdampftomographie eine weitere Möglichkeit zur Bestimmung des über ein Volumen integrierten Wasserdampfgehalts und seiner zeitlichen Änderung (z.B. Bender et al. 2011, Champollion et al. 2005, Troller et al. 2006). Anhand der Laufzeitverzögerungen entlang der Signalwege wird ein dreidimensionales Abbild der atmosphärischen Wasserdampfverteilung erzeugt. Dafür wird ein festes Gitter mit einer horizontalen Auflösung zwischen 30 und 40 km verwendet (Bender et al. 2011), das etwa durch den mittleren Stationsabstand gegeben ist. Somit ist die horizontale Auflösung der tomographisch rekonstruierten Wasserdampffelder nicht zwangsläufig besser als die, basierend auf den gleichen GPS-Stationen, abgeleiteten zweidimensionalen *IWV*-Verteilungen. Eine erhöhte Anzahl an zukünftig zur Verfügung stehenden GNSS-Satelliten sowie weiter ausgedehnte und dichtere GPS-Empfängernetze werden eine bessere Qualität der Beobachtungsdaten ermöglichen (Bender et al. 2011).

7.2.4 Folgerungen zur Kombination der GPS- und COSMO-Daten

Ausgehend von bereits gut übereinstimmenden Simulationsergebnissen und Messungen wurde geprüft, ob durch die Kombination von GPS- und Modelldaten eine weitere Verbesserung der Niederschlags- und Verdunstungswerte erreicht werden kann. Als wichtige Kriterien bei der GPS- und COSMO-gestützten Berechnung werden zum Einen die positive Definitheit von Niederschlag und Verdunstung, zum anderen der Mindestwert von 5% der simulierten Wasserdampfänderungsbeträge bezüglich des Maximums festgelegt. Die Erhöhung des Grenzwertes bewirkt, dass weitere Tage mit zu geringen simulierten Wasserdampfänderungen nicht berücksichtigt werden, die große Abweichungen der berechneten Werte zu den Beobachtungen bewirken. Allerdings ist zu beachten, dass mit einer Erhöhung auch Tage entfallen, für die Verbesserungen möglich sind.

Bezüglich der Niederschlagsbestimmung wurden teilweise positive Ergebnisse erreicht, was für die Berechnung der Verdunstung nicht so häufig der Fall ist. Für diese Komponente stimmen die Beobachtungen und Simulationen mit Abweichungen von 0.8 ± 0.8 kg/(m²d) gut überein und deutliche Verbesserungen können durch die Kombination von GPS- und Modelldaten nicht erreicht werden. Eine wichtige Ursache dafür scheint zu sein, dass die Korrelation der Wasserdampfänderung zum Niederschlag größer ist als zur Evapotranspiration. Desweiteren variieren die Ergebnisse durchaus bei unterschiedlichen Integrationszeit-räumen. Bestimmungen auf Tagesbasis sind günstig, da Wirkungszusammenhänge zwischen den Komponenten gut erkennbar sind. Die Mittelung über jahreszeitliche Intervalle kann Unter- und Überschätzungen der simulierten Wasserdampfänderungen und Niederschläge ausgleichen.

Der Erfolg der Methodik, die übereinstimmende Verhältnisse der Wasserhaushaltskompo-nenten in der Natur und im Modell voraussetzt, hängt stark von verschiedenen Einflussfakto-ren ab. Als relevant zeichnet sich das Verhalten der zeitlichen Gesamtwasserdampfänderung ab. Im Fall von Wasserdampfzunahmen führt die Anwendung der Methodik oftmals zu Ver-schlechterungen, was auf zu stark vereinfachte zeitliche Zusammenhänge zwischen den Wasserhaushaltsgrößen in der Arbeitshypothese zurückgeführt werden kann. Bei Episoden mit abnehmendem Wasserdampfgehalt ist die Methode jedoch robuster. Gegenüberstellungen der beobachteten und simulierten Verhältnisse der Wasserhaushaltskomponenten zueinander wie in den Abbildungen 7.10 und 7.13 können genutzt werden um abzuschätzen, in welchen Situationen die Methodik gewinnbringend angewendet werden kann. Sind Niederschlags-bzw. Verdunstungsbeobachtungen nicht verfügbar, kann das Verhältnis der jeweiligen Kom-ponente zur zeitlichen Wasserdampfänderung, welche vorzugsweise etwa im Bereich von -1 und 1 liegen sollte, Hinweise liefern, ob die Methode einsetzbar ist.

Eine Verbesserung der Methodik kann durch eine höhere räumliche Auflösung der Wasser-dampfbeobachtungen durch zusätzliche Datenquellen (z.B. Radiosonden; Khodayar 2009) erreicht werden. Das Potential der GPS-Wasserdampftomographie liegt in der Erfassung der dreidimensionalen Verteilung des Wasserdampfgehalts (Bender et al. 2011, Champollion et al. 2005, Troller et al. 2006), die aber nicht zwangsläufig mit einer Verbesserung der hori-zontalen Auflösung gegenüber den räumlich interpolierten *IWV*-Daten verbunden ist. Viel-mehr würden eine höhere Anzahl verfügbarer Satelliten sowie dichtere GNSS-Stationsnetze helfen, die Qualität der anhand von GNSS-Beobachtungen abgeleiteten Wasserdampfgehalte zu verbessern. Desweiteren wäre es wünschenswert, Wasserhaushaltsgrößen miteinander kombinieren zu können, die einen engeren zeitlichen Zusammenhang haben. Dieser ist zwar bei der zeitlichen Wasserdampfänderung und dem Niederschlag gegeben, kann aber stark vom Konvergenzbeitrag beeinflusst werden. Je nach der Höhe des Konvergenzbeitrags kann dieser dem Wasserdampfverlust durch Niederschlag so stark entgegenwirken, dass insgesamt der Wasserdampfgehalt im Kontrollvolumen zunimmt und demnach der Zusammenhang zwischen $\partial W_v/\partial t$ und P nicht mehr erkennbar ist. Abhilfe könnte die Bestimmung des Niederschlags auf Basis stündlicher Änderungsraten schaffen. Allerdings müssten dafür zeitliche Verschiebungen zwischen beobachteten und simulierten Niederschlägen korrigiert werden (s. Abschnitt 6.3.1.2). Eine andere Bezugsgröße für die Bestimmung von Verdunstung und Niederschlag als die Wasserdampfänderung ist nicht in Betracht zu ziehen. Die Wasserdampfkonvergenz ist auf Grund ungenügender Beobachtungsdaten nicht geeignet, um Mess- und Modelldaten zu kombinieren.

Anstelle der GPS- und COSMO-gestützten Berechnung der Verdunstungs- und Niederschlagsraten auf Basis von Tageswerten und der Mittelung über längere Zeiträume ist auch denkbar, die Berechnung aus über z.B. den jeweiligen Monat gemittelten beobachteten und simulierten täglichen Änderungsraten durchzuführen. Problematisch ist dabei allerdings, dass Variabilitäten nicht mehr erkennbar sind und die zeitliche Wasserdampfänderung im Mittel sehr klein werden kann, was zu Unsicherheiten bei der Verdunstungs- bzw. Niederschlagsberechnung führt. Auf die Mittelung aus stündlichen Änderungsraten wurde auf Grund der damit verbundenen hohen Datenmengen verzichtet.

Eine weitere Verbesserungsmöglichkeit der Methodik besteht darin, zeitliche Versätze in der Annahme über die Verhältnisse von Wasserhaushaltskomponenten zueinander zu berücksichtigen. Bei der Verdunstungsbestimmung aus täglichen Änderungsraten ist zu beobachten, dass eine zu hohe simulierte Wasserdampfabnahme aus einer Überschätzung des Niederschlags resultieren kann. Gleichzeitig tritt in COSMO eine geringere Verdunstungsrate als in den Beobachtungen auf. Allein auf Grundlage des Verhältnisses der beobachteten zur simulierten Wasserdampfänderung wird allerdings eine Verdunstungsrate berechnet, die noch geringer als die der Simulationen ist. Die geringere Verdunstung ergibt sich in der Natur allerdings erst einen Tag später, da im Modell auf Grund des überschätzten Niederschlags mehr Wasser zur Verdunstung zur Verfügung steht und die Simulationen eine höhere Evapotranspiration aufweisen als die Beobachtungen. Bei der Bestimmung des Niederschlags aus stündlichen Änderungsraten müsste die Verschiebung des Startzeitpunktes des Niederschlagsereignisses zwischen Modell- und Messdaten berücksichtigt werden (s. Abschnitt 6.3.1.2). Da in dieser Arbeit der Schwerpunkt darauf lag, generell die Nutzbarkeit der anhand der Gleichungen 5.9 und 5.10 beschriebenen Annahme zu prüfen, wurden weitere Verbesserungen der Methodik nicht betrachtet.

Prinzipiell kann die Methodik auch für einzelne Stationspunkte angewendet werden. Die räumliche Interpolation der aus GPS-Messungen abgeleiteten Säulenwasserdampfgehalte wäre nicht notwendig, jedoch eine Interpolation der Modellergebnisse auf die Stationskoordinaten. Idealerweise sollten zum Prüfen der Schließungshypothese (s. Gl. 5.11 und 5.12) an den GPS-Empfängern auch Niederschlags- bzw. Energiebilanzstationen vorzufinden sein, um weitere Interpolationsfehler zu vermeiden. Desweiteren zeichnen sich Zeitreihen des GPS-Säulenwasserdampfgehalts durch zeitliche Auflösungen von 15 Minuten aus, so dass zusammen mit zu den gleichen Zeitpunkten ausgegebenen Modellergebnissen die Komponenten Niederschlag und Verdunstung für wesentlich kürzere Zeitintervalle berechnet werden können. Stationsbasierte und zeitlich hoch aufgelöste Wasserhaushaltsanalysen sind z.B. im Zusammenhang mit Prozessstudien zur Konvektionsauslösung anwendbar. In dieser Arbeit liegt der Schwerpunkt jedoch auf der Bestimmung der atmosphärischen Wasserhaushaltskomponenten für ausgewählte Kontrollvolumina. Die räumlich und zeitlich integrierten Größen sind im Kontext von beispielsweise klimatologischen und hydrologischen Fragestellungen erforderlich, um regionale Gegebenheiten und die Abhängigkeit von verschiedenen Einflussfaktoren zu charakterisieren.

8 Analyse des regionalen Wasserhaushalts auf längerfristiger Zeitskala

Erst längerfristige Studien zum regionalen atmosphärischen Wasserhaushalt ermöglichen statistische Auswertungen und die Überprüfung der Gültigkeit von Ergebnissen aus Fallstudien. In diesem Kapitel werden die Einflüsse von Wetterlagen und Topographie auf den regionalen atmosphärischen Wasserhaushalt anhand von Klimasimulationen über die Sommermonate der Jahre 2005 bis 2009 untersucht. In diesem Zusammenhang werden folgende Fragen diskutiert:

- Können die Wasserhaushaltskomponenten in kleinräumigen Regionen (hier: ca. 10^4 km^2) bei verschiedenen Wetterlagen statistisch signifikant quantifiziert werden?
- Welche Aufteilung der Wasserhaushaltskomponenten charakterisiert die jeweilige Wetterlage?
- Welche Eigenschaften der jeweiligen Wetterlagen haben Rückwirkungen auf den Wasserhaushalt?
- Welchen Einfluss hat die Topographie auf die Wasserhaushaltskomponenten kleinräumiger Gebiete (hier: ca. 10^3 km^2)?
- Intensiviert sich der Wasserhaushalt über der Region Schwarzwald/Schwäbische Alb im Vergleich zur Rheinebene?

Nach der Einführung der objektiven Wetterlagenklassifikation werden die Wasserdampf- und Wasserbilanzen (s. Gl. 3.57 und 3.55) der Kontrollvolumina B und E (s. Abb. 5.3) analysiert. Anschließend folgt die Untersuchung des Einflusses der Topographie anhand der Kontrollvolumina C und D.

Im Mittel entspricht das Residuum bezüglich der modellbasierten Wasserhaushaltsgleichung (s. Gl. 3.56) für Kontrollvolumen B über den gesamten betrachteten Zeitraum hinweg 0.1% der gesamten zeitlichen Wasseränderung. Im Fall des Kontrollvolumens C beträgt der relative Fehler 0.3% und 0.4% für Kontrollvolumen D. Das Residuum, das ein Maß für die Genauigkeit der Schließung der Bilanzgleichung ist, entspricht also einer relativen Abweichung von weniger als 0.5%. Folglich wird eine sehr gute Schließung der Bilanzgleichung erreicht, so dass das Residuum bei den nachfolgenden Betrachtungen nicht berücksichtigt wird.

8.1 Analyse des Wasserhaushalts in Abhängigkeit von der Wetterlage

Nachdem die Validierung der COSMO-CLM-Simulationen gute Übereinstimmungen mit Beobachtungen für die Komponenten des Wasserhaushalts auf einer längerfristigen Zeitskala zeigte (s. Kap. 7.1), widmet sich dieses Kapitel der Quantifizierung des Wasserhaushalts bestimmter Gebiete. Die Aufteilung der Wasserhaushaltskomponenten kann sich dabei in Abhängigkeit von der Wetterlage unterscheiden. Dieser Einfluss soll im Folgenden untersucht werden, wofür zunächst eine Methode zur Klassifizierung von Wetterlagen eingeführt werden muss.

8.1.1 Allgemeines zu Wetterlagenklassifikationen

Eine momentane Wettersituation wird durch eine bestimmte räumliche Verteilung des atmosphärischen Zustands, beschrieben anhand des Luftdrucks, der Lufttemperatur, Windkomponenten, Feuchte u.a., charakterisiert. Das Auftreten von Wettersituationen mit ähnlichen Merkmalen erlaubt eine Klassifikation nach bestimmten Kriterien, die die Haupteigenschaften der Wettersituation wiedergeben (Bissolli und Dittmann 2001). Weit verbreitet ist die subjektive Großwetterlagen-Klassifikation nach Hess und Brezowsky (1977), die insbesondere für Mitteleuropa angewendet wird. Eine Großwetterlage ist definiert durch eine mittlere räumliche Luftdruckverteilung an der Oberfläche, die wenigstens für drei auf-einanderfolgende Tage anhält und ein Gebiet mit mindestens der Größe von Europa umfasst (Bissolli und Dittmann 2001).

Im Gegensatz zu den Großwetterlagen steht der Begriff Wettertyp, der sich auch auf kleinere Skalen bezieht. Bei einer Klassifikation von Wettertypen können sowohl Zirkulationsformen als auch Luftmasseneigenschaften berücksichtigt werden. Ein Beispiel dafür ist die objektive Wetterlagenklassifikation, die eindeutig definiert und jederzeit mit den gleichen Ergebnissen reproduzierbar ist.

8.1.2 Die objektive Wetterlagenklassifikation

Seit dem 1. Juli 1979 wird jedem Tag eine Wettersituation mittels der objektiven Wetterlagenklassifikation zugeordnet. Dies geschieht auf Grundlage der Ergebnisse des operationellen numerischen Wetteranalyse- und Vorhersagesystems des DWD für Deutsch-land und benachbarte Gebiete (s. Abb. 8.1). Die meteorologischen Kriterien dieses Verfahrens umfassen die Wind- bzw. Advektionsrichtung von Luftmassen, die Zyklonalität (Hoch- bzw. Tiefdruckeinfluss) an der Oberfläche (950 hPa) und in etwa 6 km Höhe (500 hPa) sowie die Feuchtigkeit der Troposphäre. Für diese Kriterien werden täglich Indizes aus den

Gitterpunktswerten des Modells bestimmt, die anschließend anhand von Grenzwerten in Klassen eingeteilt werden. Die Kombination der verschiedenen Merkmale führt zu 40 Wetterlagenklassen (s. Anhang Tab. A.1, Bissolli und Dittmann 2001). Die Wetterlagenklassifikation ist für jeden Tag seit Juli 1979 beim DWD online frei verfügbar (www.dwd.de).

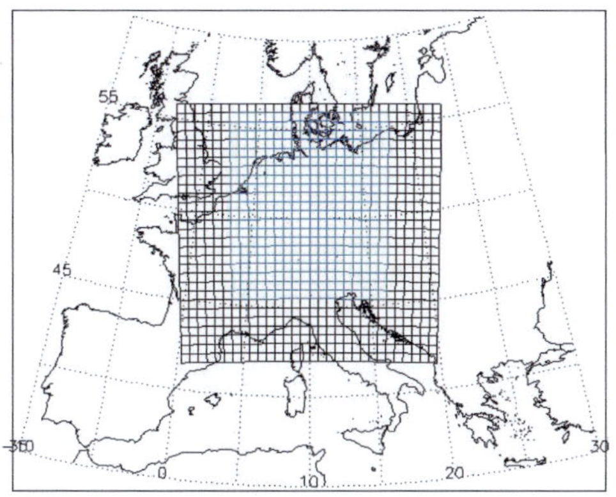

Abb. 8.1: Gitter für die objektive Wetterlagenklassifikation. Blau dargestellt ist der Bereich Deutschlands, für den die objektive Wetterlagenklassifikation angewendet wird (www.dwd.de).

Für die vorliegende Arbeit werden die beschriebenen Wetterlagen zu größeren Gruppen zusammengefasst, um für die Wasserhaushaltsaufteilung bei verschiedenen Wetterlagen eine übersichtliche Darstellung zu ermöglichen. Ein naheliegender Ansatz ist, die Klassen in Bezug auf die Anströmungsrichtung zu definieren. Es verbleiben vier Klassen für die Anströmungen von Südwesten (SW), Nordwesten (NW), Südosten (SO) und Nordosten (NO). Im Folgenden wird im Fall der Klasse SW auch von Südwest-Anströmungen oder Südwestlagen gesprochen; gleiches für die Klassen NW, SO bzw. NO. Die Tage mit nicht definierter Anströmung (XX) werden nochmals nach der Zyklonalität in 500 hPa unterteilt: XXA für Tage mit antizyklonaler Strömung und XXZ für Tage mit zyklonaler Strömung. Dies ist insbesondere wichtig, um windschwache Tage mit Hochdrucklagen zu unterscheiden, die sich in die Klasse XXA einordnen lassen. Im Gegensatz zu XXA sind Tage mit Tiefdrucklagen in der Klasse XXZ zu finden.

8.1.3 Die Aufteilung der Komponenten im Wasserhaushalt bei gleichbleibender Anströmungsrichtung

Um die Wertebereiche der Wasserhaushaltskomponenten in Abhängigkeit von der Anströmungsrichtung einschätzen zu können, werden in diesem Abschnitt in Anlehnung an die Untersuchung einzelner COPS-Episoden (s. Kap. 6) die Wasserhaushaltskomponenten mehrerer aufeinanderfolgender Tage mit nahezu gleichbleibender Anströmung (d.h. gleicher Klasse) betrachtet. Trotz gleicher Anströmungsrichtung können die Beiträge der Komponenten und damit ihre Aufteilung im Wasserhaushalt variieren. Eine solche Auswertung ist auch sinnvoll, um die zeitlichen Zusammenhänge zwischen den Komponenten besser zu verstehen. Die Variabilität bei der Aufteilung des Wasserhaushalts trotz gleicher Anströmungsrichtung und die zeitlichen Zusammenhänge zwischen den Komponenten, werden beispielhaft anhand der Zeitreihe vom 18. bis 23. Juni 2007, die durch südwestliche Anströmung gekennzeichnet ist, veranschaulicht (s. Abb. 8.2).

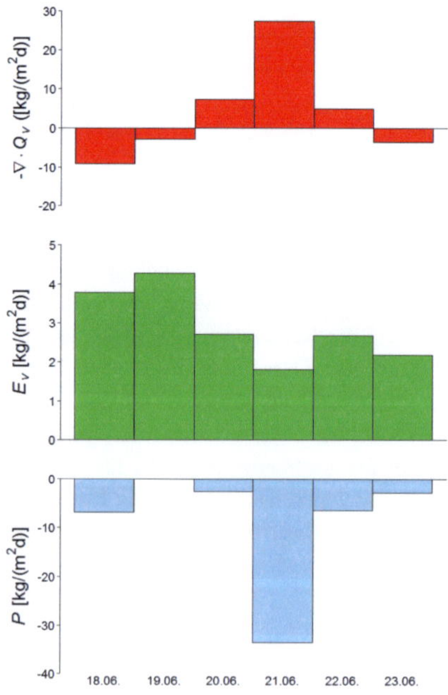

Abb. 8.2: Tagesraten von Wasserdampfkonvergenz (oben), Evapotranspiration (Mitte) und Niederschlag (unten) bezüglich Kontrollvolumen B vom 18. bis 23. Juni 2007 (Fälle mit südwestlicher Anströmung).

Die Zeitreihe beginnt am 18. Juni mit einer Wasserdampfdivergenz von -9.2 kg/(m²d) sowie einem Niederschlagsteil von -6.9 kg/(m²d) und einer relativ hohen Verdunstungsrate von 3.8 kg/(m²d). Die Divergenz nimmt am 19. Juni auf -2.9 kg/(m²d) ab. Durch das Ausströmen feuchter Luft aus dem Kontrollvolumen ist zunächst wenig Wasserdampf vorhanden, der sich in Wolken- und schließlich Regenwasser umwandeln kann. Die verstärkte Evapotranspiration führt der Atmosphäre wieder Wasserdampf zu. Dieser Tag wird durch eine bezüglich der dargestellten Zeitreihe maximale Evapotranspirationsrate von 4.3 kg/(m²d) und einem nahezu bei 0 kg/(m²d) liegenden Niederschlagsbeitrag ausgezeichnet. Ab dem 20. Juni geht die Divergenz in eine Konvergenz über, d.h. es wird durch Konvergenz mehr Wasserdampf in das Kontrollvolumen transportiert als heraus. Es tritt wenig Niederschlag auf und gleichzeitig verringert sich die Verdunstung. Die bezüglich der dargestellten Zeitreihe maximale Konvergenz mit einer Änderungsrate von 27.4 kg/(m²d) findet am 21. Juni statt. Dadurch steht viel Wasserdampf für die Niederschlagsbildung zur Verfügung. So kann für diesen Tag die höchste Niederschlagsrate von -33.6 kg/(m²d) festgestellt werden. Gleichzeitig ist die Verdunstung mit 1.8 kg/(m²d) am geringsten, so dass insgesamt der Wasserdampfgehalt innerhalb des Kontrollvolumens abnimmt. Am 22. Juni tritt Konvergenz auf, jedoch mit 4.9 kg/(m²d) wesentlich weniger als am Vortag. Die geringe Nachlieferung von Wasserdampf durch Konvergenz führt zu einer deutlichen Abnahme des Niederschlags auf -6.5 kg/(m²d). Durch das Niederschlagsereignis des Vortags hat sich der Wasservorrat des Bodens erhöht. Wegen der reduzierten Konvergenz nimmt der bodennahe Feuchtegradient zu, Evapotranspiration wird gefördert und erhöht sich im Vergleich zum Vortrag auf 2.7 kg/(m²d). Der Wechsel von Konvergenz zu Divergenz und die weitere Abnahme der täglichen Niederschlagsrate sind am 23. Juni erkennbar.

Die Betrachtung der Wasserdampfdivergenz und -konvergenz, Evapotranspiration und des Niederschlags für mehrere aufeinanderfolgende Tage mit südwestlicher Anströmung verdeutlicht, dass sich im Zuge von Divergenz der Feuchtegradient und dementsprechend die Verdunstung erhöht. Gleichzeitig verringert sich der Niederschlag. Demgegenüber trägt das Einströmen wasserdampfhaltiger Luft in ein Gebiet zur Verringerung des Feuchtegradienten und damit zur Reduzierung der Evapotranspiration sowie zur Bildung von Niederschlag bei. Dieses Ergebnis finden auch Zangvil et al. (2001) in ihren Studien. Interessant ist ebenfalls, dass der maximale Konvergenzbetrag deutlich über dem der größten Divergenz liegt.

Anströmungen aus Südwesten treten während des betrachteten Zeitraums und innerhalb des Gebiets, in dem die objektive Wetterlagenklassifikation durchgeführt wird (s. Abb. 8.1), am häufigsten auf und halten oftmals über mehrere Tage hintereinander an. Die weitere Unterteilung der Klasse SW nach der Feuchte der Luftmassen und der Zyklonalität in 500 und 950 hPa zeigt (s. Anhang Tab. A.2), dass die Häufigkeiten der einzelnen Unterklassen zwar verschieden sind, aber jede Unterklasse vertreten ist und bis auf die Kombinationen SWZAT und SWZZT (s. Anhang Tab. A.1) die Unterklassen 20 Tage und mehr umfassen. Die verschiedenen Wetterlagen mit Südwest-Anströmungen können den Wasserhaushalt unterschiedlich beeinflussen, woraus eine hohe Variabilität der Komponenten resultiert. Dagegen fällt bei den anderen Anströmungsklassen auf, dass bestimmte Eigenschaften wesentlich häufiger vertreten sind als andere (s. Anhang Tab. A.2). So gehen Nordwest-Anströmungen bevorzugt mit antizyklonaler Strömung in Bodennähe einher und Südostlagen zeichnen sich vor allem durch feuchte Luftmassen aus. Diese Tendenz zu bestimmten Eigenschaften bezüglich der Feuchte und der Zyklonalität kann schließlich auch eine geringere Variabilität der Wasserhaushaltsgrößen bewirken.

8.1.4 Analyse des Wasserhaushalts in Abhängigkeit von der Anströmungsrichtung

Der folgende Abschnitt befasst sich mit der Frage, ob für jede der sechs Anströmungs-merkmale eine charakteristische Aufteilung der Wasserhaushaltskomponenten existiert und mit welchen Unsicherheiten bei der Quantifizierung des Wasserhaushalts zu rechnen ist. Die Komponenten werden weiterhin bezüglich des Kontrollvolumens B betrachtet, da dieses das größte ausgewählte Gebiet im südwestdeutschen Raum ist (s. Abschnitt 5.3.2). Anhand der objektiven Wetterlagenklassifikation und der darauf basierenden Daten des DWD kann jeder Tag der betrachteten Zeiträume einer Anströmungsrichtung sowie, im Falle der nicht definierten Richtungen, einer Zyklonalität in 500 hPa zugeordnet werden. Es werden dann die Mittelwerte der Komponenten der jeweiligen Klasse aus den täglichen Wasserhaushalts-bilanzen bestimmt. Die mittleren Beiträge der Wasserhaushaltskomponenten zur Gesamtwasserdampf- und Gesamtwasseränderung sollen die Aufteilung des Wasserhaushalts bei der jeweiligen Anströmungsrichtung charakterisieren. Die Ergebnisse zeigt Abbildung 8.3. Die Darstellung der Wasserdampfbilanz (Abb. 8.3 links; s. Gl. 3.57) ermöglicht die Untersuchung der vorherrschenden Prozesse im Wasserhaushalt. Die Wasserbilanz (Abb. 8.3 rechts; s. Gl. 3.55) berücksichtigt alle Bilanzterme und gestattet damit eine höhere Genauig-keit. Ergänzend zu den Mittelwerten sind in Tabelle 8.1 die Standardabweichungen jeder Komponente angegeben, die ebenfalls in die Diskussion der Ergebnisse einbezogen werden. Die Standardabweichungen sollen dabei nicht darauf schließen lassen, dass die Werte der Wasserhaushaltsgrößen normalverteilt sind. Insbesondere die Niederschlagswerte sind auf den negativen Bereich und die Evapotranspirationsraten auf den positiven beschränkt. Vielmehr sollen die Standardabweichungen die Variabilität der Wasserhaushaltskomponenten veranschaulichen.

Zunächst werden anhand der Ergebnisse in Abbildung 8.3 und Tabelle 8.1 die Wasser-haushaltskomponenten und Zusammenhänge zu den einzelnen Wetterlagen erläutert. Darauf aufbauend werden relative Anteile der Komponenten bestimmt, die bei der Charakterisierung des Wasserhaushalts in Abhängigkeit der verschiedenen Wetterlagen helfen sollen.

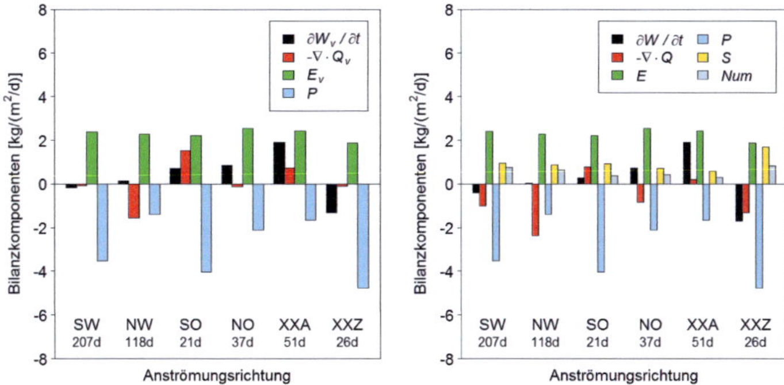

Abb. 8.3: Mittelwerte der Komponenten in kg/(m²d) der Wasserdampf- (links; s. Gl. 3.57) und Wasserbilanz (rechts; s. Gl. 3.55) für Kontrollvolumen B über die Sommermonate (JJA) der Jahre 2005 bis 2009.

	SW	NW	SO	NO	XXA	XXZ
$\partial W_v/\partial t$	-0.2 ± 7.4	0.1 ± 5.2	0.7 ± 4.1	0.8 ± 4.5	1.9 ± 5.2	-1.3 ± 4.9
$\partial W/\partial t$	-0.4 ± 7.7	0.1 ± 5.3	0.3 ± 4.6	0.7 ± 4.5	1.9 ± 5.2	-1.7 ± 4.9
$-\nabla \cdot \boldsymbol{Q_v}$	-0.1 ± 8.3	-1.5 ± 5.7	1.5 ± 6.2	-0.1 ± 6.5	0.7 ± 5.8	-0.1 ± 7.0
$-\nabla \cdot \boldsymbol{Q}$	-1.0 ± 8.1	-2.3 ± 5.5	0.8 ± 5.9	-0.8 ± 5.8	0.2 ± 5.7	-1.3 ± 6.6
$E_v = E$	2.4 ± 0.8	2.3 ± 0.7	2.2 ± 0.9	2.5 ± 0.9	2.4 ± 0.7	1.9 ± 0.7
P	-3.5 ± 5.0	-1.4 ± 3.0	-4.0 ± 5.4	-2.1 ± 3.5	-1.6 ± 2.9	-4.8 ± 4.3
S	1.0 ± 1.9	0.9 ± 1.3	0.9 ± 1.4	0.7 ± 0.9	0.6 ± 0.7	1.7 ± 1.6
Num	0.8 ± 0.6	0.6 ± 0.6	0.4 ± 0.3	0.4 ± 0.4	0.3 ± 0.4	0.8 ± 0.5

Tab. 8.1: Mittelwerte und Standardabweichungen der Komponenten der Wasserdampf- und Wasserbilanz in kg/(m²d) (s. Gl. 3.57 und 3.55) für Kontrollvolumen B über die Sommermonate (JJA) der Jahre 2005 bis 2009. Die Terme der Wasserdampfbilanz sind zur besseren Erkennbarkeit grau markiert. Auftretende Residuen hängen mit Rundungsfehlern zusammen.

Die mittleren Verdunstungsraten sind sich für alle Anströmungsklassen sehr ähnlich. Wie anhand der Standardabweichungen (s. Tab. 8.1) erkennbar, ist die Variation der Verdunstungswerte im Vergleich zu den anderen Komponenten bis auf den numerischen Beitrag Num am geringsten. Die Variabilität der Verdunstung wird insbesondere durch den Boden und seine Wasserhaltekapazität gedämpft und bezieht sich dementsprechend auf eine längere Zeitskala als die der anderen Komponenten. Die Verdunstung ist nicht von der Wetterlage abhängig, sondern u.a. eine vom Strahlungsangebot beeinflusste Größe. Die Einstrahlung ihrerseits, deren Maximum in den Sommermonaten liegt, hängt nicht von der Wetterlage, sondern vielmehr vom Bewölkungszustand der Atmosphäre ab. Dieser wiederum kann insofern mit der Wetterlage zusammenhängen, als dass die Bewölkung beispielsweise bei Hochdrucklagen (z.B. Klasse XXA) gering ist. Folglich nehmen die Evapotranspirationsraten im Vergleich zu starker Bewölkung zu, wie es bei XXA der Fall ist. Voraussetzung ist, dass das Wasserangebot vom Boden und von Pflanzen für Verdunstungsprozesse ausreichend ist.

Trotz der geringen Unterschiede der Evapotranspirationsraten bei den verschiedenen Anströmungen bestehen Zusammenhänge zum Niederschlag. Klassen mit sehr hohen Niederschlagsraten (SO und XXZ) weisen die geringsten mittleren Verdunstungsraten auf. Die Klassen mit geringen mittleren Niederschlägen (NW, NO und XXA) haben dagegen eine höhere mittlere Evapotranspiration. Anhand der Wasserhaushaltskomponente Niederschlag werden Unterschiede zwischen verschiedenen Anströmungsrichtungen am stärksten deutlich. Die Klassen SW, SO und XXZ können unter dem Aspekt gruppiert werden, dass ihre mittleren Niederschlagsraten höher als die Verdunstungsraten sind. Im Gegensatz dazu sind die mittleren Niederschlagsraten bei den Klassen NW, NO und XXA geringer als die Evapotranspirationsraten. Desweiteren zeichnen sich die niederschlagsreicheren Klassen durch höhere Standardabweichungen als die mit weniger Niederschlag verbundenen Anströmungen aus (s. Tab. 8.1). Die Charakteristika der Wetterlagen geben Rückschlüsse auf diese Gruppierung. Südwestliche Anströmungen sind im Sommer mit der Advektion warmer und feuchter Luft verbunden. Diese wird auch in die COPS-Region transportiert und durch Hebungseffekte und Konvektion kann Wasserdampf kondensieren und als Niederschlag ausfallen. Da der bodennahe Trog tiefen Drucks relativ stabil ist, können viele Fälle mit südwestlicher Anströmung hintereinander auftreten. Tatsächlich ist diese Klasse mit 207 Tagen (45% der Tage des gesamten Zeitraums) während der Fünf-Jahres-Sommerperiode am häufigsten vertreten.

Tage mit südöstlicher Anströmung sind zwar selten, bringen aber hohe Niederschlagsmengen mit sich. Verantwortlich dafür ist ein eigenständiges Tiefdruckgebiet über Mitteleuropa, das eine hohe Stationarität aufweist und dementsprechend viel Wasserdampf aufnehmen kann. An den Südalpen fällt dieser Wasserdampf als Niederschlag aus. Ist das Tiefdruckgebiet sehr stark ausgebildet, kann es sehr hoch in die Atmosphäre reichen und über die Alpen hinweg auch auf der nördlichen Seite zu hohen Niederschlagsmengen führen. Ab September treten Extremniederschläge im südlichen Alpenraum noch viel häufiger auf. Ein Spezialfall der Südostlagen sind die Vb-Wetterlagen (van Bebber 1898). Die dazugehörigen Zugbahnen verlaufen östlich um die Alpen und weiter nach Norden. Das Tiefdruckgebiet mit warmer und feuchter Luft kann mehrere Tage über einer Region liegen und zu Hochwassersituationen führen (z.B. Elbehochwasser 2002; Schlüter und Schädler 2010). Das Niederschlagsmittel der XXZ-Klasse ist noch höher als das der Südostlagen. Die für die Klasse XXZ charakteristischen zyklonalen Strömungen in 500 hPa gehen mit Tiefdruckgebieten, Konvergenz und dementsprechend hohen Niederschlägen einher.

In der Gruppe der niederschlagsärmeren Wetterlagen ist die mittlere Niederschlagsintensität bei nordöstlichen Anströmungen am höchsten. Nordostlagen zeichnen sich durch ein bodennahes Hochdruckgebiet über Skandinavien aus, das die COPS-Region durch Advektion warmer und trockener Luft aus Russland und dem Baltikum beeinflusst. Wenn den Nordostlagen niederschlagsreiche Südostlagen, die mit Tiefdruckgebieten sowie warmen und feuchten Luftmassen verbunden sind, zeitlich vorausgehen (z.B. vom 9. bis 10. Juli und vom 20. bis 22. August 2005), dann können sich auch in der COPS-Region die Niederschlagsmengen erhöhen. Dies wäre allein unter dem Einfluss des skandinavischen Hochdruckgebiets nicht der Fall.

Nordwestlagen sind mit der Advektion von kühler und trockener Luft verbunden. Dementsprechend reduzieren sich die Niederschlagsmengen im Vergleich zu Wetterlagen mit warmen und feuchten Luftmassen. Die XXA-Lagen sind mit einer Divergenz in 500 hPa verbunden. Bei 34 von 51 Tagen ist die antizyklonale Strömung und damit eine Divergenz auch in 950 hPa gegeben (s. Anhang Tab. A.2). Divergenz geht mit absinkenden Luftmassen einher, die sich adiabatisch erwärmen, so dass kondensierter Wasserdampf verdunstet (Häckel 1999). Neben der Erwärmung der Luftmassen und der Verringerung des Wasserdampfgehalts ist Wolkenauflösung und damit eine Reduzierung von Niederschlägen die Folge der Absinkvorgänge. Bei 17 der 51 Tage mit XXA-Lage tritt eine zyklonale Strömung in 950 hPa (Konvergenz) auf (s. Anhang Tab. A.2). Die Konvektion feuchter Luftmassen führt zur Kondensation von Wasserdampf, so dass Niederschlag ausfallen kann.

Vor der Erläuterung des Konvergenzbeitrags bei verschiedenen Anströmungen wird auf den Unterschied des Konvergenzterms zwischen der Wasserdampf- und der Wasserbilanz in Abbildung 8.3 eingegangen. Die Konvergenz von Wolken- und Regenwasser spielt in der Wasserbilanz nur eine untergeordnete Rolle (s. Tab. 6.6). Hohe Relevanz hat vielmehr der in der Wasserbilanz berücksichtigte konvektive Massentransport (s. Abschnitt 3.2.3.2), der keinen Beitrag zum konvektiven Niederschlag hat. Sein Tagesmittelwert über den gesamten simulierten Zeitraum unabhängig von der Klassifikation der Anströmungsrichtung beträgt -0.8 kg/(m²d). Die konvektive Feuchtetendenz, die im Großteil einer Wolke negativ ist (Hasel 2006), besagt, dass durch Konvektion und damit einhergehende Kondensation der Atmosphäre Wasserdampf entzogen wird. Durch Verdunstung von Niederschlag und am Oberrand der Wolke nimmt der Wasserdampfgehalt wieder zu. Die Massenflüsse von Wasserdampf und Wolkenwasser nehmen mit der Höhe ab, so dass der Massentransport durch den Oberrand des Kontrollvolumens vernachlässigbar klein ist (Hasel 2006).

Anhand der Mittelwerte des Konvergenzterms lassen sich drei Gruppen unterscheiden: Die Klassen SO und XXA zeichnen sich durch Wasserdampfkonvergenz aus. Gleiches gilt für die Konvergenz bezüglich der Wasserbilanz, die allerdings auf Grund des oben beschriebenen konvektiven Massentransports verringert ist. Die zweite Gruppe beinhaltet die Anströmungsklassen SW, NO und XXZ, deren Wasserdampfkonvergenz nahe Null liegt. Im Gegensatz dazu weisen Nordwestlagen deutlich negative Konvergenzwerte auf. Zu beachten ist, dass die

Mittelwerte der Konvergenzbeträge zwar kleiner oder gleich der Verdunstung sind, aber die Konvergenz die Komponente mit der größten Variationsbreite ist (s. Tab. 8.1). Wie aus Abschnitt 8.1.3 bekannt sind die täglichen Beiträge der Wasseränderung mit einem stetigen Wechsel von Konvergenz und Divergenz verbunden, da auch die Wasserdampfgehalte von in das Kontrollvolumen und aus ihm heraus transportierten Luftmassen variieren. Im Folgenden wird der Zusammenhang zwischen den Wetterlagencharakteristika und dem Beitrag der Konvergenz im Wasserhaushalt erläutert.

Südöstliche Anströmungen weisen sowohl die höchste mittlere Niederschlagsrate als auch die höchste Niederschlagsvariabilität auf (s. Tab. 8.1). Wie bereits aus Abschnitt 8.1.3 bekannt, trägt eine Wasserdampfkonvergenz wesentlich zur Niederschlagsbildung bei. Diese tritt in den meisten Fällen bei Südostlagen im Zusammenhang mit bodennahen Tiefdruckgebieten auf. Durch Konvektion aufsteigende Luftmassen kühlen ab, so dass Wasserdampf kondensiert, Wolkenwasser gebildet wird und anschließend Niederschlag ausfällt. Die meisten der XXA-Wetterlagen sind mit einer Divergenz in 950 und 500 hPa verbunden, dennoch tritt bei etwa einem Drittel der Situationen ein bodennahes Tiefdruckgebiet und damit Konvergenz auf, die zum Großteil mit feuchten Luftmassen verbunden ist (s. Anhang Tab. A.2). Diese kann mit höheren Änderungsraten verbunden sein als die Divergenz, so dass im Mittel der Konvergenzterm einen positiven Beitrag hat. Die Konvergenzmittelwerte, die bei diesen beiden Klassen im positiven Wertebereich liegen, zeigen folglich eine Konvergenz feuchter Luftmassen in Bodennähe und auch, im Fall der Südostlagen, in 500 hPa an.

Auch für die Nordwestlagen kann die Verbindung zum Niederschlag hergestellt werden. Sowohl der Niederschlagsmittelwert als auch die Standardabweichung sind im Vergleich zu den anderen Klassen minimal. Auch hier treten Niederschläge in Verbindung mit Konvergenz auf, allerdings im geringeren Umfang. Das spiegelt sich zum einen im Mittelwert des Konvergenzterms wider (s. Tab. 8.1), der sowohl für die Wasserdampf- als auch die Wasserbilanz den höchsten negativen Wert aufweist. Zum anderen ist auch hier die Standardabweichung am geringsten, so dass das Auftreten eines hohen positiven Konvergenzwerts unwahrscheinlicher als bei den anderen Klassen ist. Neben den überwiegend trockenen Luftmassen während der Tage mit Nordwestlagen überwiegen zyklonale Strömungen in 500 hPa und antizyklonale Strömungen in 950 hPa. Fälle mit antizyklonalen Strömungen in 500 hPa und 950 hPa treten am zweithäufigsten auf (s. Anhang Tab. A.2). Die Dominanz antizyklonaler Strömungen wird durch den negativen Konvergenzbeitrag wiedergegeben.

Die Charakterisierung des Wasserhaushalts der Klassen SW, NO und XXZ anhand des Konvergenzterms ist sehr schwierig, da sein Mittelwert in allen drei Fällen nahe Null liegt, die Standardabweichung allerdings sehr hoch ist. Auch bezüglich des Niederschlags unterscheiden sich die drei Klassen. Während SW und XXZ zu den niederschlagsreichen Klassen gehören, wird NO zu den niederschlagsarmen Klassen sortiert. Natürlich treten Niederschläge auch hier gemeinsam mit Konvergenz auf. Die jeweiligen Beiträge von Konvergenz und Divergenz sind jedoch schwer auszumachen. Bei südwestlichen Anströmungen ist der Mittelwert nahe Null auch damit verbunden, dass diese Klasse die höchste Anzahl an Tagen beinhaltet. Wie bereits in Abschnitt 8.1.3 erwähnt, können mehrere Tage hintereinander durch Südwestlagen und einen Wechsel von Konvergenz und Divergenz gekennzeichnet sein, was sich schließlich nicht im Mittelwert, sondern nur in der Standardabweichung widerspiegelt. Der Betrag des Konvergenzmittelwerts ist zwar wesentlich kleiner als die mittlere Verdunstungsrate, die Variation allerdings deutlich größer. Folglich ist es für diese Klassen sehr schwierig, aus den Mittelwerten des Konvergenzterms Aussagen über Zusammenhänge zum Niederschlag und die Bedeutung von Konvergenz sowie Divergenz für den Wasserhaushalt abzuleiten.

Alle Wetterlagen weisen positive Phasenumwandlungs- sowie numerische Terme auf. Die positiven Beiträge der Phasenumwandlungen bedeuten, dass der Atmosphäre aus der festen Wasserphase Wasserdampf und Flüssigwasser zurückgeführt werden, da die Festphase in den hier verwendeten Wasserhaushaltsgleichungen nicht auftritt. Für alle Fälle außer der Südost-Anströmung ist dabei der Gewinn an Wasserdampf höher als der Flüssigwasserverlust. Bei Südostlagen steigt der Flüssigwassergehalt an. Für die Tage mit XXZ-Merkmalen sind die Wasserdampf- sowie die Regenwasserzunahme bestimmend. Wolken mit festen Wasserbestandteilen können in das Kontrollvolumen transportiert werden, in dem dann Phasenumwandlungen stattfinden (s. Abb. 3.3). Dazu gehören beispielsweise das Schmelzen von Wolkeneis zu Wolkenwasser und die Anlagerung von Wolkenwasser an ausfallende Schneekristalle, wodurch Regenwasser gebildet wird.

Der Vergleich der Wasserhaushaltskomponenten für die einzelnen Anströmungsrichtungen zeigt eine charakteristische Aufteilung, insbesondere was die Ausprägung von Divergenz bzw. Konvergenz und die durch Verdunstung und Niederschlag transportierten Wassermengen betrifft. Neben der Kenntnis der Änderungsraten durch die jeweilige Wasserhaushaltsgröße ist eine Charakterisierung wünschenswert, die Aussagen über die Anteile der Komponenten und damit ihre Bedeutung im gesamten Wasserhaushalt zulässt. Eine derartige Quantifizierung kann durch eine Normierung erreicht werden. Die Vorgehensweise erfolgt derart, dass zur Normierung eine Komponente des Wasserhaushalts verwendet wird, welche dann 1 bzw. 100% entspricht. Ein möglicher Normierungsterm wäre die Gesamtwasserdampfänderung bezüglich der Wasserdampfbilanz (s. Gl. 3.57) bzw. die Gesamtwasseränderung bezüglich der Wasserbilanz (s. Gl. 3.55). Der Vorteil einer solchen Normierung wäre eine verständliche Interpretation: Die Gesamtwasserdampfänderung bzw. -wasseränderung entspricht einem Anteil von 1 bzw. 100%, die anderen Terme tragen mit einem bestimmten Anteil je nach ihrer Bedeutung zur Wasserdampfänderung bzw. Wasseränderung bei. Die Beträge können dabei größer als 1 sein. Wichtig ist lediglich, dass sich ihre Summe wieder zu 1 bzw. 100% ergibt. Der Nachteil dieser Normierung ist, dass die Gesamtänderung sowohl positive als auch negative Werte annehmen kann. Um einen Informationsverlust über Zu- und Abnahmen des Wasserdampf- bzw. Wassergehalts zu vermeiden, kann mit dem Betrag der Gesamtänderung normiert werden. Ein größeres Problem ist allerdings, dass die Werte für die Gesamtänderung im Verhältnis zu den anderen

Komponenten verhältnismäßig klein und die normierten Terme damit sehr groß werden können. Dementsprechend kann der Streubereich unüberschaubar werden. Folglich sollte die Normierung mit einer Größe angestrebt werden, die stets das gleiche Vorzeichen hat und deren Werte nicht zu stark variieren. Diese Eigenschaften treffen auf die Evapotranspiration E_v bzw. E zu, so dass für die Wasserdampf- bzw. Wasserbilanzierung E_v bzw. E als Normierungsterm gewählt wird. Die Normierung erfolgt für die Bilanzkomponenten eines jeden Tages, anschließend werden die Mittelwerte der jeweiligen Klasse berechnet. Im Folgenden werden die Werte der normierten Komponenten einheitslos angegeben (z.B. 0.8) und nicht in prozentualer Schreibweise (z.B. 80%). Weiterhin werden die normierten Bilanzterme mit * gekennzeichnet, um sie von den Komponenten mit der Einheit $kg/(m^2 d)$ zu unterscheiden.

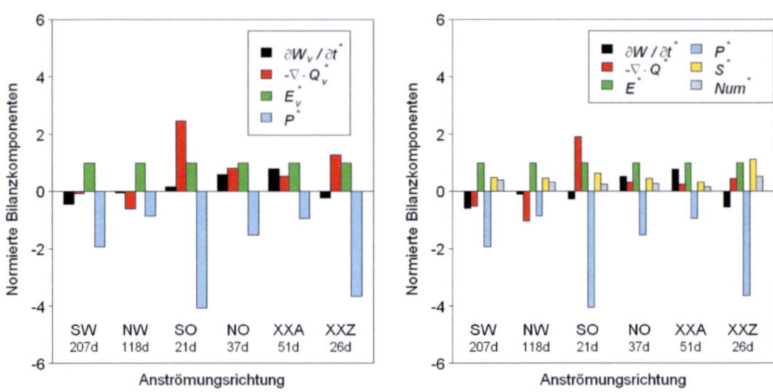

Abb. 8.4: Mittelwerte der normierten Komponenten der Wasserdampf- (links; s. Gl. 3.57) und Wasserbilanz (rechts; s. Gl. 3.55) für Kontrollvolumen B über die Sommermonate (JJA) der Jahre 2005 bis 2009.

Die eben beschriebene Normierung wird nun auf die Bilanzterme angewendet. Die Ergebnisse können Abbildung 8.4 entnommen werden. Aus der Normierung folgt, dass die Werte für $E_v{}^*$ bzw. E^* immer 1 betragen. Da die Mittelung über die täglichen Änderungsraten in $kg/(m^2 d)$ und die normierten Werte nicht zum gleichen Ergebnis führen, unterscheiden sich die Aufteilungen in den Abbildungen 8.3 und 8.4. Es lassen sich drei Fälle bezüglich der normierten Bilanzkomponenten unterscheiden:

1. $-\nabla \cdot \boldsymbol{Q}_v{}^* > E_v{}^*$ und $|P^*| > E_v{}^*$
2. $0 < |-\nabla \cdot \boldsymbol{Q}_v{}^*| < E_v{}^*$ und $|P^*| > E_v{}^*$
3. $0 < |-\nabla \cdot \boldsymbol{Q}_v{}^*| < E_v{}^*$ und $|P^*| \approx E_v{}^*$.

Die erste Bedingung ($-\nabla \cdot \boldsymbol{Q}_v^* > E_v^*$ und $|P^*| > E_v^*$) trifft für die Klassen SO und XXZ zu. Die Ungleichungen sind erfüllt, wenn die Änderungsrate auf Grund von Wasserdampf-konvergenz und die Niederschlagsrate größer als die Evapotranspirationsrate sind oder die Evapotranspiration zwischen 0 und 1 kg/(m²d) liegt. Dass letzterer Fall nur selten eintritt, ist anhand der Standardabweichung in Tabelle 8.1 erkennbar. Folglich dominieren bei SO- und XXZ-Lagen Tage mit starker Konvergenz und hohen Niederschlägen bei gleichzeitig geringen Verdunstungsraten. Die Konvergenz ist mit Konvektion verbunden, die zur Bildung konvektiven Niederschlags führt. Die Verminderung der Wasserkonvergenz im Vergleich zur Wasserdampfkonvergenz bei der Klasse XXZ ist mit dem Anteil des konvektiven Massentransports von -0.8 zu erklären, der ein weiterer Hinweis auf starke Konvektions-prozesse ist.

Die zweite Bedingung ($0 < |-\nabla \cdot \boldsymbol{Q}_v^*| < E_v^*$ und $|P^*| > E_v^*$) enthält die Fälle mit südwest-licher (SW) und nordöstlicher (NO) Anströmung. Die Bedingungen zeigen, dass im Mittel die Beträge der täglichen Niederschlagsraten über den täglichen Verdunstungsraten liegen. Die Konvergenzraten sind im Mittel jedoch geringer als die Verdunstungsraten. Dennoch ist zu beachten, dass analog zu Fall (1) durchaus Ereignisse mit starker Konvergenz und hohem Niederschlag auftreten, diese dominieren jedoch nicht in dem Maße wie bei den Klassen SO und XXZ. Die Bedeutung der Konvergenz wird im Fall der Nordost-Anströmungen deutlicher als bei Südwestlagen. Für die vielen Fälle mit südwestlichen Anströmungen, die in höherem Umfang als bei den anderen Klassen mehrere Tage hintereinander auftreten, gibt es einen ständigen Wechsel von Divergenz und Konvergenz, so dass sich in den Mittelwerten eine Bedeutung der Konvergenz nicht widerspiegelt, sondern nur in den Standardabweichungen.

Die Klassen NW und XXA erfüllen die dritte Bedingung ($0 < |-\nabla \cdot \boldsymbol{Q}_v^*| < E_v^*$ und $|P^*| \approx E_v^*$). Beide Wetterlagen unterscheiden sich bezüglich des Vorzeichens von $-\nabla \cdot \boldsymbol{Q}_v$. Der Anteil ist negativ für Nordwestlagen und positiv für XXA-Lagen. Die Bedingung $|P^*| \approx E_v^*$ zeigt an, dass für die meisten Situationen die Niederschlagsrate etwa gleich der Verdunstungsrate in kg/(m²d) ist. Im Fall von Niederschlagsereignissen ist auch bei den Klassen NW und XXA eine hohe Wasserdampfkonvergenz relevant, allerdings sind die Niederschlagsraten und der Variationsbereich der Konvergenz geringer als bei den anderen Klassen (s. Tab. 8.1). Demzufolge hat die Verdunstung eine größere Bedeutung für den Wasserhaushalt. Tabelle 8.2 fasst die Mittelwerte und Standardabweichungen der Anteile der Wasserhaushaltsgrößen bei den verschiedenen Anströmungen zusammen.

	SW	NW	SO	NO	XXA	XXZ
$\partial W_v/\partial t^*$	-0.4 ± 3.4	-0.1 ± 2.5	0.2 ± 2.4	0.6 ± 2.6	0.8 ± 2.3	-0.2 ± 3.7
$\partial W/\partial t^*$	-0.6 ± 3.5	-0.1 ± 2.5	-0.3 ± 2.9	0.5 ± 2.6	0.8 ± 2.4	-0.6 ± 3.6
$-\nabla \cdot \boldsymbol{Q_v}^*$	-0.1 ± 4.2	-0.6 ± 2.7	2.5 ± 7.3	0.8 ± 5.1	0.5 ± 3.3	1.3 ± 6.0
$-\nabla \cdot \boldsymbol{Q}^*$	-0.5 ± 4.1	-1.0 ± 2.5	1.9 ± 6.7	0.3 ± 4.1	0.3 ± 3.0	0.4 ± 5.5
$E_v^* = E^*$	1.0	1.0	1.0	1.0	1.0	1.0
P^*	-1.9 ± 3.2	-0.9 ± 1.9	-4.0 ± 7.8	-1.5 ± 3.4	-1.0 ± 2.0	-3.6 ± 4.1
S^*	0.5 ± 1.1	0.5 ± 0.8	0.6 ± 1.0	0.5 ± 0.8	0.3 ± 0.4	1.1 ± 1.1
Num^*	0.4 ± 0.4	0.3 ± 0.3	0.2 ± 0.2	0.3 ± 0.3	0.2 ± 0.2	0.5 ± 0.3

Tab. 8.2: Mittlere Anteile und Standardabweichungen der normierten Komponenten der Wasserdampf- und Wasserbilanz (s. Gl. 3.57 und 3.55) für Kontrollvolumen B und die Sommermonate (JJA) der Jahre 2005 bis 2009. Die Terme der Wasserdampfbilanz sind zur besseren Erkennbarkeit grau markiert. Auftretende Residuen hängen mit Rundungsfehlern zusammen.

Die Angabe der Mittelwerte sowie Standardabweichungen in kg/(m²d) liefert folglich die Beiträge der jeweiligen Komponente zur Gesamtwasserdampf- bzw. Gesamtwasseränderung. Insbesondere für den Niederschlag können Aussagen für die einzelnen Anströmungsrichtungen abgeleitet werden. Für den Konvergenzterm ist das schwieriger, da die Werte im positiven und negativen Bereich stark variieren, die Mittelwerte dagegen nahe bei null liegen können. Die Bedeutung der Konvergenz und der Divergenz wird einerseits aus den täglichen Bilanzen (s. Abschnitt 8.1.3), andererseits für die Mittelwerte einzelner Anströmungsrichtungen wie die Südost- und Nordwestlagen deutlich. Die Bedeutung des Konvergenzterms kann anhand der Normierung der Bilanzterme besser herausgearbeitet werden, da mit dieser die Anteile der Komponenten im Wasserhaushalt bestimmt werden.

Überwiegt die mittlere Evapotranspirationsrate in kg/(m²d) die Niederschlagsrate, werden die Klassen zu den niederschlagsarmen Wetterlagen sortiert. Im umgekehrten Fall handelt es sich um niederschlagsreiche Wetterlagen. Auch wenn die mittlere Verdunstungsrate größer als die mittlere Niederschlagsrate ist, weist ein Niederschlagsanteil von $|P|/E_v > 1$ darauf hin, dass vermehrt Ereignisse mit Niederschlagsraten auftreten, die über den Evapotranspirationsraten liegen. Je höher der Niederschlagsanteil ist, desto geringer ist die Bedeutung der Evapotranspiration. Das Verhältnis der Konvergenz- zur Evapotranspirationsrate $-\nabla \cdot \boldsymbol{Q_v}/E_v > 1$ zeigt eine große Bedeutung von Wasserdampf- bzw. Wasserzunahmen auf Grund positiver Konvergenz an. Damit geht auch einher, dass Konvektionsprozesse in höherem Umfang stattfinden. Ergibt sich durch die Normierung ein Anteil von $-\nabla \cdot \boldsymbol{Q_v}/E_v < 1$, steigt die Relevanz von mit einer Divergenz verbundenen Wasserdampf- bzw. Wasserabnahme für den Wasserhaushalt an. Die Interpretation von mittleren Wasserdampfkonvergenzanteilen nahe bei null wie im Fall der Südwestlagen ist weiterhin schwierig. Hier bewirkt das Auftreten verschiedener Eigenschaften (s. Anhang Tab. A.2), dass sowohl Konvergenz als auch Divergenz vorkommen, so dass sich die Beiträge (s. Tab. 8.1) sowie Anteile (s. Tab. 8.2) beider Komponenten im Mittel ausgleichen. Es darf allerdings nicht geschlossen werden, dass die Prozesse für den Wasserhaushalt nicht wichtig sind.

8.1.5 Korrelationen zwischen den Wasserhaushaltskomponenten

Wie in den Abschnitten 8.1.3 und 8.1.4 besprochen, tritt eine Wasserdampfdivergenz oft zusammen mit hoher Verdunstung und wenig Niederschlag auf, während eine Wasserdampfkonvergenz mit geringer Verdunstung und viel Niederschlag einhergeht. Die Zusammenhänge zwischen den Wasserhaushaltsgrößen werden nun anhand der Korrelationen in Abhängigkeit von der Anströmungsrichtung näher untersucht. Gesamtwasserdampfänderung, Wasserdampfkonvergenz, Verdunstung und Niederschlag sind die dominierenden Prozesse im Wasserhaushalt. Daher werden hier nur diese Terme berücksichtigt. In Tabelle 8.3 sind die Pearson-Korrelationskoeffizienten zwischen den Wasserhaushaltsgrößen in kg/(m²d) für die sechs Anströmungscharakteristika zusammengestellt. Bei der Interpretation positiver und negativer Korrelationen ist zu beachten, dass der Wertebereich des Niederschlags negativ ist.

Auffällig ist die hohe Korrelation von mehr als 0.70 zwischen der Wasserdampfänderung und der Wasserdampfkonvergenz an allen Tagen außer denen mit Südost-Anströmung. D.h. bei Konvergenz erfolgt eine Zunahme des Wasserdampfgehalts, bei Divergenz nimmt der Wasserdampfgehalt ab. Der Korrelationskoeffizient dieser Komponenten bei südöstlicher Anströmung ist mit 0.41 deutlich geringer. Diese Klasse umfasst zwar nur sehr wenige Tage, diese sind jedoch besonders niederschlagsintensiv. Durch Konvergenz transportiertes Wasser fällt als Niederschlag aus, so dass sich die Wasserdampfzunahme durch Konvergenz nicht in der gesamten Änderungsrate widerspiegelt. Für die anderen Klassen, die mehr niederschlagsarme Situationen beinhalten, werden Wasserdampfzunahmen und –abnahmen durch Konvergenz bzw. Divergenz deutlicher in der gesamten Änderungsrate sichtbar. Dafür weisen Wasserdampfkonvergenz, Evapotranspiration und Niederschlag bei südöstlichen Anströmungen deutliche Zusammenhänge auf. Die negativen Werte von -0.66 und -0.70 zwischen der Konvergenz und der Evapotranspiration sowie der Konvergenz und dem Niederschlag bedeuten, dass eine hohe Wasserdampfdivergenz mit einer erhöhten Verdunstungsrate und gleichzeitig mit einem geringen Niederschlagsbetrag verbunden ist. Umgekehrt tritt Wasserdampfkonvergenz gemeinsam mit geringer Verdunstung und viel Niederschlag auf. Analog zeigt der Korrelationskoeffizient von 0.82 zwischen der Evapotranspiration und dem Niederschlag das Zusammenwirken von geringen Verdunstungsraten und hohen Niederschlagsbeträgen sowie hoher Evapotranspiration und geringem Niederschlag an. Ähnlich hohe Korrelationen zwischen der Wasserdampfkonvergenz, der Evapotranspiration und dem Niederschlag treten auch bei den Tagen mit NO- und XXZ-

Lagen auf. Die hohen Korrelationen zwischen diesen drei Komponenten der Klassen SO, NO und XXZ sind einerseits mit der geringen Anzahl an darin enthaltenen Situationen zu erklären, die zudem bei den Klassen SO und XXZ sehr niederschlagsintensiv sind. Zwar zeichnen sich die Nordostlagen im Mittel durch geringere Niederschlags- und Konvergenzbeiträge aus (s. Tab. 8.1), diese nehmen jedoch vereinzelt hohe Anteile ein (s. Tab. 8.2). Wie bereits öfter erwähnt, können Nordostlagen, die auf Südostlagen folgen, noch deutlich unter dem Einfluss des die Konvergenz und den Starkniederschlag auslösenden Tiefdruckgebiets stehen.

SW	$\partial W_v/\partial t$	$-\nabla \cdot \boldsymbol{Q}_v$	E_v	P	NW	$\partial W_v/\partial t$	$-\nabla \cdot \boldsymbol{Q}_v$	E_v	P
$\partial W_v/\partial t$	1.00	0.77	0.33	0.24	$\partial W_v/\partial t$	1.00	0.86	0.18	0.15
$-\nabla \cdot \boldsymbol{Q}_v$		1.00	0.06	-0.40	$-\nabla \cdot \boldsymbol{Q}_v$		1.00	-0.11	-0.35
E_v			1.00	0.32	E_v			1.00	0.40
P				1.00	P				1.00
SO	$\partial W_v/\partial t$	$-\nabla \cdot \boldsymbol{Q}_v$	E_v	P	NO	$\partial W_v/\partial t$	$-\nabla \cdot \boldsymbol{Q}_v$	E_v	P
$\partial W_v/\partial t$	1.00	0.41	0.14	0.34	$\partial W_v/\partial t$	1.00	0.81	-0.12	-0.18
$-\nabla \cdot \boldsymbol{Q}_v$		1.00	-0.66	-0.70	$-\nabla \cdot \boldsymbol{Q}_v$		1.00	-0.51	-0.71
E_v			1.00	0.82	E_v			1.00	0.63
P				1.00	P				1.00
XXA	$\partial W_v/\partial t$	$-\nabla \cdot \boldsymbol{Q}_v$	E_v	P	XXZ	$\partial W_v/\partial t$	$-\nabla \cdot \boldsymbol{Q}_v$	E_v	P
$\partial W_v/\partial t$	1.00	0.84	0.15	0.11	$\partial W_v/\partial t$	1.00	0.80	-0.40	-0.15
$-\nabla \cdot \boldsymbol{Q}_v$		1.00	-0.17	-0.42	$-\nabla \cdot \boldsymbol{Q}_v$		1.00	-0.71	-0.67
E_v			1.00	0.44	E_v			1.00	0.64
P				1.00	P				1.00

Tab. 8.3: Korrelationskoeffizienten nach Pearson der Komponenten in kg/(m²d) der Wasserdampfbilanz (s. Gl. 3.57) bezüglich der jeweiligen Anströmungsrichtung für Kontrollvolumen B und die Sommermonate (JJA) der Jahre 2005 bis 2009. Zu berücksichtigen ist, dass der Niederschlag im negativen Wertebereich definiert ist.

Für die Klassen SW, NW und XXA sind die Korrelationen zwischen der Divergenz und der Verdunstung sowie dem Niederschlag geringer. Dabei sind die Beträge der Pearson-Korrelationskoeffizienten zwischen $-\nabla \cdot \boldsymbol{Q}_v$ und P, P und E_v sowie $-\nabla \cdot \boldsymbol{Q}_v$ und E_v geringer als 0.5, so dass hier nicht mehr von einem deutlichen Zusammenhang gesprochen werden kann. Aus den bisherigen Ergebnissen der Abschnitte 8.1.3 und 8.1.4 ist bekannt, dass Zusammenhänge zwischen den Wasserhaushaltsgrößen $\partial W_v/\partial t$, $-\nabla \cdot \boldsymbol{Q}_v$, E_v und P bestehen, jedoch spiegeln sich diese nur z.T. in den Korrelationen der einzelnen Anströmungsklassen wider. Deshalb wird im Folgenden geklärt, ob sich die Zusammenhänge zwischen den Komponenten nur in bestimmten Wertebereichen erkennen lassen. Abbildung 8.5 stellt die täglichen relativen Anteile der Wasserdampfänderung, der Wasserdampfkonvergenz und des Niederschlags, also die normierten Größen (s. Abschnitt 8.1.4), den täglichen Verdunstungs-raten gegenüber. Ergänzend zu den bisherigen Informationen wird aus Abbildung 8.5 die Werteverteilung deutlich und es können Schlussfolgerungen über die Korrelationen der relativen Anteile der Bilanzterme zur Evapotranspiration gezogen werden. Aus Gründen der Übersichtlichkeit werden nicht die gesamten Wertebereiche der normierten Wasserhaushalts-komponenten dargestellt. Die strichlierte Linie zeigt an, dass die Änderungsrate des Wasserdampfgehalts, der Konvergenz oder des Niederschlags gleich der Verdunstungsrate ist und sich somit ein relativer Anteil von 1 ergibt. Bei der Interpretation von Abbildung 8.5 ist darauf zu achten, dass die Zunahme des Verhältnisses einer Komponente zu E_v mit abnehmenden E_v nicht zwangsläufig damit einhergeht, dass die Änderungsrate der Kompo-nente auch zunimmt. Diese kann sogar abnehmen. Solange ihre Abnahme im geringeren Maße als die Reduzierung von E_v stattfindet, steigt weiterhin der relative Anteil der Kompo-nente zu E_v an. Im Folgenden wird anstelle der Bezeichnung „relativer Anteil" der besseren Lesbarkeit wegen der Ausdruck „Anteil" verwendet.

Der Wertebereich der Evapotranspiration liegt für alle Anströmungsrichtungen zwischen etwa 1 und 4 kg/(m²d). Ebenso ist den sechs Klassen gemeinsam, dass hohe Konvergenz- und Nie-derschlagsanteile von mehr als 5, die den jeweiligen normierten Komponenten entsprechen (s. Abschnitt 8.1.4), insbesondere bei geringer Verdunstung von weniger als 2 kg/(m²d) auftreten. Bei sehr hohen Verdunstungsraten von mehr als 3 kg/(m²d) sind die Konvergenz- und Niederschlagsanteile in den meisten Fällen gering. Ähnliches gilt auch für die Werte der Gesamtwasserdampfänderung, allerdings sind hohe Anteile von $\partial W_v/\partial t$ bei geringer Verdunstung nicht so ausgeprägt wie beim Konvergenz- und Niederschlagsterm. Wie aus den Pearson-Korrelationskoeffizienten ersichtlich (s. Tab. 8.3) sind die zeitlichen Wasserdampf-zunahmen und –abnahmen $\partial W_v/\partial t$ vor allem mit der Konvergenz bzw. Divergenz und nicht mit der Evapotranspiration korreliert. Folglich bewirkt eine Konvergenz eine Zunahme des Wasserdampfgehalts. Niederschlagsereignisse steuern dieser Zunahme entgegen, so dass der Betrag der gesamten Änderungsrate wieder abnimmt. Daraus resultiert eine geringere Streu-ung der Punktwolke der normierten Gesamtwasserdampfänderung als es bezüglich der Konvergenz sowie des Niederschlags der Fall ist.

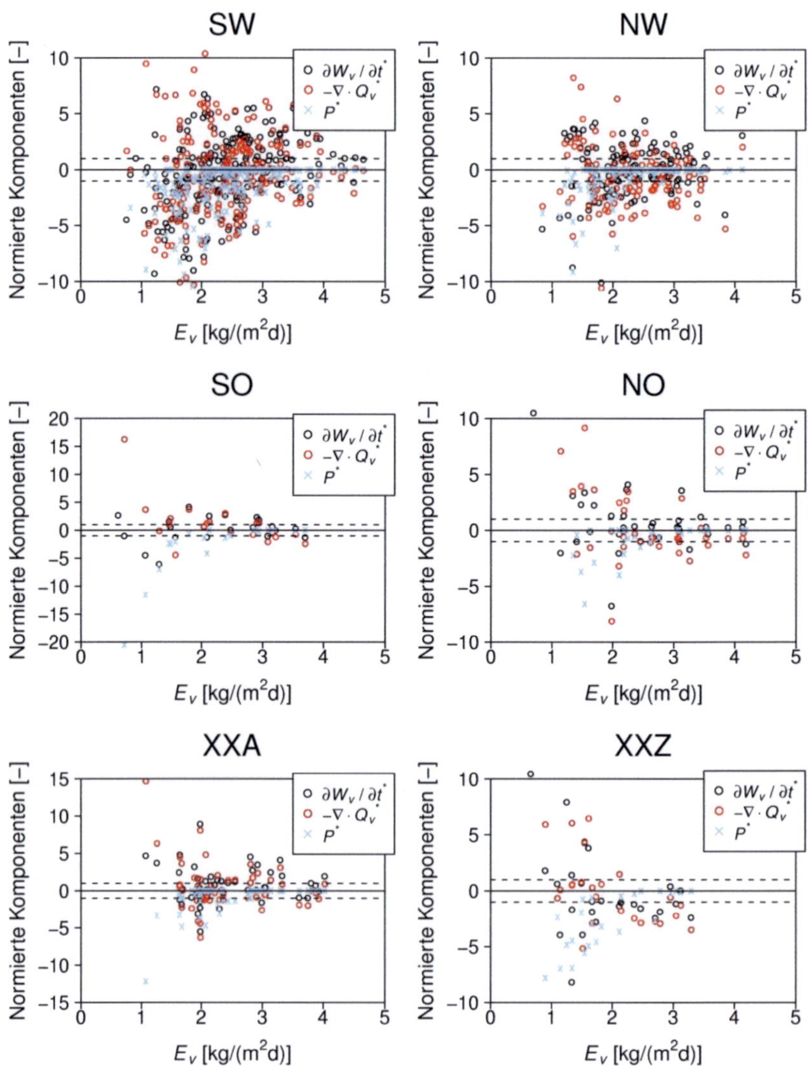

Abb. 8.5: Gegenüberstellung der Evapotranspiration in kg/(m²d) und der übrigen normierten Komponenten der Wasserdampfbilanz (s. Gl. 3.57) für Kontrollvolumen B und die Sommermonate (JJA) der Jahre 2005 bis 2009. Die strichlierte Linie entspricht einem Anteil von 1. Aus Gründen der Übersichtlichkeit ist nicht der gesamte Wertebereich der normierten Komponenten von etwa -30 bis 30 dargestellt. Je nach Wetterlage variieren die gezeigten Wertebereiche der normierten Komponenten.

Die Variabilität der normierten Wasserhaushaltsgrößen ist bei nordwestlicher Anströmung am geringsten (s. auch Tab. 8.2). Zwar treten auch bei der Klasse NW bei geringen Evapotranspirationsraten hohe Konvergenz- und Niederschlagsanteile auf, die bei zunehmenden Verdunstungsraten abnehmen, jedoch sind die Anteile der Divergenz bei hoher Verdunstung zwischen 3 und 4 kg/(m²d) im Vergleich zu den anderen Anströmungsklassen größer. Auch bei südwestlicher Anströmung zeigen die Konvergenzanteile im Bereich von -5 bis 5 bzw. die Niederschlagsanteile im Bereich von -5 bis 0 im Fall des Niederschlags nur eine geringe Abhängigkeit zur Evapotranspiration. Allerdings variieren die Anteile mehr als bei Nordwest-Anströmungen, wo sich die Anteile wesentlich auf den Bereich von -3 bis 3 konzentrieren. Hohe Niederschlagsanteile um -15 treten allerdings, ebenso wie hohe Konvergenzanteile, nur bei geringer Verdunstung auf (aus dem Ausschnitt in Abb. 8.5 nicht erkennbar). Dennoch nehmen bei Evapotranspirationsraten von weniger als 3 kg/(m²d) auch die Divergenzanteile zu, so dass Konvergenzen und Divergenzen fast in gleichem Maße vorliegen. Zusammenhänge zwischen hohen Konvergenz- und Niederschlagsanteilen und geringer Verdunstung sind folglich auch bei Südwest- und Nordwestlagen erkennbar. Die hohen Anteile von Divergenzen bei niedrigen Evapotranspirationsraten bewirken jedoch, dass die Korrelationskoeffizienten reduziert werden (s. Tab. 8.3).

Bei den Klassen SW und NW sind Niederschlagsanteile nahe bei null in Verbindung mit Verdunstungsraten zwischen etwas mehr als 1 bis hin zu 4 kg/(m²d) vertreten. Bei den NO-, XXA- und XXZ-Lagen treten niederschlagsarme Situationen bei Evapotranspirationen ab 1.5 kg/(m²d) auf. Bei SO-Lagen sind diese erst bei Verdunstungsraten ab 2 kg/(m²d) vertreten. Unabhängig von der Anströmungsrichtung gilt, dass die Niederschlagsanteile vorrangig nahe bei null sind, wenn die Evapotranspirationsraten mehr als 3 kg/(m²d) betragen. Nur in wenigen Fällen mit südwestlicher Anströmung zeigt sich, dass bei hohen Verdunstungsraten auch der Niederschlag noch eine Bedeutung im Wasserhaushalt hat. Bei einer Evapotranspiration von mehr als 4 kg/(m²d) ist bei keiner Klasse ein bedeutender Niederschlagsbeitrag feststellbar. Hier überwiegen Wasserdampfabnahmen durch Divergenz. Vereinzelte Konvergenzen wie bei den Klassen NW und XXA stehen nicht in Verbindung mit einem Niederschlagsereignis. Liegen in niederschlagsarmen Fällen die Anteile der Gesamt-wasserdampfänderung nicht bei Null, sondern nahe den zugehörigen Konvergenzanteilen, wird die Korrelation zwischen $\partial W_v / \partial t$ und $-\nabla \cdot \boldsymbol{Q}_v$ deutlich. Konvergenz und Evapotranspiration bewirken eine Erhöhung des Anteils der Gesamtwasserdampfänderung gegenüber dem positiven Konvergenzanteil. Dagegen ergibt sich aus Divergenz und Verdunstung eine Gesamtwasserdampfänderung, deren Betrag geringer als der des Divergenzanteils ist.

Aus Abbildung 8.4 ist bekannt, dass bei den Klassen SO, NO, XXA und XXZ der tägliche Konvergenzbeitrag im Mittel einen höheren Anteil als der tägliche Divergenzbeitrag hat. Die maximalen Konvergenzanteile treten bei SO- und XXZ-Lagen sowie nordöstlichen Anströmungen auf (s. Tab. 8.2). Aus Abbildung 8.5 geht hervor, dass bei hohen Konvergenz-anteilen auch gleichzeitig hohe Niederschlagsanteile auftreten. Bei einer Verdunstungsrate von weniger als 1.4 kg/(m²d) treten bei den Klassen SO, NO und XXZ keine negativen Konvergenzanteile auf, die gleichzeitig vorkommenden hohen Niederschlagsanteilen zugeordnet werden können. Insbesondere aus der Gegenüberstellung der Evapotranspirationsraten und der normierten Komponenten bei südöstlichen Anströmungen ist bei Evapotranspirationen von weniger als 1.5 kg/(m²d) der hyperbolische Anstieg der Konvergenzanteile sowie der Beträge der Niederschlagsanteile bei gleichzeitig abnehmenden Verdunstungsraten deutlich. Dass zwischen den Komponenten Wasserdampfkonvergenz, Niederschlag und Evapotranspiration eine hohe Korrelation besteht, zeigte sich bereits anhand der Korrelationskoeffizienten (s. Tab. 8.3). Abbildung 8.5 veranschaulicht, dass sich diese Korrelation insbesondere auf hohe Konvergenz, hohe Niederschläge und geringe Verdunstung bezieht.

Mit zunehmender Verdunstung verringert sich der Variationsbereich der Gesamtwasserdampfänderungs-, Konvergenz- und Niederschlagsanteile. Die zunehmende Bedeutung der Verdunstung für den atmosphärischen Wasserhaushalt reduziert gleichzeitig die Anteile der anderen Komponenten. Das bedeutet nicht zwangsläufig, dass die Änderungsraten der anderen Wasserhaushaltsgrößen geringer sind. Beispielsweise entspricht ein Divergenzanteil von -1 bei einer Verdunstungsrate von 3 kg/(m²d) einer Änderungsrate durch Divergenz von -3 kg/(m²d). Die höchsten Divergenzanteile von etwa -10 liegen bei einer Evapotranspiration von etwa 2 kg/(m²d) vor, woraus sich ein Divergenzbeitrag von -20 kg/(m²d) ableiten lässt. Bei maximalen Verdunstungsraten von ca. 4 kg/(m²d) ist bei nordwestlichen Anströmungen der Divergenzanteil mit etwa -5 am größten. Auch dieser Anteil entspricht einem Divergenzbeitrag von -20 kg/(m²d). Folglich nehmen die Divergenz- und Verdunstungsbeiträge nicht im gleichen Maße zu. Erhöhte Divergenz bewirkt zunehmende Wasserdampfdefizite in der Atmosphäre und fördert somit höhere Feuchtegradienten und Verdunstungsprozesse. Desweiteren geht sie mit Wolkenauflösungen und damit zunehmender Einstrahlung und höheren Verdunstungsraten einher. Allerdings gibt es weitere Einflussfaktoren auf die Verdunstung (z.B. Bodenfeuchte), die die Korrelation zwischen Divergenz und Evapotranspiration reduzieren.

Welche Rolle die Verdunstung für den Wasserhaushalt spielt, ist abhängig vom Anteil der anderen Komponenten (s. Abschnitt 8.1.4). Je geringer der Anteil einer Wasserhaushaltsgröße, desto mehr Einfluss hat die Verdunstung auf die Änderung des Wassergehalts. Die Bedeutung der Verdunstung für den Wasserhaushalt nimmt bei den jeweiligen Anströmungsklassen an unterschiedlichen Punkten zu. Bei SO-, NO-, XXA- und XXZ-Lagen sind die Anteile schon ab Verdunstungsraten von etwa 2 kg/(m²d) sehr gering. Bei NW-Lagen ist der verringerte Streubereich der Anteile bei einer Evapotranspirationsrate von 2.5 kg/(m²d) deutlich, jedoch nimmt dieser auf Grund der höheren Divergenzanteile bei höherer Verdunstung nochmals zu. Bei der Klasse SW verringern sich die Anteile, insbesondere die des Niederschlags, ab einer Verdunstung von mehr 3 kg/(m²d).

Dass im Fall der Klassen SW und NW die Bedeutung der Verdunstung erst bei höheren Verdunstungsraten deutlich zunimmt, hängt mit den Wertebereichen von Konvergenz und Niederschlag zusammen. Der Konvergenzterm der Südwestlagen hat im Vergleich zu den anderen Klassen die höchste Standardabweichung (s. Tab. 8.1), d.h. es kann eine hohe Divergenz auftreten. Der Konvergenzbeitrag bei Nordwestlagen hat zwar eine geringe Standardabweichung, dafür ist der Mittelwert mit -1.5 kg/(m²d) am geringsten. Da die Streubreite der Evapotranspiration sich bei Südwest- und Nordwestlagen nicht wesentlich von den anderen Klassen unterscheidet, ergibt sich auf Grund der größeren Wahrscheinlichkeit für das Auftreten von Divergenz bei SW und NW ein Divergenzbeitrag, die gegenüber der Evapotranspirationsrate überwiegt. Ebenso weist der Niederschlag bei Südwestlagen eine hohe Variabilität auf (s. Tab. 8.1, auch später anhand der Abbildung 8.6 verdeutlicht), so dass trotz einer höheren Verdunstung die Niederschlagsintensität überwiegen kann und somit die Bedeutung der Evapotranspiration gegenüber dem Niederschlag geringer ist.

Zusammenfassend lässt sich feststellen, dass hohe Konvergenzanteile mit hohen Niederschlägen verbunden sind. Bei Anteilen von mehr als 1 übersteigen die durch diese beiden Prozesse transportierten Wassermengen die Verdunstungsraten. Je höher der Anteil, desto geringer ist die Bedeutung der Verdunstung für den Wasserhaushalt. Trotz der geringen Anzahl an Fällen mit hohen positiven Konvergenz- und Niederschlagsanteilen mit Beträgen von mehr als 1 und geringen Verdunstungsraten von weniger als 2 kg/(m²d) bei den Klassen SO, NO und XXZ sind Korrelationen zwischen $-\nabla \cdot Q_v$, E_v und P deutlich erkennbar (s. Tab. 8.3). Insbesondere bei den Klassen SW und NW, aber vereinzelt auch bei XXA, treten bei geringen Evapotranspirationen auch hohe negative Konvergenzanteile und Niederschlagsanteile nahe Null auf, was eine Reduzierung des Pearson-Korrelationskoeffizienten zur Folge hat. Desweiteren treten Konvergenz- und Niederschlagsanteile mit Beträgen größer als 1 auch vermehrt bei Verdunstungsraten von mehr als 2 kg/(m²d) auf. Auf Grund der mit SO- und XXZ-Lagen einhergehenden Tiefdruckgebiete und der insbesondere bei SO-Lagen vorrangig feuchten Luftmassen (s. Anhang Tab. A.2) sind hohe Konvergenz und in deren Folge Niederschlagsereignisse wahrscheinlich. Wie oben bereits erwähnt, kann ein geringer Feuchtegradient in der Atmosphäre die verdunsteten Wassermengen verringern. Obwohl die Nordostlagen zu der niederschlagsärmeren Klasse gehören, kommt es vereinzelt zu starken Konvergenz- und Niederschlagsereignissen (z.T. in Abb. 8.5 auf Grund des gewählten Ausschnitts nicht sichtbar), die in Verbindung zu den Tiefdruckgebieten der Südostlagen stehen können (z.B. vom 9. bis 10. Juli und vom 20. bis 22. August 2005). So führen auch schon wenige Ereignisse zu deutlichen Korrelationen zwischen Konvergenz, Niederschlag und Evapotranspiration.

Es sind hohe Korrelationen zwischen der Zu- bzw. Abnahme des Wasserdampfgehalts sowie der Wasserdampfkonvergenz bzw. -divergenz zu erkennen, insbesondere wenn die Niederschlagsraten gering sind. In diesen Fällen sind Wasserdampfkonvergenz und -divergenz die wesentlichen Prozesse im Wasserhaushalt, die Wasserdampfänderungen im Kontrollvolumen bewirken. Die Verdunstung spielt bei Divergenz zwar auch eine große Rolle, kann die dadurch bewirkten Wasserdampfverluste allerdings nur ausgleichen, wenn die Beträge der Divergenz- und Evapotranspirationsbeiträge gleich sind. Zum anderen sind bei Klassen mit besonders intensiven Konvergenz- und Niederschlagsereignissen hohe Korrelationen zwischen Konvergenz, Niederschlag und Verdunstung erkennbar. Dadurch wird deutlich, dass Wasserdampfzunahmen durch Konvergenz zur Bildung von Niederschlag und zur Verringerung der Evapotranspiration führen.

8.1.6 Statistische Signifikanz der Wasserhaushaltsquantifzierungen

Im vorangegangenen Abschnitt wurde die Quantifizierung des Wasserhaushalts eines bestimmten Gebietes in Südwestdeutschland erläutert. Überprüft werden soll nun, wie signifikant diese Ergebnisse sind und ob sie sich zur Charakterisierung des regionalen Wasserhaushalts unter dem Einfluss der verschiedenen Anströmungsklassen eignen. Zur Abschätzung, in welchem Maße die Wasserhaushaltsgrößen variieren und wie genau die Mittelwerte der Komponenten den atmosphärischen Wasserhaushalt charakterisieren, sind Box-Whisker-Plots in Abbildung 8.6 dargestellt. Innerhalb jeder Box sind die Mediane gekennzeichnet. Die obere und untere Begrenzung jeder Box stellen das obere bzw. erste sowie untere bzw. dritte Quartil dar. Die gestrichelten Linien (Whisker) markieren die Bereiche vom Minimum zum Maximum mit Ausnahme der Ausreißer. Die als Punkte markierten Ausreißer zeichnen sich durch Werte von weniger oder mehr als 3/2 des unteren bzw. oberen Quartils aus. Aus Gründen der Übersichtlichkeit sind nur die Komponenten der Wasserbilanz (s. Gl. 3.55), aber nicht die der Wasserdampfbilanz dargestellt (s. Gl. 3.57).

Einer Wasserhaushaltskomponente kann man für die jeweilige Anströmungsrichtung einen charakteristischen Wert dann zuordnen, wenn ihr Streubereich klein ist und sich die Streubereiche zwischen den verschiedenen Klassen möglichst wenig überschneiden. Deutlich erkennbar ist die Variation der Werte in einem sehr großen Bereich. Die Komponenten bezüglich der Südwest-Anströmungen, insbesondere die Gesamtänderungen sowie die Änderungen durch Konvergenz, Niederschlag und Phasenumwandlungen, fallen durch eine hohe Variabilität der Werte auf. Die Weite und Lage der Streubereiche weist somit auf die Werteverteilung hin. Konvergenz und Divergenz treten im Fall der Anströmungen aus Südwesten gleichermaßen auf. Die Änderungsraten auf Grund von Konvergenz bei Südost-Anströmungen liegen jedoch deutlich im positiven Wertebereich. Die Niederschlagswerte bei den Klassen SO und XXZ streuen zwar nicht so stark wie bei den Südwestlagen und weisen weniger bzw. im Fall von XXZ gar keine Ausreißer auf, trotzdem sind die Niederschlagsmediane in beiden Fällen sehr hoch. Das spricht dafür, dass hohe Niederschlagsraten für diese Anströmungsrichtungen trotz der geringen Anzahl an Tagen vermehrt auftreten. Der Abstand vom oberen zum unteren Whisker ist beim Niederschlag der Nordwestlagen am geringsten, dennoch sind auch hier vermehrt Ausreißer zu beobachten. Die hohen Niederschlagswerte hängen mit positiver Konvergenz zusammen, die im Streubereich des Konvergenzterms ebenfalls enthalten ist. Im Vergleich zu $\partial W/\partial t$, $-\nabla \cdot \boldsymbol{Q}$ und P ist die Variabilität der Verdunstung sehr gering und ist für die verschiedenen Anströmungsrichtungen sehr ähnlich. Insgesamt zeigen die Box-Whisker-Plots an, dass sich die Wertebereiche der einzelnen Komponenten bei verschiedenen Anströmungsrichtungen im hohen Maße überschneiden. Für eine bessere Einschätzung der Repräsentativität der Ergebnisse für die jeweilige Klasse bietet sich die genauere Betrachtung der Häufigkeitsverteilungen an.

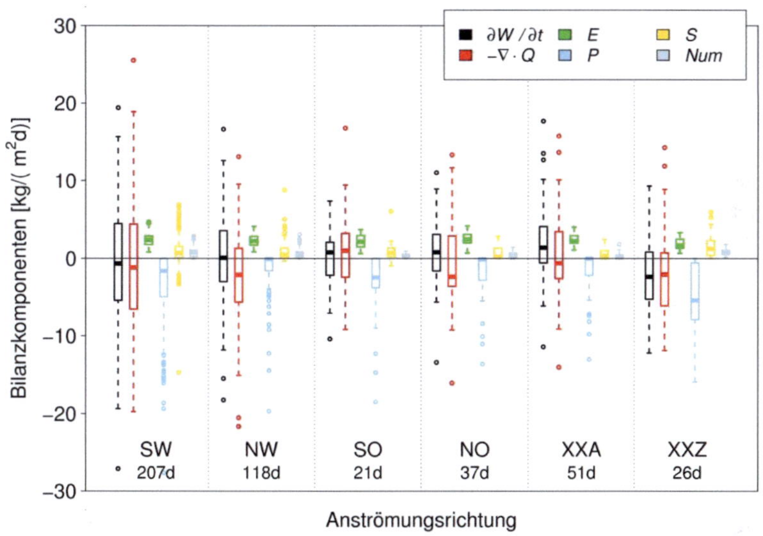

Abb. 8.6: Box-Whisker-Plots der Komponenten in kg/(m²d) der Wasserbilanz (s. Gl. 3.55) für Kontrollvolumen B über die Sommermonate (JJA) der Jahre 2005 bis 2009. Der besseren Erkennbarkeit wegen ist nur ein Ausschnitt dargestellt. Beim Niederschlag der Südwestlagen gibt es einen Ausreißer bei etwa -35 kg/(m²d).

Abbildung 8.7 stellt die Wahrscheinlichkeitsdichten (links) der zeitlichen Wasseränderung, der Änderung durch Konvergenz sowie der Verdunstung und Niederschläge in kg/(m²d) für die jeweiligen Anströmungsrichtungen dar. Die kumulativen Verteilungsfunktionen (rechts) dienen der Betrachtung von Details, die aus den Wahrscheinlichkeitsdichten auf der linken Seite nicht ersichtlich sind. Auf die Verteilungen der Phasenumwandlungen und numerischen Terme wird nicht weiter eingegangen. Desweiteren wird auf die Darstellung der Verteilungsfunktionen der Wasserdampfbilanzterme verzichtet, da die Verteilungen der Gesamtwasserdampfänderung bzw. der Wasserdampfkonvergenz sehr ähnlich zu denen der Gesamtwasseränderung bzw. der Wasserkonvergenz sind. Grundlagen zu den mit $F(\psi)$ gekennzeichneten Verteilungsfunktionen, wobei ψ den Wasserhaushaltsgrößen entspricht, sind in Abschnitt A.1.2.1 zu finden.

Generell sind die Verteilungen $F(\partial W/\partial t)$ und $F(-\nabla \cdot \boldsymbol{Q})$, der teilweise bimodalen Normalverteilungen, sehr ähnlich. Besonders deutlich wird das für die Wahrscheinlichkeitsdichten bezüglich der Klasse Südwest, die am häufigsten auftritt. Die Maxima von Normalverteilungen entsprechen den Mittelwerten. Die Niederschläge folgen typischen schiefen Verteilungsfunktionen mit einem Maximum bei geringen Niederschlagswerten und geringeren Wahrscheinlichkeiten für das Auftreten von Starkniederschlagsereignissen.

Große Ähnlichkeiten bezüglich der gesamten Änderung des Wassergehalts und der Änderung durch Divergenz bzw. Konvergenz sind für die nordöstlichen und nicht definierten Anströmungen mit antizyklonaler Strömung (XXA) erkennbar. Die Niederschlagsverteilungen beider Klassen sind sich zwar auch ähnlich, weisen aber auf eine erhöhte Wahrscheinlichkeit geringer Niederschlagsmengen bei XXA-Anströmungen hin. Das Maximum beider Verteilungsfunktionen liegt höher als bei den anderen Anströmungsrichtungen. Nur bei nordwestlichen Anströmungen ist die Wahrscheinlichkeit sehr geringer Niederschläge noch höher. Im Fall von Nordwestlagen ist ein vermehrtes Auftreten von Divergenz zu erwarten und das Vorkommen von Konvergenz unwahrscheinlicher. Aus den kumulativen Niederschlagsverteilungen (s. Abb. 8.7 rechts) ist erkennbar, dass für die niederschlagsarmen Klassen NO, XXA und NW die Wahrscheinlichkeit, dass Niederschlag auftritt, zwischen etwa 40 und 50% liegt.

Die zeitlichen Gesamtänderungen und die Änderungen auf Grund von Konvergenz bezüglich der Südwest-Anströmungen fallen durch die geringe Höhe des Maximums auf. Ihre Verteilung ist flacher und breiter als die der anderen Klassen sowie verhältnismäßig symmetrisch. Die Maxima sind nahe bei null bzw. im Fall der Gesamtänderung leicht in den negativen Wertebereich verschoben. Das spricht dafür, dass das Auftreten von Divergenz und Konvergenz bzw. Wasserzunahmen und –abnahmen relativ ausgeglichen ist und hohe Beträge im Vergleich zu den anderen Anströmungsrichtungen mit höheren Wahrscheinlichkeiten vorkommen. Auf Grund der breiten und symmetrischen Verteilung von $\partial W/\partial t$ und $-\nabla \cdot \boldsymbol{Q}$ ist es schwierig der Klasse SW charakteristische Werte für die Wasserdampfänderung und die Konvergenz zuzuordnen. Die Niederschlagsverteilung liegt zwischen denen der anderen Klassen und ist dementsprechend nicht durch Wahrscheinlichkeiten für besonders hohe oder niedrige Werte ausgezeichnet. Dennoch tritt der maximale Niederschlagswert bei Südwestlagen auf.

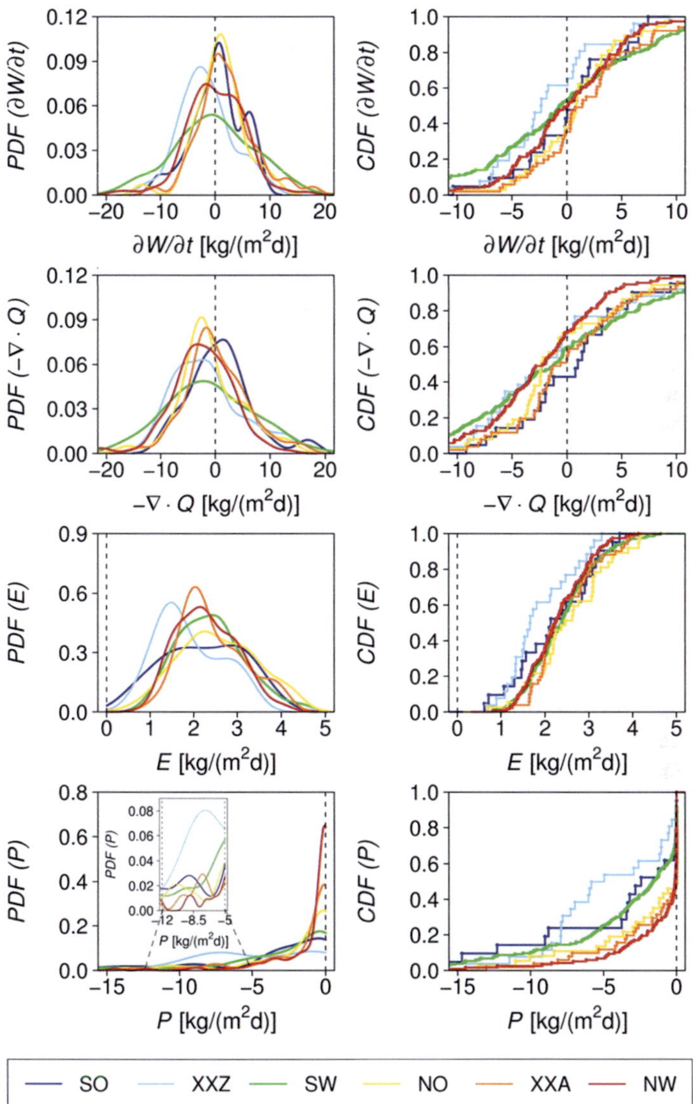

Abb. 8.7: Wahrscheinlichkeitsdichten (links) der zeitlichen Wasseränderung, Änderung durch Konvergenz, der Verdunstung und des Niederschlags (unten) sowie die zugehörigen kumulativen Verteilungsfunktionen (rechts) für jede Anströmungsrichtung. Die Daten beziehen sich auf die Komponenten in kg/(m²d) bezüglich Kontrollvolumen B und der Sommermonate (JJA) der Jahre 2005 bis 2009.

Südöstliche und nicht definierte Anströmungen mit zyklonaler Strömung (XXZ) stehen, wie bereits aus den Abbildungen 8.3 und 8.4 bekannt, im Zusammenhang mit Tiefdruckgebieten und somit auch hohen Niederschlägen. Dementsprechend unterscheiden sich ihre Verteilungsfunktionen von denen der anderen Klassen. Wie anhand der Dichtefunktionen erkennbar (s. Abb. 8.7 links) ist die Wahrscheinlichkeit für das Auftreten intensiver Niederschlagsereignisse mit Beträgen von mehr als etwa 12 kg/(m²d) bei Südost-Anströmungen am größten (s. Abb. 8.7 Detailbild). Dagegen sind Niederschlagsanteile mit Beträgen zwischen etwa 5 und 12 kg/(m²d) bei XXZ-Lagen am wahrscheinlichsten. Die Klasse XXZ zeichnet sich gegenüber den anderen Klassen auch durch die höchste Regenwahrscheinlichkeit von etwa 80% aus (s. Abb. 8.7 rechts). Bei beiden Klassen unterscheiden sich die Verteilungsfunktionen $F(\partial W/\partial t)$ und $F(-\nabla \cdot Q)$. Die Konvergenzbeiträge der XXZ-Klasse liegen mit einer Wahrscheinlichkeit von etwa 66% im negativen Bereich. Ab 0 kg/(m²d) fällt die zugehörige Dichtefunktion zunächst stark ab, ab 5 kg/(m²d) verläuft die Kurve jedoch flacher. D.h. auch die Wahrscheinlichkeit für Konvergenzbeiträge ab 5 kg/(m²d) nimmt im Vergleich zum vorherigen Kurvenverlauf zu. Aus diesem Verhalten resultiert der positive Mittelwert. Die Verteilungsfunktion für Südost-Anströmungen inklusive ihrem Maximum ist dagegen von vornherein weiter in den positiven Wertebereich verschoben und zeigt die deutliche Tendenz zu positiver Konvergenz an, die letztlich wiederum mit hohen Niederschlagsraten einhergeht.

Bezüglich der Verteilung der Verdunstungswerte tritt die Dominanz der XXZ-Klasse für geringe Verdunstungsmengen stark hervor, die im Zusammenhang mit hohen Niederschlagsmengen stehen können. Sehr geringe Verdunstungsmengen von weniger als 1 kg/(m²d) treten ebenso bei südöstlichen Anströmungen auf. Desweiteren ist die Verdunstungsverteilung bei Südost-Anströmungen relativ flach und breit mit einem Maximum bei etwa 3 kg/(m²d). Die Wahrscheinlichkeit für hohe Verdunstungsraten zwischen 4 und 5 kg/(m²d) ist am größten für Nordostlagen, die wiederum durch geringe Niederschlagsmengen gekennzeichnet sind.

Der Ergebnisse aus der Betrachtung der Verteilungsfunktionen lassen vermuten, dass die Klassen vor allem auf Grund ihrer Wahrscheinlichkeit für geringe oder hohe Niederschlagsmengen unterscheidbar sind, die wiederum Auswirkungen auf die anderen Wasserhaushaltskomponenten hat. Statistische Tests eignen sich dafür festzustellen, ob sich Verteilungen auf einem bestimmten Signifikanzniveau ausreichend voneinander unterscheiden. Es werden sowohl der Wilcoxon-Rangsummen- als auch der Kolmogorov-Smirnov-Test durchgeführt. Die Hintergründe dieser Prüfverfahren sind in Abschnitt A.1.2 erläutert.

Sowohl der Wilcoxon-Rangsummen-Test als auch der Kolmogorov-Smirnov-Test werden für alle Komponenten der Wasserbilanz (s. Gl. 3.55) durchgeführt. Dabei werden die Datensätze von jeweils zwei Klassen einander gegenübergestellt. Die Nullhypothese besagt, dass zwei Verteilungsfunktionen miteinander übereinstimmen. Das Signifikanzniveau beträgt 5%. Sind die Wahrscheinlichkeiten, dass zwei Datensätze der gleichen Grundgesamtheit entstammen, kleiner als 5%, wird die Nullhypothese abgelehnt. Die Verteilungen sind folglich signifikant unterscheidbar. Ist die Wahrscheinlichkeit größer als 5%, liegen nicht ausreichend Hinweise dafür vor, dass die Verteilungen verschieden sind und die Nullhypothese wird nicht verworfen. Tabelle 8.4 stellt die Ergebnisse des Wilcoxon-Rangsummen- und Kolmogorov-Smirnov-Test für jede Anströmungsklasse zusammen. Beide Tests werden einzeln für alle Komponenten der Wasserbilanz (s. Gl. 3.55) durchgeführt. Es können jeweils zwei Größen auf Unterschiede getestet werden, so dass die jeweilige Wasserhaushaltsgröße (z.B. P) aller Anströmungsklassen in allen möglichen Kombinationen (z.B. SW und NW, SW und SO, NO und XXA usw.) verglichen wird. Wird die Nullhypothese für mindestens eines der beiden Prüfverfahren abgelehnt, gilt die betrachtete Komponente der jeweiligen Anströmungsrichtung als signifikant unterscheidbar („+") von der gegenübergestellten Anströmungsrichtung. Erfolgt keine Ablehnung der Nullhypothese bei beiden Tests, sind keine signifikanten Unterschiede („-") zwischen den beiden betrachteten Verteilungen erkennbar. Die Durchführung des Tests für die Komponenten der Wasserdampfbilanz (s. Gl. 3.57) liefert keine wesentlich signifikanteren Unterschiede zwischen den einzelnen Anströmungsklassen. Deshalb wird auf die Darstellung dieser Testergebnisse verzichtet.

Generell ist anzumerken, dass es keine Wasserhaushaltskomponente bezüglich einer Anströmungsrichtung gibt, die ausreichend von der aller anderen Klassen abweicht. Die größten Unterschiede sind für die Niederschlagsverteilungen erkennbar, weniger für die Verteilungen der gesamten Wasseränderung und der Änderung durch Konvergenz. Sowohl $\partial W / \partial t$, $-\nabla \cdot \boldsymbol{Q}$ als auch P der Südwest-Anströmungen heben sich von den Klassen NW und XXA ab. Diese beiden Anströmungen sind mit wenig Niederschlag verbunden. Dies ist auch für die Klasse NO der Fall, die sich von den Südwest-Anströmungen neben der Verteilung des numerischen Terms nur in der Niederschlagsverteilung unterscheidet. Bezüglich der Niederschlagsverteilungen werden auch Differenzen für die Klasse XXZ, die durch hohe Niederschlagsmengen charakterisiert ist, durch die Tests erkannt. Die Unterschiede bei den Phasenumwandlungen können damit zusammenhängen, dass der Streubereich des S-Terms bei Südwestlagen wesentlich größer ist, womit eine höhere Variabilität im negativen Bereich im Gegensatz zu den anderen Klassen verbunden ist (s. Abb. 8.6). Generell sind positive Tendenzen mit Umwandlungen in Wasserdampf oder Flüssigwasser verbunden, negative Tendenzen sind gleichbedeutend mit Umwandlungen in Eis (s. Abschnitt 8.1.4).

SW	NW	SO	NO	XXA	XXZ	**NW**	SW	SO	NO	XXA	XXZ
$\partial W/\partial t$	+	-	-	+	-	$\partial W/\partial t$	+	-	-	+	-
$-\nabla \cdot \boldsymbol{Q}$	+	-	-	+	-	$-\nabla \cdot \boldsymbol{Q}$	+	+	-	+	-
E	-	-	-	-	+	E	-	-	-	-	+
P	+	-	+	+	+	P	+	+	-	-	+
S	-	-	-	+	+	S	-	-	-	-	+
Num	+	+	+	+	-	Num	+	-	+	+	+

SO	SW	NW	NO	XXA	XXZ	**NO**	SW	NW	SO	XXA	XXZ
$\partial W/\partial t$	-	-	-	-	-	$\partial W/\partial t$	-	-	-	-	+
$-\nabla \cdot \boldsymbol{Q}$	-	+	-	-	-	$-\nabla \cdot \boldsymbol{Q}$	-	-	-	-	-
E	-	-	-	-	-	E	-	-	-	-	+
P	-	+	+	+	-	P	+	-	+	-	+
S	-	-	-	-	-	S	-	-	-	-	+
Num	+	-	-	+	+	Num	+	+	-	-	+

XXA	SW	NW	SO	NO	XXZ	**XXZ**	SW	NW	SO	NO	XXA
$\partial W/\partial t$	+	+	-	-	+	$\partial W/\partial t$	-	-	-	+	+
$-\nabla \cdot \boldsymbol{Q}$	+	+	-	-	-	$-\nabla \cdot \boldsymbol{Q}$	-	-	-	-	-
E	-	-	-	-	+	E	+	+	-	+	+
P	+	-	+	-	+	P	+	+	-	+	+
S	+	-	-	-	+	S	+	+	-	+	+
Num	+	+	+	-	+	Num	-	+	+	+	+

Tab. 8.4: Ergebnisse des Wilcoxon-Rangsummen- und Kolmogorov-Smirnov-Tests (s. Abschnitt A.1.2.2 bzw. A.1.2.3) bezüglich der Komponenten der Wasserbilanz (s. Gl. 3.55) in kg/(m²d) für Kontrollvolumen B und die Sommermonate (JJA) der Jahre 2005 bis 2009. Die Markierung „+" bedeutet, dass mindestens einer der beiden Tests die Nullhypothese ablehnt. Wird die Nullhypothese von keinem der beiden Tests verworfen, wird das durch „-" gekennzeichnet. Das Signifikanzniveau beträgt 5%. Der besseren Übersicht wegen sind die Fälle, bei denen die Nullhypothese abgelehnt wird, blau markiert.

Auffällig ist, dass sich die Niederschlagsverteilungen der Klassen mit wenigen (NW, NO, XXA) von denen mit hohen Niederschlägen (SO, XXZ, SW) unterscheiden. In Abbildung 8.7 (rechts) ist das daran erkennbar, dass die kumulativen Verteilungsfunktionen der niederschlagsreicheren Klassen im gesamten Niederschlagsspektrum höhere Werte aufweisen als die niederschlagsärmeren Klassen. Desweiteren ist die Wahrscheinlichkeit geringer Niederschlagsmengen zwischen 0 und 1 kg/(m²d) bei den niederschlagsärmeren Klassen höher (s. Abb. 8.7 links). Die Niederschlagsverteilung der Südwest-Anströmungen liegt und fungiert als Abgrenzung zwischen den beiden Gruppen, was sich auch in den Mittelwerten widerspiegelt. Signifikante Unterschiede werden auch für die Verteilungen $F(-\nabla \cdot \boldsymbol{Q})$ deutlich. Während die Nordwestlagen ebenso wie die Südwest-Anströmungen bezüglich der Mittelwerte sowie der Schiefe der Verteilungen eher durch Divergenz gekennzeichnet sind, ist die Konvergenz charakteristisch für Südost- und nicht definierte Anströmungen mit antizyklonaler Strömung (XXA). Wie aus Tabelle A.2 im Anhang bekannt sind die meisten Tage mit Südwest- und Nordwestlagen durch antizyklonale Strömungen in 950 hPa und damit bodennahe Divergenz gekennzeichnet. Bei Südostlagen überwiegen zyklonale Strömungen in 950 hPa und demzufolge bodennahe Konvergenz. Diese Charakteristika treten zwar bei der XXA-Klasse nicht überwiegend auf, können aber in Verbindung mit feuchten Luftmassen in den jeweiligen Situationen große Beiträge haben. Trotz des Maximums, das im Bereich der negativen Konvergenzwerte liegt, ist die Wahrscheinlichkeit von Konvergenz zwischen 0 und 5 kg/(m²d) nach den Südostlagen bei XXA-Lagen am größten.

Die Tests erkennen Unterschiede in den Verteilungen der Konvergenz zwischen den Klassen SW, NW, SO und XXA, wobei SW und SO sowie SO und XXA keine signifikanten Differenzen aufzeigen. Für SO und XXA sowie SW und NW weichen auch die Niederschlagsverteilungen ab. Demzufolge können die verschiedenen Anströmungsrichtungen bei Betrachtung aller Wasserhaushaltskomponenten durchaus voneinander unterschieden werden. Nur auf Basis einer bestimmten Wasserhaushaltsgröße ist eine Differenzierung schwieriger. Vorgegangen kann dabei derart, dass zunächst signifikante Unterschiede zwischen den Niederschlagsverteilungen gesucht werden. Hier lassen sich die niederschlagsreicheren von den niederschlagsärmeren Klassen unterscheiden. Diese Klassifizierung ist bereits aus Abschnitt 8.1.4 bekannt. Im nächsten Schritt werden die Verteilungsfunktionen der verschiedenen Anströmungsrichtungen bezüglich der Verdunstung verglichen. Hier sind nur signifikante Abweichungen für die XXZ-Klasse festzustellen. Beim Vergleich der Konvergenzverteilungen sind bis auf signifikante Unterschiede zwischen der XXA- und NW-Klasse keine weiteren Differenzierungen möglich. Zu beachten ist, dass zwischen den Konvergenzverteilungen bei NO und NW zwar keine signifikanten Abweichungen vorhanden sind, allerdings auch nicht zwischen den Konvergenzverteilungen bei NO und XXA. Da die negativen Konvergenzbeiträge und ihre hohen Anteile bei Nordwestlagen aus den Abbildungen 8.3 und 8.4 bekannt sind, werden die Klassen NO und XXA zusammengefasst und NW getrennt betrachtet. In Abbildung 8.8 ist die Differenzierung der Anströmungsklassen schematisch dargestellt, nach der sich vier Gruppen von Anströmungsrichtungen ergeben.

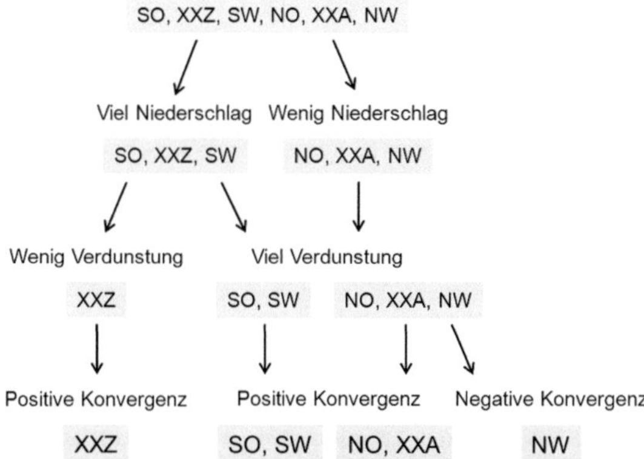

Abb. 8.8: Differenzierung der Anströmungsklassen anhand der Ergebnisse des Wilcoxon-Rangsummen- und Kolmogorov-Smirnov-Test (s. Tab. 8.4) und der Verteilungsfunktionen (s. Abb. 8.7).

Am deutlichsten kann die XXZ-Lage von den anderen Klassen unterschieden werden. Dies liegt insbesondere daran, dass die Verdunstungsverteilungen von allen anderen Anströmungsrichtungen mit Ausnahme der Südostlagen abweichen. Die Evapotranspirationsraten der XXZ-Klasse sind geringer als die der anderen Klassen und stehen wiederum mit hohen Niederschlägen in Verbindung. Die Verdunstungsverteilungen der anderen Klassen sind auf dem 5%-Signifikanzniveau nicht voneinander zu unterscheiden.

8.1.7 Quantifizierung des Wasserhaushalts für ein Kontrollvolumen im Norddeutschen Tiefland

Südwestdeutschland ist durch ein weites Skalenspektrum der Topographie und kleinräumige Variabilitäten von Landnutzung und Bodentypen gekennzeichnet. Der Einfluss der Geländeformen wird in Abschnitt 8.2 detailliert diskutiert. Es stellt sich zum einen die Frage, ob sich über flachem und niedrig gelegenem Gelände die Aufteilung der Wasserhaushaltskomponenten von der in Bergregionen wie im nördlichen COPS-Gebiet unterscheidet. Zum anderen ist wissenswert, ob sich die Komponenten der verschiedenen Anströmungsrichtungen besser voneinander differenzieren lassen. Das für diese Betrachtung gewählte Kontrollvolumen E ist in Abbildung 5.3 (rechts) dargestellt. Abbildung 8.9 veranschaulicht anhand des zugehörigen Box-Whisker-Plots die Lage der Mediane sowie die Variation der Wasserhaushaltsgrößen in Abhängigkeit von der Anströmungsrichtung.

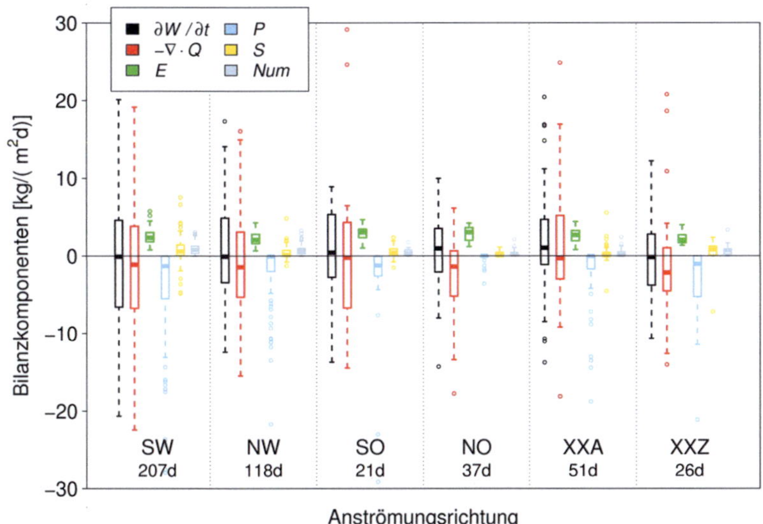

Abb. 8.9: Box-Whisker-Plots der Komponenten in kg/(m²d) der Wasserbilanz (s. Gl. 3.55) für Kontrollvolumen E über die Sommermonate (JJA) der Jahre 2005 bis 2009. Der besseren Erkennbarkeit wegen ist nur ein Ausschnitt dargestellt. Vereinzelte Ausreißer gibt es beim Konvergenzterm der SW-Lagen und beim Niederschlag der SW- und XXA-Lagen.

Die Gegenüberstellung des Box-Whisker-Plots der Kontrollvolumina B und E zeigt große Ähnlichkeiten in der Lage der Mediane und den Variationsbereichen der Wasserhaushalts- größen für die Südwestlagen. Nordwest-Anströmungen werden zwar auch wie bei Kontroll- volumen B durch einen Niederschlagsmedian nahe Null gekennzeichnet, jedoch liegen das untere Quartil und der untere Whisker weiter im Bereich der höheren Niederschläge. Desweiteren ist die Box bezüglich der Konvergenz stärker zu positiven Werten hin verscho- ben, die in Zusammenhang mit den höheren Niederschlägen stehen. Bei Nordwestlagen legen die Luftmassen bis zum süddeutschen Bergland einen längeren Weg als bis zur norddeutschen Tiefebene zurück, so dass bei dieser Klasse die Wahrscheinlichkeit für das Auftreten von Konvergenz und Niederschlag in Kontrollvolumen E größer als in B ist.

Große Niederschlagsmengen weisen die Südostlagen auf. Für Kontrollvolumen E verringern sich der Abstand zwischen dem oberen und unteren Quartil sowie die Länge des unteren Whiskers. Desweiteren liegt der Median der Konvergenz nicht wie bei Kontrollvolumen B deutlich im positiven Bereich, sondern knapp unterhalb der Nulllinie. Die Lage des unteren Quartils und unteren Whiskers weisen auf das vermehrte Auftreten von Divergenz hin. Allerdings gibt es im Gegensatz zu Kontrollvolumen B zwei Ausreißer bei sehr hoher

Konvergenz zwischen 20 und 30 kg/(m²d) und bei sehr hohen Niederschlagsraten zwischen -20 und -30 kg/(m²d). Wie in Abschnitt 8.1.4 wirken die mit Zyklonen und hohen Niederschlägen verbundenen Südostlagen insbesondere im süddeutschen Raum. Der Einfluss der Tiefdruckgebiete bei Anströmungen aus Südosten nimmt in der norddeutschen Tiefebene ab. Es kann zwar vereinzelt zu intensiver Konvergenz und hohen Niederschlägen kommen, im Mittel nimmt jedoch die Divergenz zu und die Niederschlagsraten verringern sich. Ebenso tritt bei Nordostlagen wesentlich weniger Niederschlag auf, während gleichzeitig das untere Quartil und der untere Whisker von $-\nabla \cdot \boldsymbol{Q}$ in Richtung höherer Divergenzen verschoben sind, obwohl der Betrag des Medians etwas abnimmt. Analog zu den Südost-Anströmungen wirken sich die z.T. zeitlich nahen Nordostlagen nicht mehr so stark auf den atmosphärischen Wasserhaushalt in Norddeutschland aus. Hier herrschen im Gegensatz zum süddeutschen Raum warme und trockene Luftmassen, die mit wenig Niederschlag verbunden sind, vor.

Die Lage der Mediane, Quartile und Whisker bei XXA-Lagen ist für die Kontrollvolumina B und E ähnlich. Als Unterschied ist das Auftreten von Ausreißern bei hoher positiver Konvergenz und hohen Niederschlagsbeträgen im Kontrollvolumen E hervorzuheben. Die in Kontrollvolumen B niederschlagsintensiven XXZ-Lagen zeigen im Kontrollvolumen E eine höhere Tendenz zu Divergenz und eine Verringerung des Abstands zwischen oberem und unterem Quartil sowie der Länge des unteren Whiskers beim Niederschlag. Die XXZ-Lagen gehören zwar auf Grund der Lage des Medians wie auch in Kontrollvolumen B zu den niederschlagsreicheren Klassen, allerdings ist eine Verschiebung zu mehr Divergenzen und geringeren Niederschlägen erkennbar. Kommt bei XXA-Lagen ein Teil der Luftmassen aus Richtung der Nord- oder Ostsee, so sind diese wasserdampfhaltig und erreichen zunächst Norddeutschland, wo Niederschlagsereignisse auftreten können. Bei weiterem Transport der inzwischen trockeneren Luftmassen nach Süddeutschland ist mit einer geringeren Regenwahrscheinlichkeit zu rechnen. Umgekehrt können bei XXZ-Lagen feuchte Luftmassen zunächst nach Süddeutschland transportiert werden, in deren Folge die Niederschlagsintensität ansteigt. Die daraufhin nach Norddeutschland transportierten Luftmassen weisen einen geringeren Wasserdampfgehalt auf und die Wahrscheinlichkeit für Niederschlagsereignisse nimmt ab. Zwar nehmen die Luftmassen durch Verdunstung zusätzlich Feuchtigkeit auf, jedoch ist der Transportweg von Nord- nach Süddeutschland und umgekehrt möglicherweise zu kurz, als dass eine deutliche Zunahme der Niederschlagswahrscheinlichkeit im Süden bzw. Norden bewirkt wird. Es ist zu beachten, dass für die Klassen XXA und XXZ keine weiteren Informationen darüber vorliegen, aus welchen Richtungen die Luftmassen kommen und daher die obige Interpretation eine mögliche Erklärung ist, anhand der verfügbaren Informationen allerdings nicht belegt werden kann.

Die Gegenüberstellung der Kontrollvolumina über Regionen innerhalb Nord- und Südwestdeutschlands zeigt zwar z.T. Abweichungen hinsichtlich des Vorkommens von Konvergenz und Divergenz sowie der Werteverteilung der Niederschlagsraten, dennoch stimmen die in Abschnitt 8.1.4 erläuterten Charakteristika der Wasserhaushaltskomponenten zwischen den Kontrollvolumina B und E überein. Der auffälligste Unterschied tritt in Verbindung mit den Nordostlagen auf, was aber nicht durch die Topographie bedingt ist, sondern mit der geographischen Breite und damit dem Einfluss der für die Südostlagen charakteristischen Tiefdruckgebiete verknüpft ist. Die Variabilitäten der Komponenten über weiträumig flachem Gelände werden nicht geringer und weisen ebenfalls Überschneidungen zwischen den verschiedenen Anströmungsrichtungen auf. Daher ist nicht zu erwarten, dass statistische Prüfverfahren wesentlich bessere Differenzierungen auf einem bestimmten Signifikanzniveau ausmachen können als beim Kontrollvolumen B.

8.1.8 Folgerungen zur Analyse des Wasserhaushalts in Abhängigkeit von der Anströmung

Auf Basis der objektiven Wetterlagenklassifizierung werden die täglichen modellbasierten Wasserhaushaltsbilanzen (s. Gl. 3.55 und Gl. 3.57) nach den Anströmungsmerkmalen sortiert und für das sich über das nördliche COPS-Gebiet erstreckende Kontrollvolumen B ausgewertet. Bereits bei gleichbleibender Anströmungsrichtung sind die Wasserhaushaltskomponenten durch hohe Variabilitäten gekennzeichnet, was bei der Charakterisierung der einzelnen Anströmungsklassen anhand von Mittelwerten berücksichtigt werden muss. So können sowohl mit geringen Niederschlägen und hohen Verdunstungsmengen einhergehende Divergenz als auch Konvergenz, die mit hohen Niederschlägen und geringer Evapotranspiration verbunden ist, innerhalb der gleichen Klasse auftreten. Die Änderungsraten der Wasserhaushaltskomponenten der jeweiligen Anströmungsklasse sind ein Maß für die mittleren Beiträge einer Wasserhaushaltsgröße zur gesamten Wasseränderung in dem betrachteten Kontrollvolumen.

Die Klassifizierung nach Anströmungsrichtungen unterscheidet niederschlagsarme (NW, NO, XXA) von niederschlagsreichen (SW, SO, XXZ) Wetterlagen. Die Variabilität der Verdunstung ist im Vergleich zu der der anderen Wasserhaushaltsgrößen auf Grund der Dämpfung des Bodens sehr gering, so dass sich die mittleren Verdunstungsbeiträge der verschiedenen Klassen nur geringfügig unterscheiden. Dennoch zeichnen sich die niederschlagsarmen Klassen durch höhere mittlere Evapotranspirationsraten aus als die Wetterlagen mit höheren Niederschlagsraten.

Die Bedeutung von Konvergenz und Divergenz kann besser anhand des Verhältnisses des Konvergenzterms zur Evapotranspiration untersucht werden, da auf Grund des positiven und negativen Wertebereiches die Beträge der Mittelwerte nahe Null liegen und daraus kaum Aussagen abgeleitet werden können. Normierte Wasserdampfkonvergenzen $-\nabla \cdot \boldsymbol{Q_v}^* > E_v^*$ treten gemeinsam mit Niederschlagsanteilen $|P^*| > E_v^*$ auf. Dies trifft für die SO- und XXZ-Lagen zu und es kann geschlussfolgert werden, dass die Intensität von Konvergenz, Konvektion und daraus resultierenden Niederschlagsereignissen bei diesen Klassen besonders hoch ist. Bei auftretender Divergenz steigt die Bedeutung der Evapotranspiration an. Ist $|P^*| > E_v^*$, aber $0 \leq -\nabla \cdot \boldsymbol{Q_v}^* \leq E_v^*$ wie bei den zuvor als niederschlagsarm klassifizierten Nordostlagen, so sind im Mittel die Konvergenz- und Niederschlagsraten zwar gering und die Verdunstung nimmt einen höheren Stellenwert im Wasserhaushalt ein. Jedoch gibt es vereinzelte Ereignisse mit sehr hoher Konvergenz und daraus folgenden Niederschlägen. Die Charakterisierung des Wasserhaushalts von Südwestlagen gestaltet sich schwierig auf Grund der verschiedenen Situationen, die diese Klasse beinhaltet, und der daraus resultierenden hohen Variabilität der Wasserhaushaltskomponenten. Der Niederschlagsanteil überwiegt den der Verdunstung, jedoch gilt für den Konvergenzanteil im Mittel $-E_v^* \leq -\nabla \cdot \boldsymbol{Q}_v^* \leq 0$. Dennoch ist die Variabilität des Konvergenzbeitrags im Vergleich zu den anderen Klassen am höchsten und es können sowohl hohe Konvergenz als auch hohe Divergenz auftreten, so dass sich aus dem mittleren Anteil kaum Aussagen über die Bedeutung dieser Komponente machen lassen. Der Niederschlagsanteil entspricht mit $|P^*| \approx E_v^*$ dem der Evapotranspiration und der Betrag des Wasserdampfkonvergenzanteils ist geringer als der Anteil von E_v bei den niederschlagsarmen NW- und XXA-Lagen. Es treten zwar mit Konvergenz verbundene Niederschläge auf, jedoch steigt die Bedeutung der Divergenz an. Desweiteren hat die Verdunstung eine größere Bedeutung bei diesen Klassen im Vergleich zu den anderen. Für das Kontrollvolumen E in Norddeutschland verringert sich der Einfluss der Tiefdruckgebiete bei SO- und NO-Lagen und die hohen positiven Konvergenz- und Niederschlagsbeiträge verringern sich.

Zu Beginn von Kapitel 8 wurde die Frage nach den Wetterlageneigenschaften gestellt, die sich auf den atmosphärischen Wasserhaushalt auswirken. Die hier angewandte Klassifizierung richtet sich nur nach den Anströmungsrichtungen und im Fall nicht definierter Anströmungen zusätzlich nach der Zyklonalität in 500 hPa. Mit der Anströmungsrichtung in Verbindung stehen die Luftmasseneigenschaften Wasserdampfgehalt und Temperatur, wobei letztere steuert, wieviel Wasserdampf ein Luftpaket aufnehmen kann. Luftmassen aus Nordwesten sind vorrangig kalt und trocken, solche aus Südwesten und Südosten überwiegend warm und feucht. Aus Nordosten kommende Luftmassen sind vor allem als warm und trocken charakterisiert, dennoch sind etwa ein Drittel der Tage mit nordöstlicher Anströmung durch feuchte Luft gekennzeichnet. Die mit XXA-Lagen in Verbindung stehenden Situationen beinhalten zu einem Drittel Tage mit trockenen und zu zwei Dritteln Tagen mit feuchten Luftmassen. Trockene und feuchte Luft ist bei XXZ-Lagen nahezu gleich oft vertreten (s. Anhang Tab. A.2).

Desweiteren können die Wasserhaushaltsaufteilungen anhand der Zyklonalität in 950 hPa und 500 hPa erklärt werden (s. Anhang Tab. A.2 und Abschnitt 8.1.4). Ob antizyklonale oder zyklonale Strömungsverhältnisse vorliegen, spiegelt sich direkt in dem Auftreten von Divergenz und Konvergenz wider. Der Beitrag der Verdunstung ist indirekt über den Bewölkungsgrad, die Einstrahlung und die bodennahen Feuchtegradienten mit den Wetterlagen verbunden. Die Bodenfeuchte ist zwar eine den latenten Wärmefluss steuernde Größe, jedoch spielt sich die Variabilität der Bodenfeuchte bzw. der Wasserverfügbarkeit des Bodens auf längeren Zeitskalen (Wochen, Monate) ab als die atmosphärischen Prozesse Konvergenz und Niederschlag (Stunden, Tage), so dass der Variationsbereich der Verdunstungsbeiträge verringert ist.

Die Korrelationen zwischen hoher positiver Konvergenz, zunehmenden Niederschlagsraten und geringen Evapotranspirationsraten sind insbesondere für die Klassen SO, NO und XXZ erkennbar. Dieser Zusammenhang spiegelt sich auch bei den anderen Klassen wider, jedoch treten vor allem bei SW- und NW-Lagen auch bei geringen Verdunstungsraten hohe negative Konvergenzanteile und Niederschlagsanteile nahe Null auf. Ab einer Verdunstungsrate von etwa 2 kg/(m²d) nimmt die Bedeutung dieses Prozesses bei SO, NO, XXA und XXZ zu. Für die Klassen NW bzw. SW ist das ab einer Evapotranspiration von etwa 2.5 bzw. 3 kg/(m²d) der Fall. Obwohl die Niederschlagsanteile stark zurückgehen, sind die Anteile von negativer und auch positiver Konvergenz zum Teil sehr hoch und überwiegen den Verdunstungsanteil.

Eine allgemein gültige Quantifizierung anhand absoluter mittlerer Beiträge des Wasserhaushalts einer Region aufzustellen gestaltet sich eher schwierig, da die Wasserhaushaltsprozesse und -einflüsse komplexer Natur sind und durch eine Differenzierung nach Anströmungsrichtungen nicht vollständig erfasst werden. Anströmungsrichtungen in Verbindung mit den Luftmasseneigenschaften Wasserdampfgehalt und Temperatur sowie die Zyklonalität sind zwar wichtige Faktoren. Dennoch kann es andere Prozesse geben, die Einfluss auf den Wasserhaushalt haben, aber im Rahmen dieser Arbeit nicht betrachtet werden. Trotzdem sind Tendenzen beim Vergleich zwischen den Anströmungsklassen erkennbar, so dass sich unter Betrachtung aller dominierenden Wasserhaushaltsprozesse vier Gruppen unterscheiden lassen:

1. Niederschlagsreiche XXZ-Lagen mit geringen Verdunstungsraten
2. Niederschlagsreiche SO- und SW-Lagen mit höherer Verdunstung als bei XXZ
3. Niederschlagsarme NO- und XXA-Lagen
4. Niederschlagsarme NW-Lagen mit hohem Divergenzanteil.

Auch wenn die Quantifizierung anhand von absoluten Mittelwerten auf Grund der hohen Variabilität der Wasserhaushaltsgrößen allein nicht geeignet ist, um den Wasserhaushalt einer Wetterlage zu charakterisieren, sind Tendenzen zwischen den einzelnen Klassen erkennbar und interpretierbar. Insbesondere für Gegenüberstellungen verschiedener Kontrollvolumina sind die hier durchgeführten Bestimmungen der Wasserhaushaltskomponenten geeignet. Dabei sollte darauf geachtet werden, dass die Kontrollvolumina ähnliche räumliche Ausdehnungen haben (s. Kap. 5.1.1).

8.2 Einfluss der Topographie auf den Wasserhaushalt

Nach der Untersuchung der Wasserhaushaltskomponenten für eine Region, die sich über die Rheinebene und den Schwarzwald erstreckt, stellt sich die Frage, welchen Einfluss die Topographie dieser beiden Regionen auf den Wasserhaushalt hat. Hierzu werden die Wasserbilanzen der beiden Kontrollvolumina C und D aus Abb. 5.3 (links) miteinander verglichen.

In den Fallstudien in Kapitel 6 wurde festgestellt, dass sich die Verdunstung in der bergigen Region im Vergleich zum Rheintal erhöht und die Niederschläge verringert haben. Die Analyse der längeren Zeitreihen soll feststellen, ob sich diese Resultate bestätigen lassen oder auch eine Erhöhung des Niederschlags und damit eine Intensivierung des Wasserkreislaufs feststellbar ist. Mit Intensivierung des Wasserkreislaufs ist eine Erhöhung der Beiträge mehrerer Wasserhaushaltsgrößen gemeint. Nehmen die Beiträge der Komponenten alle gleichermaßen zu, können die Anteile im Wasserhaushalt gleich bleiben. Sind höhere Beiträge nur bei der Verdunstung und dem Niederschlag erkennbar, aber beispielsweise nicht beim Konvergenzterm, geht die Intensivierung einzelner Prozesse mit einer höheren Bedeutung der Verdunstung im Wasserhaushalt einher. Dafür werden die Wasserhaushaltskomponenten für Kontrollvolumen C in der Rheinebene und Kontrollvolumen D in der Region Schwarzwald/Schwäbische Alb bestimmt. Die Analyse erfolgt bezüglich der Sommermonate von 2005 bis 2009 mit der in Kapitel 8.1 beschriebenen Klassifizierung der Anströmungsrichtungen sowie ohne Klassifizierung. Der Vergleich der Ergebnisse ermöglicht Schlussfolgerungen zur Bedeutung der Topographie für den regionalen Wasserhaushalt.

In den folgenden beiden Abschnitten werden die Aufteilungen der Wasserhaushaltskomponenten der Kontrollvolumina C und D einzeln vorgestellt. Vergleiche zum räumlich weiter ausgedehnten Kontrollvolumen B dienen lediglich dazu, Hinweise auf Gemeinsamkeiten und Unterschiede zu finden, auf die bei der direkten Gegenüberstellung der Kontrollvolumina C und D in Abschnitt 8.2.3 der Schwerpunkt gelegt wird.

8.2.1 Der Wasserhaushalt in der Rheinebene

Die Größenordnungen der Komponenten in kg/(m²d) der Wasserdampf- bzw. Wasserbilanz für die sechs Anströmungsklassen sind Abbildung 8.10 zu entnehmen. Desweiteren sind in Tabelle 8.5 ihre mit E normierten Anteile zusammengestellt (s. Abschnitt 8.1.4). Die in Kapitel 8.1 für das Kontrollvolumen B, das sich sowohl über die Rheinebene als auch den Schwarzwald erstreckt, herausgearbeiteten Charakteristika sind auch hier erkennbar. Dies betrifft zum einen die Unterscheidung der niederschlagsreicheren Klassen SW, SO und XXZ von den niederschlagsärmeren Klassen NW, NO und XXA und die Verringerung der

Verdunstungsbeiträge bei hohen mittleren Niederschlagsraten. Zum anderen zeichnen sich die SO- und XXA-Lagen wiederum durch Wasserdampfkonvergenz und die NW-Lagen durch Wasserdampfdivergenz aus. Analog zu Abbildung 8.3 sind die Werte der Wasserkonvergenz bei SO und XXA positiv und bei SW, NW, NO und XXZ negativ. Der Beitrag der Phasenumwandlungen von Eis in Wasserdampf und Flüssigwasser ist wie bei Kontrollvolumen B bei den XXZ-Lagen maximal. Im Gegensatz zum Kontrollvolumen B sind jedoch die Niederschlagsmittel geringer mit Ausnahme der Südwestlagen. Deren Niederschlagswert ist am größten und damit sogar etwas höher als bei den Südost-Anströmungen. Das Rheintal wirkt etwa bis zur Höhe der angrenzenden Berge wie ein Kanal bei Anströmungen von warmer und feuchter Luft aus südwestlicher Richtung. Erst durch Hebungseffekte gelangen diese Luftmassen in den Schwarzwald. Bei südöstlicher Anströmung ist die Rheinebene zwar auch von stärkeren Niederschlagsereignissen betroffen, jedoch nicht so sehr wie die höher gelegenen Regionen. Insgesamt werden die Unterschiede zwischen den niederschlagsärmeren Klassen NW, NO sowie XXA und den niederschlagsreicheren Klassen SW, SO sowie XXZ noch deutlicher. Dass für die Südwest-Anströmung im Mittel eine Wasserdampfkonvergenz in der Rheinebene auftritt, ist ein weiterer Unterschied zum Kontrollvolumen B. Die erhöhte Zunahme des Wasserdampfgehalts durch Konvergenz kann schließlich wieder zur verstärkten Niederschlagsbildung beitragen.

Auch die Aufteilungen der Wasserhaushaltskomponenten (s. Tab. 8.5) sind denen im Kontrollvolumen B sehr ähnlich bis auf die Klassen NO und XXZ. Bei NO-Lagen ist der Niederschlagsanteil geringer als der der Evapotranspiration, was für Kontrollvolumen B nicht der Fall ist. Bei allen Klassen mit Ausnahme der Südwestlagen vermindern sich die Niederschlagsanteile gegenüber Kontrollvolumen B. In Kontrollvolumen C sind Niederschlagsprozesse weniger relevant und die Verdunstung gewinnt an Bedeutung. Bei nord- und südöstlichen Anströmungen kann das durch die Lee-Lage des Kontrollvolumens erklärt werden. Bei südwestlichen Anströmungen liegt Kontrollvolumen C im Luv, so dass die Bedeutung des Niederschlags zunimmt. Die Wasserabnahme durch Niederschlag wird durch einen negativen Anteil von $-\nabla \cdot \boldsymbol{Q}$ weiter verstärkt. Desweiteren ist erkennbar, dass die Anteile der Phasenumwandlungen zur zeitlichen Gesamtänderung im Kontrollvolumen B höher sind. Über dem in Kontrollvolumen B enthaltenen Schwarzwald kann Wasser in größere Höhenbereiche gelangen, in denen auch Wolkeneis und Schnee auftreten, und Phasenumwandlungen in Wolken- und Regenwasser sowie Wasserdampf finden vermehrt statt.

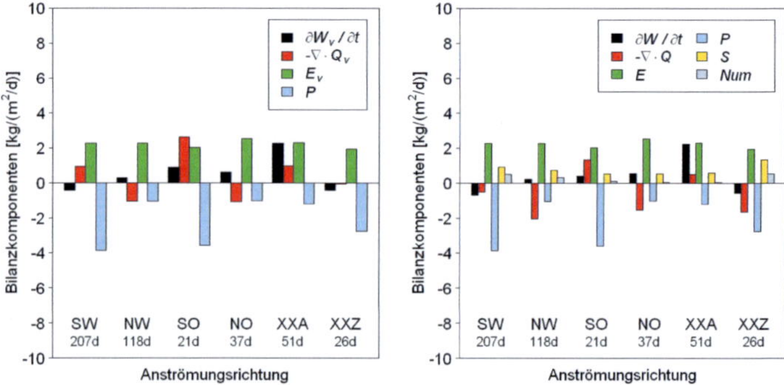

Abb. 8.10: Mittelwerte der Komponenten in kg/(m²d) der Wasserdampf- (links; s. Gl. 3.57) und Wasserbilanz (rechts; s. Gl. 3.55) für Kontrollvolumen C über die Sommermonate (JJA) der Jahre 2005 bis 2009.

	SW	NW	SO	NO	XXA	XXZ
$\partial W_v/\partial t^*$	-0.7 ± 4.4	0.0 ± 2.9	0.5 ± 2.8	0.6 ± 3.9	0.7 ± 3.5	0.3 ± 3.5
$\partial W/\partial t^*$	-0.9 ± 4.6	0.0 ± 2.9	0.0 ± 3.4	0.6 ± 3.9	0.7 ± 3.7	0.2 ± 3.4
$-\nabla \cdot Q_v^*$	0.5 ± 5.9	-0.4 ± 3.3	3.0 ± 6.0	0.1 ± 4.4	0.5 ± 3.8	1.0 ± 5.2
$-\nabla \cdot Q^*$	-0.3 ± 5.8	-0.9 ± 3.1	2.0 ± 5.0	-0.2 ± 4.1	0.2 ± 3.6	-0.2 ± 3.9
$E_v^* = E^*$	1.0	1.0	1.0	1.0	1.0	1.0
P^*	-2.3 ± 4.7	-0.7 ± 2.0	-3.3 ± 5.3	-0.7 ± 1.6	-0.9 ± 2.9	-1.9 ± 2.4
S^*	0.5 ± 2.0	0.4 ± 0.7	0.3 ± 1.2	0.4 ± 0.8	0.3 ± 0.5	1.0 ± 1.3
Num^*	0.3 ± 0.4	0.2 ± 0.4	0.1 ± 0.2	0.1 ± 0.3	0.0 ± 0.2	0.4 ± 0.3

Tab. 8.5: Mittlere Anteile der normierten (s. Abschnitt 8.1.4) Komponenten der Wasserdampf- und Wasserbilanz (s. Gl. 3.57 und 3.55) für Kontrollvolumen C und die Sommermonate (JJA) der Jahre 2005 bis 2009. Die Terme der Wasserdampfbilanz sind zur besseren Erkennbarkeit grau markiert. Auftretende Residuen hängen mit Rundungsfehlern zusammen.

Der Wasserhaushalt der Region Schwarzwald und Schwäbische Alb wird im nächsten Abschnitt betrachtet und dann dem Wasserhaushalt der Rheinebene in Abschnitt 8.2.3 gegenübergestellt.

8.2.2 Der Wasserhaushalt in der Region Schwarzwald/Schwäbische Alb

Abbildung 8.11 können analog zum vorhergehenden Abschnitt die Wasserhaushaltskomponenten in kg/(m²d) bezüglich des Kontrollvolumens über dem Schwarzwald und der Schwäbischen Alb entnommen werden. Generell ist wieder eine große Ähnlichkeit zu den Strukturen für das Kontrollvolumen B erkennbar. Die Südostlagen weisen im Gegensatz zum Kontrollvolumen B eine Wasserdampfkonvergenz auf, deren Beitrag höher als die verdunstete Wassermenge ist. Demzufolge sammeln sich die warmen, feuchten Luftmassen, die aus südöstlicher Richtung transportiert werden, eher in der Bergregion an. Eine Folge dessen ist die erhöhte Niederschlagsmenge. Im Gegensatz zu Kontrollvolumen B zeichnet sich die Klasse der Nordost-Anströmungen durch eine höhere Wasserdampfdivergenz aus.

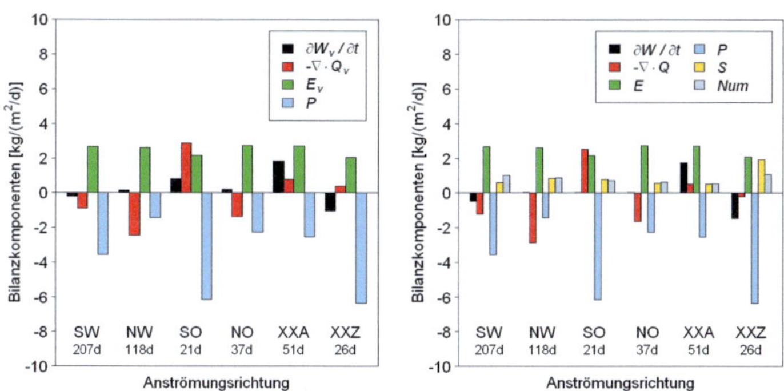

Abb. 8.11: Mittelwerte der Komponenten in kg/(m²d) der Wasserdampf- (links; s. Gl. 3.57) und Wasserbilanz (rechts; s. Gl. 3.55) für Kontrollvolumen D über die Sommermonate (JJA) der Jahre 2005 bis 2009.

In Tabelle 8.6 sind wiederum die Anteile der Wasserhaushaltskomponenten nach der Normierung mit E aufgeführt. Auffallend sind im Vergleich zu Kontrollvolumen B die deutlich höheren Niederschlagsanteile. Ebenso können größere Divergenz- bzw. Konvergenzanteile verzeichnet werden. Im Fall der Klassen NO, XXA und XXZ sind die positiven Anteile der Änderung durch Konvergenz fast gleich denen der Evapotranspiration. Höhere Anteile können zum einen durch geringere Verdunstungsmengen, zum anderen durch erhöhte Beiträge der anderen Komponenten bewirkt werden. Die Wasserhaushaltsprozesse sollen im Folgenden durch die Gegenüberstellung der flachen und bergigen Region näher beleuchtet werden.

	SW	NW	SO	NO	XXA	XXZ
$\partial W_v/\partial t^*$	-0.5 ± 3.1	-0.1 ± 2.3	0.0 ± 3.0	0.6 ± 3.3	0.6 ± 2.5	-0.6 ± 2.9
$\partial W/\partial t^*$	-0.6 ± 3.3	-0.2 ± 2.3	-1.0 ± 4.6	0.3 ± 2.3	0.5 ± 2.5	-0.9 ± 3.2
$-\nabla \cdot Q_v^*$	-0.4 ± 4.4	-1.1 ± 2.7	4.4 ± 11.2	1.0 ± 8.4	0.8 ± 5.5	1.4 ± 5.0
$-\nabla \cdot Q^*$	-0.5 ± 4.2	-1.2 ± 2.7	4.3 ± 10.9	0.9 ± 8.5	0.7 ± 5.4	1.0 ± 4.9
$E_v^* = E^*$	1.0	1.0	1.0	1.0	1.0	1.0
P	-1.8 ± 4.0	-0.8 ± 1.7	-7.0 ± 12.9	-2.4 ± 8.2	-1.7 ± 5.2	-5.0 ± 7.1
S^*	0.3 ± 0.9	0.4 ± 0.8	0.3 ± 2.1	0.4 ± 1.0	0.2 ± 0.7	1.4 ± 2.0
Num^*	0.5 ± 0.4	0.4 ± 0.4	0.4 ± 0.3	0.4 ± 0.5	0.3 ± 0.3	0.7 ± 0.4

Tab. 8.6: Mittlere Anteile der normierten Komponenten (s. Abschnitt 8.1.4) der Wasserdampf- und Wasserbilanz (s. Gl. 3.57 und 3.55) für Kontrollvolumen D und die Sommermonate (JJA) der Jahre 2005 bis 2009. Die Terme der Wasserdampfbilanz sind zur besseren Erkennbarkeit grau markiert. Auftretende Residuen hängen mit Rundungsfehlern zusammen.

8.2.3 Gegenüberstellung der Aufteilung des Wasserhaushalts in der flachen und bergigen Region

Nachdem die mittleren Beiträge in kg/(m²d) und die relativen Anteile der Wasserhaushalts-größen für die Kontrollvolumina in der Rheinebene und in der Region Schwarzwald/ Schwäbische Alb im Einzelnen betrachtet wurden, werden in diesem Abschnitt die Ergebnisse miteinander verglichen. Geklärt werden soll, ob Unterschiede zwischen den Kontrollvolumina C und D erkennbar sowie charakterisierbar sind und welche Ursachen sich dafür finden lassen. Insbesondere die Frage, ob es in der Bergregion zu einer Intensivierung der Wasserhaushaltsprozesse im Vergleich zu flachen Regionen kommt, ist von Interesse.

Die Wasserhaushaltsgrößen in kg/(m²d) sind in fast allen Fällen im Kontrollvolumen D größer als in C (s. Abb. 8.10 und 8.11). Die Verdunstungsraten steigen bei allen Anströ-mungsrichtungen an. Die Niederschlagsrate erhöht sich mit Ausnahme der Südwestlagen, die in der Rheinebene höhere Niederschläge aufweist, was mit der bereits in 8.2.1 erwähnten Luv-Lage des Kontrollvolumens C bei südwestlichen Anströmungen zusammenhängt. Die Tabellen 8.5 und 8.6 zeigen trotz der erhöhten Evapotranspirationsraten eine Zunahme der mittleren Niederschlagsanteile außer bei Südwest-Anströmungen bei Kontrollvolumen D an. Desweiteren nehmen die Standardabweichungen bei den Klassen SO, NO, XXA und XXZ zu. Während im Kontrollvolumen C für den Niederschlagsanteil $|P^*| \leq E_v^*$ bei den nieder-schlagsärmeren Klassen NW, NO und XXA gilt, trifft diese Bedingung im Kontrollvolumen D nur noch auf die NW-Lagen zu. In allen anderen Fällen sind die Anteile $|P^*| > E_v^*$.

Erhöhte Niederschlagsanteile sind zum einen auf zunehmende Niederschlagsraten, zum anderen auf reduzierte Evapotranspirationsraten zurückzuführen. Demzufolge ist in Kontrollvolumen D während der Niederschlagsereignisse die Verdunstung geringer als im Kontrollvolumen C, was durch erhöhte atmosphärische Wasserdampfgehalte und geringe bodennahe Feuchtegradienten bewirkt wird. Nach dem Niederschlagsereignis erhöht sich der Feuchtegradient bei Kontrollvolumen D stärker als bei C und es steht mehr Wasser für die Verdunstung zur Verfügung. Höhere Niederschlagsraten führen zu erhöhter Verdunstung nach den Niederschlagsereignissen, so dass eine Intensivierung beider Prozesse in der Bergregion zu beobachten ist.

Da bodennahe Konvergenz Konvektionsprozesse und demzufolge die Bildung von Niederschlag fördert und bodennahe Divergenz mit Wolkenauflösung und reduzierten Niederschlägen einhergeht, sollte sich eine Niederschlagsintensivierung in erhöhten positiven Konvergenzbeiträgen widerspiegeln. Ist dies nicht der Fall, wäre das ein Hinweis auf eine erhöhte Bedeutung der Evapotranspiration für die Niederschlagsbildung. Die mittleren Beiträge der Konvergenz in kg/(m²d) (s. Abb. 8.10 und 8.11) zeigen beim Wechsel von C zu D nur eine Erhöhung der positiven Konvergenzwerte im Fall der niederschlagsreichen SO- und XXZ-Lagen an. Für alle anderen Anströmungsklassen verringern sich die positiven Konvergenz- oder erhöhen sich die negativen Konvergenzbeiträge. Bei Betrachtung der mittleren Anteile des Konvergenzterms (s. Tab. 8.5 und 8.6) zeigt sich jedoch, dass für Kontrollvolumen C die Bedingungen

- $0 < |-\nabla \cdot Q_v^{\;*}| < E_v^{\;*}$ für die Klassen SW, NW, NO und XXA
- $|-\nabla \cdot Q_v^{\;*}| = E_v^{\;*}$ für die Klasse XXZ und
- $|-\nabla \cdot Q_v^{\;*}| > E_v^{\;*}$ für die Klasse SO

erfüllt sind. Bezüglich Kontrollvolumen D ändert sich diese Fallunterscheidung wie folgt:

- $0 < |-\nabla \cdot Q_v^{\;*}| < E_v^{\;*}$ für die Klassen SW und XXA
- $|-\nabla \cdot Q_v^{\;*}| = E_v^{\;*}$ für die Klasse NO und
- $|-\nabla \cdot Q_v^{\;*}| > E_v^{\;*}$ für die Klassen NW, SO und XXZ.

Die Beiträge einer negativen Konvergenz nehmen im Fall südwestlicher und nordwestlicher Anströmungsrichtungen zu (s. Abb. 8.10 und 8.11), was bei NW-Lagen sogar mit einer Erhöhung des Divergenzanteils verbunden ist (s. Tab. 8.5 und 8.6). Höhere Divergenzwerte bewirken zunehmende Feuchtegradienten und damit eine Verstärkung von Verdunstungsprozessen. Trotz der verringerten Anteile von positiver Konvergenz nimmt der Niederschlag im Kontrollvolumen D zu. Bei Betrachtung der mittleren Niederschlagsverteilung bei NW-Lagen (s. Abb. 8.12 rechts) zeigt sich allerdings, dass die mittleren Beträge der Niederschlagsraten in Kontrollvolumen D 2 kg/(m²d) nicht überschreiten. In der südöstlichen Ecke des Kontrollvolumens C werden mittlere Niederschlagsbeträge von bis zu 2.5 kg/(m²d) erreicht. Allerdings ist der Bereich mit Beträgen von weniger als 0.5 kg/(m²d) wesentlich größer als in Kontrollvolumen D. Analog zu den Südwestlagen (s. Abb. 8.12 links) wird der Luv-Lee-

Effekt bei nordwestlichen Anströmungen deutlich. Beim Auftreffen von Luftmassen auf ein Hindernis werden diese angehoben und durch Kondensation gebildeter Niederschlag fällt aus. Die Niederschlagsintensität ist vor Erreichen der maximalen Erhebung am größten (Kunz 2003). Auch im Lee der Hindernisse treten orographisch verursachte Niederschläge auf. In Abbildung 8.12 ist die Erhöhung der Niederschlagsraten an Hindernissen sehr gut an den Westhängen des Schwarzwalds, aber auch den Südwestseiten der Vogesen sowie der Nordwestseiten der Schwäbischen Alb zu erkennen. Desweiteren verringert sich bei SW- und NW-Lagen die Standardabweichung des Konvergenzanteils, so dass hohe positive Konvergenz, die zu intensiveren Niederschlägen führt, unwahrscheinlicher ist. Es zeigt sich folglich eine Verstärkung von Divergenz und Evapotranspiration. Die Klasse der NW-Anströmungen weist zusätzlich eine Niederschlagsintensivierung auf. Die höhere mittlere Niederschlagsrate in Kontrollvolumen D im Vergleich zu C bei Nordwestlagen ist damit zu erklären, dass die Niederschlagsintensität in der Rheinebene vor Erreichen der Westhänge des Schwarzwalds noch geringer ist als im Lee der Bergkuppen von Schwarzwald und Schwäbischer Alb. Hervorzuheben ist auch, dass die Niederschlagsraten bei Nordwestlagen generell geringer sind als die bei südwestlichen Anströmungen. Während der maximale Niederschlagsbetrag im Hangbereich des Schwarzwalds bei der Klasse SW etwa bei 7 kg/(m²d) liegt, erreicht dieser bei NW-Lagen nur etwa 4.5 kg/(m²d).

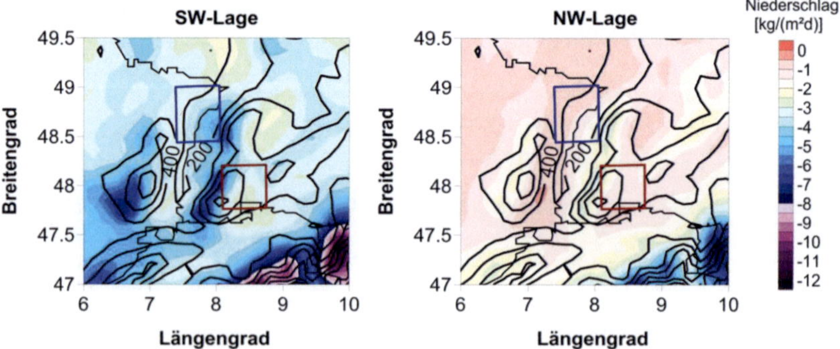

Abb. 8.12: Mittlere Flächenverteilung des Niederschlags in kg/(m²d) bei SW- (links) und NW-Lagen bezüglich der Sommermonate (JJA) der Jahre 2005 bis 2009. Markiert sind die Positionen der Kontrollvolumina C (blau) und D (rot) sowie Höhenlinien [m].

Obwohl im Mittel bei NO-Lagen negative Konvergenzbeiträge zunehmen und bei XXA-Lagen positive Konvergenzbeiträge abnehmen, steigen die positiven Konvergenzanteile bei diesen Klassen wie auch bei SO- und XXZ-Lagen an. Folglich nehmen Situationen mit hoher Wasserdampfkonvergenz bei gleichzeitig verringerter Verdunstung durch Reduzierung der Feuchtegradienten zu, die Konvektion und Niederschlagsbildung nach sich ziehen. Bei SO-, NO- und XXZ-Lagen ist für Kontrollvolumen D neben einem Niederschlagsanteil mit $|P|^* > E_v^*$ auch die Bedingung $-\nabla \cdot \boldsymbol{Q}_v^* \geq E_v^*$ erfüllt, was bezüglich Kontrollvolumen C nur für SO- und XXZ-Lagen der Fall ist. Die Zunahme der positiven Konvergenz bewirkt folglich einen Anstieg des Niederschlags. Desweiteren ist nach dem Niederschlagsereignis eine Erhöhung der Verdunstungsrate festzustellen. Dass bei den niederschlagsärmeren Klassen NO und XXA im Mittel verringerte positive Konvergenzbeiträge auftreten (s. Abb. 8.10 und 8.11), zeigt eine Zunahme der Divergenz im Zusammenhang mit fehlenden Niederschlags-ereignissen und gleichzeitig erhöhten Verdunstungsraten an.

Interessant ist, dass die Beträge der gesamten zeitlichen Wassergehaltsänderungen in der bergigen Region im Vergleich zum Rheintal bis auf die Klasse XXZ abnehmen (s. Abb. 8.10 und 8.11). Bei XXZ-Lagen nimmt der Wassergehalt im Kontrollvolumen D stärker ab als in C. Bezogen auf die mittleren Änderungsraten bedeutet das, dass der Wasserverlust eines Prozesses durch den Gewinn an Wasserdampf oder Flüssigwasser eines anderen Prozesses kompensiert wird. Die Intensivierung der Wasserhaushaltsprozesse wirkt sich also nicht darauf aus, dass z.B. durch Konvergenz oder Divergenz insgesamt die Wassergehalte stärker zu- oder abnehmen, sondern dass mit der Erhöhung einer Komponente die Zunahme einer anderen Wasserhaushaltsgröße gefördert wird. Gemeint ist, dass durch erhöhte Konvergenz hervorgerufene intensive Niederschlagsereignisse eine Erhöhung der Verdunstung bewirken und nicht lediglich in der Abnahme des Gesamtwassergehalts resultieren. Bei XXZ-Lagen erhöht sich allerdings die mittlere Abnahme des Wassergehalts. Diese Klasse weist im Mittel die höchste Niederschlagsrate auf. Trotz der Erhöhung der Niederschläge ist der Anstieg der Verdunstung auf Grund von Bodeneigenschaften begrenzt, so dass insgesamt der Wassergehalt im Kontrollvolumen abnimmt.

Die positiven Werte der S-Terme weisen auf eine Zunahme an Wasserdampf- bzw. Flüssigwassergehalten durch Umwandlungen von Wolkeneis und Schnee hin. Die Beiträge der Phasenumwandlungen in kg/(m²d) sind bei den Kontrollvolumina C und D ähnlich mit Ausnahme der XXZ-Lagen. Bei dieser Klasse ist der Beitrag in der Bergregion höher, was mit einer Umwandlungsrate von 4.4 kg/(m²d) in Regenwasser zusammenhängt. Die Phasenum-wandlungsrate in Wasserdampf beträgt 0.9 kg/(m²d). Wasserdampf und Regenwasser werden aus Wolkenwasser mit einer Rate von -3.4 kg/(m²d) gebildet. Die mit der erhöhten Konvek-tion in Bergregionen zusammenhängende zunehmende Bewölkung kann mit höheren Wolkeneisgehalten und Schnee verbunden sein, die verschiedenen Umwandlungsprozessen unterliegen (s. Abb. 3.3) und somit sich die oben genannten Beiträge ergeben. Nach der Normierung reduziert sich jedoch der Anteil der Phasenumwandlungen wegen der höheren Beiträge der Evapotranspiration.

Auffällig ist die Erhöhung des Beitrags der numerischen Diffusion für Kontrollvolumen D im Vergleich zu C, die mit einer Zunahme des Wasserdampf- und Flüssigwassergehalts einhergeht. Die Berechnung der Diffusion entlang der geländefolgenden Koordinatenflächen (s. Abb. 3.1) kann über Bergregionen zu beträchtlichen Fehlern führen, insbesondere für atmosphärische Variablen mit großen vertikalen Gradienten wie der Feuchte (Zängl 2002). Numerische Diffusion bewirkt eine Senkung des spezifischen Wasserdampfgehalts in Tälern und eine Erhöhung über Bergen, die wiederum die Bildung von Wolken und Niederschlag fördert (Zängl 2004).

Zur weiteren räumlichen Differenzierung und Erläuterung der Prozesse werden in Abbildung 8.13 die Flächenverteilungen der Wasserdampfkonvergenz, des Niederschlags sowie der Verdunstung für Südwestdeutschland dargestellt. Neben den Höhenlinien sind auch die Lagen der Kontrollvolumina C und D gekennzeichnet. Bezüglich der Wasserdampfkonvergenz (s. Abb. 8.13 oben) ist entlang der Rheinebene ein S-förmiger Bereich von Divergenzen erkennbar. Ausströmende Luftmassen steigen entlang der Westhänge des Schwarzwalds auf und bilden dort im Bereich der Höhenlinien von etwa 200 bis 600 m Gebiete mit Konvergenzen. Gleichzeitig treten dort auf Grund aufsteigender Luftmassen und der Kondensation von Wasserdampf hohe Niederschläge auf (s. Abb. 8.13 Mitte). Ebenso gibt es an der Westseite der Vogesen und beim Übergang von der Rheinebene zu den Vogesen ein schmales, sich von Nord nach Süd erstreckendes Gebiet mit Konvergenzen. Ein weiteres Konvergenzgebiet mit Ausdehnung von Südwest nach Nordost ist entlang des nordwestlichen Hangs der Schwäbischen Alb zu verzeichnen. Wie an der Westseite des Schwarzwalds weisen auch die anderen Konvergenzgebiete höhere Niederschlagsraten auf als die angrenzenden Divergenzbereiche. Je nachdem welche Anströmungsrichtung vorherrschend ist, liegen die jeweiligen Hänge mit Konvergenz auf den Luvseiten der Berge. An den Leeseiten kommt es zum Absinken von Luftmassen, deren Wasserdampfgehalt sich auf Grund der vorhergehenden Niederschlagsereignisse an den Luvseiten verringert hat. Diese erwärmen sich adiabatisch, kondensierter Wasserdampf verdunstet, was Wolkenauflösung und geringere Niederschläge als in den Konvergenzgebieten zur Folge hat (Häckel 1999). Die dabei auftretende Divergenz ist in Abbildung 8.13 (oben) an den Ostseiten der Vogesen, des Schwarzwalds sowie der Südostseite der Schwäbischen Alb zu erkennen.

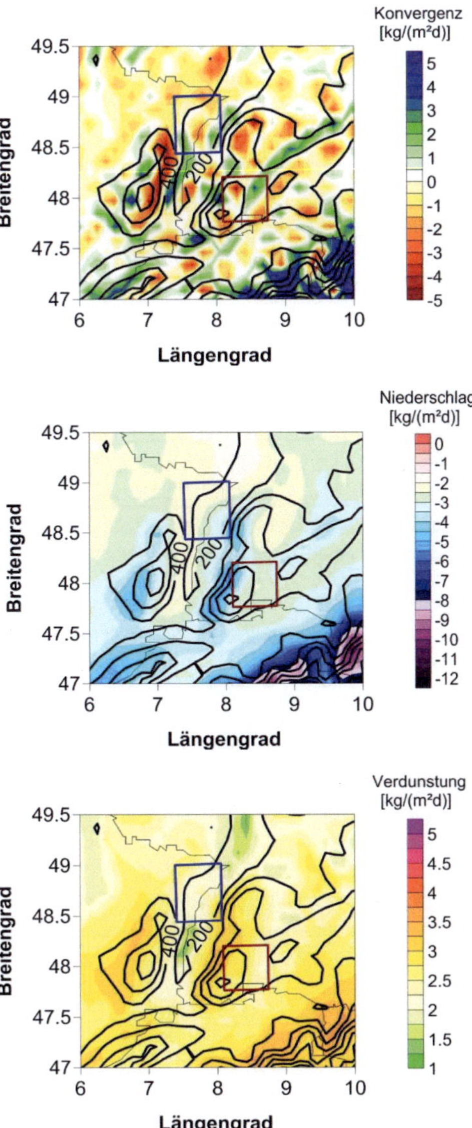

Abb. 8.13: Mittlere Flächenverteilung der Wasserdampfkonvergenz (oben), des Niederschlags (Mitte) und der Verdunstung (unten) bezüglich der Sommermonate (JJA) der Jahre 2005 bis 2009. Markiert sind die Positionen der Kontrollvolumina C (blau) und D (rot) sowie Höhenlinien [m].

Die Evapotranspiration (Abb. 8.13 unten) weist minimale Werte im Rheintal auf. Analog zum Niederschlag sind die Verdunstungsraten entlang der Westseiten der Gebirgsketten am höchsten. Im Hydrologischen Atlas (2003) sind auch für die Rheinebene hohe mittlere jährliche Verdunstungen zu erkennen. Allerdings ist darauf hinzuweisen, dass sich die jährlichen Verdunstungsmengen durchaus von denen innerhalb der Sommermonate unterscheiden können. Transpirationsprozesse haben in der Vegetationszeit der Pflanzen, die im Sommer ist, eine große Bedeutung für die gesamte Evapotranspiration. Die hohe Bewaldung der Gebiete Schwarzwald und Schwäbische Alb trägt sehr stark zur Verdunstung bei. Aus diesem Grund sind die Evapotranspirationsraten entlang der Rheinebene geringer als in bergigen Regionen. Die oben besprochene Intensivierung des Wasserkreislaufs zeigt sich somit auch bei einer weiteren räumlichen Differenzierung: Die Zunahme der Konvergenz und des Niederschlags an den Luvseiten der Berge sind mit Erhöhungen der Verdunstungsraten verbunden. Letztere werden insbesondere nach den Niederschlagsereignissen auf Grund der damit verbundenen Erhöhung der Feuchtegradienten und der hohen Mengen an ausgefallenem Niederschlagswasser, das für die Verdunstung zur Verfügung steht, auftreten. Desweiteren ist festzustellen, dass die Verdunstungsraten in der Rheinebene sich nochmals gegenüber denen an den Leeseiten der Berge verringern. Die generelle Erhöhung der Evapotranspiration in den bergigen Regionen ist auf die höhere Bewaldung, aber auch höhere Windgeschwindigkeiten, die für eine Zunahme der Feuchtegradienten sorgen, zurückzuführen.

Folglich stehen Wasserdampfkonvergenz und -divergenz mit der Topographie und den Höhengradienten einer Region und schließlich auch mit der Ausprägung der Niederschlags- und Verdunstungsverteilung in Verbindung. In Kapitel 8.1 wurde erläutert, dass Konvergenz mit hohen Niederschlägen und wenig Verdunstung einhergeht, Divergenz dagegen mit geringen Niederschlägen und erhöhter Evapotranspiration. Die Differenzierung anhand der Topographie und der Höhengradienten einer Region ergibt, dass im Mittel durch Divergenz gekennzeichnete Bereiche wie das Rheintal und die Rücken des Schwarzwalds (geringe Höhengradienten) und der Schwäbischen Alb sowie die Leeseite der Berge geringere Verdunstungs- und Niederschlagsraten aufweisen als die Bereiche mit Konvergenz. Dazu gehören die Westseiten der Vogesen und des Schwarzwalds sowie die Nordwesthänge der Schwäbischen Alb (große Höhengradienten). Gleichzeitig erhöhen sich hier die mittleren Niederschlags- und Evapotranspirationsraten, so dass von einer Intensivierung des Wasserkreislaufs gesprochen werden kann.

8.2.4 Folgerungen zur Untersuchung des Einflusses der Topographie

Die Untersuchung von ausgewählten Tagesbilanzen des Wasserhaushalts in Kapitel 6 zeigt eine Erhöhung der Verdunstung, jedoch eine Verringerung des Niederschlags in der Region Schwarzwald/Schwäbische Alb gegenüber dem Rheintal. Bezüglich der Sommermonate der Jahre 2005 bis 2009 kann die im Mittel geringere Niederschlagsmenge nur für die Südwestlagen beobachtet werden, die auch die zuvor betrachteten COPS-Episoden charakterisiert. Alle anderen Anströmungsrichtungen gehen mit einer Intensivierung von Verdunstung, Niederschlag und Konvergenz bzw. Divergenz einher. Im Fall der Südwestlagen nehmen die Divergenz- sowie Evapotranspirationsbeiträge mit gleichzeitig abnehmenden Niederschlägen auf Grund der Lee-Lage des Kontrollvolumens D und der höheren Bewaldung im Schwarzwald und der Schwäbischen Alb zu. In den Fällen zunehmender Konvergenz und höherer Niederschläge nehmen nach den Niederschlagsereignissen die Verdunstungsraten zu. Auf Grund des Anstiegs der Niederschlagsraten stehen für die Verdunstung vom Boden sowie von Pflanzen und Pflanzenoberflächen höhere Wassermengen zur Verfügung.

Die räumliche Struktur von Konvergenz bzw. Divergenz, Niederschlägen und Verdunstung kann in engen Zusammenhang zur Topographie gebracht werden. Neben dem dynamischen Effekt des Aufsteigens von Luftmassen zur Überströmung von Hindernissen führen stärkere Erwärmungen der Hangbereiche des Schwarzwalds zum Aufsteigen von Luftmassen und Wasserdampfkonvergenz über Bergrücken bei schwachem synoptischen Grundstrom (Barthlott et al. 2006). Durch die Bildung von Konvergenzlinien begünstigen kleinräumige, thermisch induzierte Windsysteme (z.B. Hang- und Bergwinde, Winde auf Hochebenen) über orographisch strukturiertem Gelände die Auslösung von Konvektion und Wolkenbildung, sobald das Cumulus-Kondensationsniveau (CCL = Cumulus Condensation Level) erreicht wird (Barthlott et al. 2006, Kottmeier et al. 2008, Orville 1965, Raymond und Wilkening 1980). So ist auch der Schwarzwald für das Vorkommen von Hang- und Talwinden bekannt (Kossmann und Fiedler 2000). Die in Abschnitt 8.2.3 beobachteten Konvergenzbereiche liegen nicht direkt über den Bergrücken, sondern an den Westhängen des Schwarzwalds und der Vogesen sowie den Nordwesthängen der Schwäbischen Alb. Die von Fallstudien (z.B. Barthlott et al. 2006) abweichenden Ergebnisse hängen damit zusammen, dass der hier betrachtete Zeitraum die Sommermonate von fünf Jahren enthält und somit viele verschiedene Fälle bezüglich der Anströmungsrichtungen und Eigenschaften von Luftmassen sowie konvektionsauslösender Prozesse umfasst. Aus dieser Zeitreihe ergeben sich im Mittel die in Abbildung 8.13 dargestellten Verteilungsmuster. Konvergenz sowie maximale Niederschlagsraten werden hier an den Luvseiten von Bergketten beobachtet. Auf Grund der oben besprochenen Intensivierung des Wasserkreislaufs sind in diesen Bereichen auch die höchsten Evapotranspirationsraten zu finden. Über den Bergrücken sowie an den Leeseiten der Berge, wo Divergenz überwiegt, sind die Niederschläge und Verdunstungen höher als im Vergleich zur Rheinebene, aber geringer als an den Luvseiten. Die mit Divergenz einhergehende adiabatische Erwärmung absinkender Luftmassen führt zur Wolkenauflösung und Nieder-schlagsreduzierung. Gleichzeitig nehmen auch die Verdunstungsraten auf Grund der Exposition ab. Wie dem Klimaatlas der LUBW (http://www.lubw.baden-wuerttemberg.de) zu entnehmen, ist die Temperatur im Sommer (Mittel von 1971 bis 2000) an des Westhängen des Schwarzwalds bzw. den Nordwesthängen der Schwäbischen Alb höher als an den Ost- bzw. Südosthängen. Die damit einhergehende stärkere Erwärmung der Oberfläche sowie höhere Einstrahlungen und Windgeschwindigkeiten fördern den Anstieg der Verdunstung. Weiterhin wurde gezeigt, dass sich für den betrachteten Zeitraum im Mittel entlang des Rheintals vorwiegend Divergenz und damit ausströmende wasserdampfhaltige Luftmassen erkennen lassen. Demzufolge sind die mittleren Niederschlagsraten ebenso wie die mittleren Verduns-tungsraten in der Rheinebene im Vergleich zu den umliegenden Bergregionen minimal.

Die in der Bergregion zunehmende Verdunstung kann auf die höhere Bewaldung des Schwarzwalds und der Schwäbischen Alb im Vergleich zum Rheintal zurückgeführt werden, da der höhere Anteil der Evapotranspiration durch die Verdunstung von Pflanzen bewirkt wird. Der geringere Anteil entspricht der Verdunstung von Bodenoberflächen. Desweiteren bewirkt eine stärkere Bewaldung eine höhere Interzeption. Von den Pflanzenoberflächen aufgefangenes Niederschlagswasser steht wiederum für die Verdunstung zur Verfügung. Die Wasserverfügbarkeit im Boden wird je nach Wurzeltiefe von den unteren Bodenschichten geregelt, was dafür sorgt, dass der Variationsbereich der Evapotranspiration gedämpft wird. Ein weiterer Einflussfaktor auf die erhöhte Verdunstung in Bergregionen ist die zunehmende Windgeschwindigkeit. Dadurch werden wasserdampfhaltige Luftmassen schneller von einem Gebiet wegtransportiert, was die bodennahen Feuchtegradienten erhöht und Verdunstungs-prozesse fördert.

Folglich sind die Einflüsse der Topographie auf den atmosphärischen Wasserhaushalt vielfältig und stehen wie beschrieben im Zusammenhang zu

- dynamischen Windsystemen (Bergüberströmungen, Luv-Lee-Effekt),
- kleinräumigen, thermisch induzierten Windsystemen über orographisch stark geglie-dertem Gelände,
- Konvergenz auf Grund dynamischer und thermischer Windsysteme sowie daraus resultierender Konvektion und Niederschlagsbildung,
- Bewaldung und Landnutzung.

Die verschiedenen Faktoren führen zu einer Intensivierung des Wasserhaushalts in den Bergregionen, insbesondere an den Luvseiten der Bergketten, an denen die Beiträge von Konvergenz, Niederschlag und Verdunstung maximal im Vergleich zu den umliegenden Bereichen sind.

9 Schlussfolgerungen

Der atmosphärische Wasserkreislauf ist ein wichtiger Bestandteil des Klimasystems und zuverlässige Kenntnisse über seine Prozesse und Rückkopplungen zu anderen Komponenten sind für klimarelevante und hydrologische Fragestellungen unerlässlich. Da flächendeckende Daten regionaler Wasserhaushaltsgrößen auf klimatologischer Zeitskala kaum verfügbar sind, wurden die Besonderheiten und die Bedeutung, die dem regionalen atmosphärischen Wasserhaushalt zukommen, bisher nur im geringen Maße untersucht. Desweiteren beeinträchtigen die bislang betrachteten großräumigen Gebiete, deren Ausdehnungen mehr als 10^5 km^2 betragen, sowie die verwendeten horizontalen Modellauflösungen von mehr als 10 km die Analyse der Einflüsse von mesoskaligen atmosphärischen Prozessen, kleinräumigen Geländestrukturen und Oberflächeneigenschaften. Die vorliegende Dissertation setzt an den bestehenden Defiziten an und unterscheidet sich von bisherigen Arbeiten durch folgende Kriterien:

- Untersuchung des atmosphärischen Wasserhaushalts für Gebietsgrößen von weniger als 10^5 km^2
- Verwendung hochaufgelöster Modellsimulationen (ca. 7 km) in Verbindung mit Beobachtungsdaten
- Einbeziehen der Daten der modernen GPS-Messtechnik zur Bestimmung des atmosphärischen Wasserdampfgehalts
- Berücksichtigung aller für den Wasserhaushalt relevanten Prozesse in der Bilanzierung
- Ermittlung der Einflüsse regionsspezifischer (Topographie) und synoptisch-skaliger (Wetterlagen) Faktoren auf die Wasserhaushaltskomponenten für Episoden und längerfristige Zeiträume

Es werden vollständige Bilanzierungen des Wasserhaushalts mittels COSMO-Modellsimulationen und Beobachtungen der COPS-Messkampagne erstellt, auf deren Grundlage die Wirkung von mesoskaligen atmosphärischen Prozessen, Landoberflächenprozessen und topographischen Effekten untersucht wird. Für die modellbasierten Wasserhaushaltsstudien werden die COSMO-Simulationen sowohl im Vorhersage- als auch im Klimamodus (COSMO-CLM) mit einem erweiterten Modellcode ausgeführt, welcher die Ausgabe und weitere Analyse der Wasserdampf- und Flüssigwasserbilanzen erlaubt. Die mittlere relative Abweichung des Residuums der Wasserhaushaltsgleichung (s. Gl. 3.56) beträgt weniger als 0.5%. Demzufolge wird eine sehr gute Schließung der Wasserhaushaltsbilanz erreicht. Die in dieser Arbeit durchgeführten Analysen des regionalen atmosphärischen Wasserhaushalts basieren auf der Untersuchung von vier Hypothesen, deren Ergebnisse im Folgenden zusammengefasst werden.

1. **Eine Wasserhaushaltsanalyse unter Berücksichtigung aller relevanten Komponenten eignet sich zur Modellvalidierung und insbesondere auch für das Erkennen von Modellunsicherheiten.**

Für die Validierung der Modellergebnisse werden Beobachtungen des GPS-Säulenwasserdampfgehalts, des Niederschlags und der Verdunstung herangezogen. Durch die Bestimmung der Wasserhaushaltskomponenten für ein Kontrollvolumen verringern sich die Abweichungen zwischen Beobachtungen und Simulationen im Vergleich zu stationsbasierten Quantifizierungen. Beispielweise reduziert sich die Abweichung der Verdunstung um 84% bei räumlicher Integration im Vergleich zu den täglichen Verdunstungsraten an einer einzelnen Energiebilanzstation (s. Kap. 6.3.2). Ebenso führt die zeitliche Integration zu einer Abnahme der Differenzen zwischen Mess- und Modelldaten (s. Kap. 7.1.1). Das Beispiel für die räumlich integrierte Wasserdampfänderung weist eine Verringerung der Abweichung um mehr als 90% bei einer Mittelung über die Sommermonate des Jahres 2007 im Gegensatz zur Wasserdampfänderung eines einzelnen Tages auf.

Anhand von Vergleichen unter Berücksichtigung aller Wasserhaushaltskomponenten und ihrer Wechselwirkungen sind häufige Überschätzungen der zeitlichen Wasserdampfänderungen und Niederschläge erkennbar. Neben Lokalisierungsfehlern, insbesondere im Zusammenhang mit Niederschlagsfeldern, zeigen die stündlichen Änderungsraten zeitliche Verschiebungen zwischen den Simulationen und Beobachtungen an. Die Konvektionsparametrisierung, die nach der Kondensation von Wasserdampf keine Speicherung des Wolkenwassers zulässt, bewirkt ein unverzögertes und damit verfrühtes Ausfallen von konvektivem Niederschlag. Die vorzeitigen Niederschlagsereignisse spiegeln sich auch in zeitlichen Verschiebungen der Wasserdampfänderung wider. Im Modell fällt der Beginn der Niederschlagsepisode mit dem Maximum der Wasserdampfzunahme im Kontrollvolumen zusammen. Mit Eintreten des Niederschlagsereignisses vermindert sich die Wasserdampfzunahme und geht im weiteren Verlauf in eine Abnahme des Wasserdampfgehalts über. Dagegen tritt in den Messungen Niederschlag erst gleichzeitig mit dem Wechsel von der Wasserdampfzunahme in die -abnahme ein. Die Über- und Unterschätzungen des simulierten Niederschlags können auf den Konvergenzterm zurückgeführt werden, der den horizontalen Wasserdampftransport in und aus dem Kontrollvolumen beschreibt. Zu hohe bzw. zu niedrige positive Wasserdampfkonvergenzen führen zu über- bzw. unterschätzten Niederschlagsraten. Falsche Abschätzungen von Änderungsraten durch Konvergenz und Niederschlag können eine gegenüber den Beobachtungen überhöhte oder verminderte Gesamtwasserdampfänderung bewirken. Weist eine mit niederschlagsfreien Episoden einhergehende Divergenz beispielsweise zu große Beiträge auf, führen diese wiederum zu Überschätzungen der gesamten Wasserdampfänderung. Auch die Evapotranspirationsrate steht im Zusammenhang zu Über- und Unterschätzungen des Niederschlags. Zu hohe simulierte Änderungsraten auf Grund von Konvergenz und Niederschlag bewirken zu geringe Feuchtegradienten und eine Reduzierung der Evapotranspiration. Nach dem Niederschlagsereignis steht in COSMO mehr Bodenwasser zur Verfügung und bei gleichzeitig überhöhter Divergenz steigt die Verdunstungsrate auf einen höheren Wert an als in den Beobachtungen. Dennoch sind zur Bestimmung der Verdunstung die Simulationsdaten geeigneter als die Beobachtungen, da letztere hohe Defizite wegen der geringen Anzahl an Energiebilanzstationen und vieler Messausfälle aufweisen. Auf Grund der Verfügbarkeit aller Wasserhaushaltsgrößen in hoher räumlicher und zeitlicher Auflösung bieten sich modellbasierte Bilanzierungen für regionale Wasserhaushaltsstudien an. Die Feststellung der oben beschriebenen Ursachen für Abweichungen zwischen Beobachtungen und Simulationen einer Komponente ist nur anhand einer Modellvalidierung unter Berücksichtigung aller relevanten Wasserhaushaltsgrößen möglich. Folglich liegt ihre Stärke darin, Hinweise auf Modellunsicherheiten zu liefern und zum Verständnis der Wechselwirkungen zwischen den Wasserhaushaltskomponenten in der Natur und im Modell beizutragen. Die Anwendung der Betrachtung des gesamten Wasserhaushalts ist auch für die Modellentwicklung vorteilhaft. Der Schwerpunkt liegt dabei auf der Verbesserung einer Wasserhaushaltskomponente, wie beispielsweise dem Niederschlag, unter Berücksichtigung der Wechselwirkungen mit den anderen Wasserhaushaltsgrößen.

Die Quantifizierungen der Mess- und Modelldaten für Kontrollvolumina auf Grundlage räumlicher Interpolationen der Stations- bzw. Gitterpunktswerte können mittels anderer Interpolationstechniken möglicherweise höhere Genauigkeiten erreichen. Im Hinblick auf die Modellvalidierung sind räumlich und zeitlich höher aufgelöste Messungen, insbesondere Verdunstungsbeobachtungen, wünschenswert. Bezüglich der modellbasierten Studien sind Anwendungen von Ensemble-Simulationen denkbar, um die Unsicherheiten einer Modellsimulation durch Hinzunahme weiterer Modellläufe zu verringern. Desweiteren bieten sich Simulationen mit höheren räumlichen Auflösungen zur besseren Erfassung kleinräumiger Prozesse über komplexem Gelände an.

2. Ein neues Kombinationsverfahren von Modelldaten und mittels des Globalen Positionierungssystems (GPS) bestimmten atmosphärischen Säulenwasserdampfgehalten liefert eine geeignete Methode zur Bestimmung der Wasserhaushaltskomponenten Niederschlag und Verdunstung.

Die Prüfung, inwiefern die Kombination von GPS-Säulenwasserdampfgehalten und COSMO-Simulationsergebnissen zu besseren Übereinstimmungen des Niederschlags und der Verdunstung mit Beobachtungsdaten führt, ist insbesondere für Episoden relevant, bei denen Beobachtungen und Simulationen nicht ausreichend gut zueinander passen. Die der Methodik zugrunde liegende Hypothese besagt, dass die Aufteilungen der Wasserhaushaltskomponenten und damit die Verhältnisse von Niederschlag zu Wasserdampfänderung bzw. Verdunstung zu Wasserdampfänderung in der Natur und im Modell gleich sind. Für die Anwendung sind zwei Kriterien zu beachten. Zum einen muss der positive Wertebereich der Niederschlags- und Verdunstungsdaten gewährleistet sein. Zum anderen ist es wichtig, dass die simulierte

Wasserdampfänderung größer oder gleich einem zuvor festgelegten Grenzwert (hier mindestens 5% der maximalen Wasserdampfänderung) ist.

Bessere Übereinstimmungen der täglichen berechneten Niederschlagsraten mit den Beobachtungen werden in etwa 50% der Fälle erreicht. Bezüglich der Verdunstungsbestimmung führt die Kombination von GPS- und COSMO-Daten nur in Einzelfällen zu Verbesserungen gegenüber den Simulationen. Es zeigt sich, dass vor allem bei geringen Verhältnissen der Niederschlags- bzw. Verdunstungsraten zur Wasserdampfänderung, insbesondere im Bereich zwischen etwa -1 und 1, die Gültigkeit der Hypothese gegeben ist und diese erfolgreich verwendet werden kann. Desweiteren hängt ihre Anwendbarkeit stark vom Verhalten der zeitlichen Wasserdampfänderung ab. Als unvorteilhaft erweisen sich Situationen mit Niederschlag und Wasserdampfzunahmen auf Grund von Konvergenz, über die in der Hypothese keine Aussagen gemacht werden. Die zeitlichen Zusammenhänge zwischen der Konvergenz, dem Niederschlag und der gesamten Wasserdampfänderung werden nicht wiedergegeben und Abweichungen zwischen den beobachteten und simulierten Wasserdampfänderungen folglich auf den Niederschlag, nicht aber auf Konvergenzen zurückgeführt. Im Fall von Abnahmen des Wasserdampfgehalts und dem gleichzeitigen Auftreten von Niederschlag ist die Methodik für die Niederschlagsbestimmung erfolgversprechend. In solchen Situationen ist eine positive Konvergenz nicht ausreichend, um der Abnahme des Wasserdampfgehalts durch Niederschlag entgegenzuwirken. Die Wechselwirkung zwischen der Wasserdampfänderung und dem Niederschlag wird durch die Hypothese richtig wiedergegeben. Im Hinblick auf die Verdunstungsbestimmung ist die Schließungshypothese auf Grund der geringen Korrelationen zwischen Wasserdampfänderung und Evapotranspiration zu stark vereinfachend. Entgegen der Annahme können Abweichungen der COSMO-Wasserdampfänderungen von den Beobachtungen nur im geringen Umfang durch Unterschiede bei den Verdunstungsraten erklärt werden. Für Niederschlagsereignisse sind auf Stunden- und Tagesbasis wie oben beschrieben die Einflüsse von Konvergenz und Niederschlag entscheidend.

Kurze Mittelungszeiträume der Wasserhaushaltskomponenten erweisen sich als günstig, da die Wechselwirkungen zwischen den Prozessen besser identifizierbar sind. Die Bestimmung von Wasserhaushaltskomponenten bezüglich längerer Zeitskalen ist für den Niederschlag geeigneter als für die Verdunstung. Die Mittelung über längere Zeiträume bezieht sich allerdings auf die Niederschlags- und Verdunstungsbestimmung aus täglichen Änderungsraten und der anschließenden Mittelung. Die GPS- und COSMO-gestützte Berechnung aus bereits über längere Zeiträume gemittelten Größen ist mit Unsicherheiten verbunden, da die Wasserdampfänderung auf Tagesbasis hohe Variabilitäten aufweist, über längere Zeiträume im Durchschnitt allerdings nahe Null ist.

Bei der Bestimmung der zeitlichen Wasserdampfänderung aus Beobachtungsdaten spielen Fehlerquellen im Zusammenhang mit Messungenauigkeiten und Unsicherheiten bei der räumlichen Interpolation eine wichtige Rolle. Eine höhere Anzahl an verfügbaren Satelliten, dichtere GPS-Messnetze und die Einbeziehung weiterer Datenquellen (z.B. Radiosonden) ermöglichen eine Verbesserung der Qualität der aus Beobachtungen abgeleiteten Säulenwasserdampfgehalte. Neuere Entwicklungen im Bereich der GPS-Wasserdampftomographie sind erfolgsversprechend für die Ermittlung der dreidimensionalen Wasserdampfverteilung, die neben der Modellvalidierung auch der Bestimmung der Wasserhaushaltsgrößen aus GPS-Wasserdampfgehalten und Modellergebnissen zugute kommen kann.

3. **Die Beiträge und die relative Bedeutung der Komponenten des atmosphärischen Wasserhaushalts unterscheiden sich statistisch signifikant für verschiedene Wetterlagen.**

Unter Verwendung einer objektiven Wetterlagenklassifikation (Bissolli und Dittmann 2001) werden die täglichen modellbasierten Wasserhaushaltsbilanzen den Anströmungsrichtungen Südwest (SW), Nordwest (NW), Südost (SO) und Nordost (NO) zugeordnet. Tage, für die die Anströmungsrichtung nicht definierbar ist, werden anhand der Zyklonalität in 500 hPa unterschieden (XXA: antizyklonal, XXZ: zyklonal), um windschwache Hochdrucklagen (XXA) getrennt behandeln zu können. Auf Basis täglicher Wasserhaushaltsbilanzen für die Sommermonate der Jahre 2005 bis 2009 werden die mittleren Änderungsraten der Komponenten berechnet. Innerhalb einer Anströmungsklasse können die Komponenten eine hohe zeitliche Variabilität aufweisen. Neben den Mittelwerten werden auch die Standardabweichungen betrachtet, um die Variationsbereiche der Wasserhaushaltsgrößen abschätzen zu können.

Die Klassen SW, SO und XXZ weisen Niederschlagsraten auf, die im Mittel höher als die Evapotranspirationsraten sind. Desweiteren zeichnen sich SO und XXZ durch positive Konvergenzbeiträge aus, die im Zusammenhang mit Tiefdruckgebieten und wasserdampfhaltigen Luftmassen stehen. Die mittlere Niederschlagsrate der Klassen NW, NO und XXA ist geringer als die Verdunstungsrate. Der negative Konvergenzbeitrag bei NW ist mit dem häufigen Vorkommen von Hochdruckgebieten und trockenen Luftmassen verbunden. Folglich ist für die Beiträge der Wasserhaushaltsgrößen bezüglich der verschiedenen Anströmungsrichtungen relevant, welche Eigenschaften die Luftmassen besitzen (Temperatur, Wasserdampfgehalt), aus welchen Gebieten sie nach Mitteleuropa transportiert werden (kontinental oder maritim) und ob Tiefdruckgebiete (Konvergenz) oder Hochdruckgebiete (Divergenz) vorherrschen.

Da mittlere Konvergenzbeiträge nahe Null wie bei SW, NO und XXA auf Grund der hohen Variabilitäten nur schwer interpretierbar sind, werden die mit der Evapotranspiration normierten Anteile der Wasserhaushaltskomponenten bestimmt. Positive Konvergenzanteile sind nach der Normierung für NO und XXA festzustellen. Allerdings überwiegt der Anteil der Evapotranspiration den der Konvergenz, was auch für NW der Fall ist (negativer Konvergenzanteil) und auf eine höhere Bedeutung der Verdunstung im Wasserhaushalt hinweist. Ihre Relevanz vermindert sich bei den Klassen SO und XXZ, bei denen die Konvergenz- und Niederschlagsanteile gegenüber der Verdunstung dominieren. Für SW ist eine Zuordnung der Bedeutung des Konvergenzterms weiterhin schwierig, da diese Klasse eine hohe Anzahl an Tagen enthält und sich die hohen Variabilitäten der Konvergenz im Mittel kompensieren.

Zwischen Wasserdampfkonvergenz, Niederschlag und Evapotranspiration bestehen bei den Klassen SO, NO und XXZ hohe Korrelationen, da hier Niederschlagsereignisse mit hohen Konvergenz- und Niederschlagsanteilen bei gleichzeitig geringen Verdunstungsraten besonders hervortreten. Konvergenz führt zur Niederschlagsbildung in Folge der Kondensation aufsteigenden Wasserdampfs und zur Reduzierung der Evapotranspiration auf Grund von geringen Feuchtegradienten. Dieser Zusammenhang ist auch bei den Klassen SW, NO und XXA nachvollziehbar, allerdings weisen die Divergenzanteile eine höhere Variabilität auf. Absinkende Luftmassen führen zur Reduzierung von Niederschlägen und Divergenz, woraus eine Erhöhung des Feuchtegradienten und damit der Verdunstung resultiert. Dennoch nehmen Divergenzbeiträge und Verdunstungsraten nicht im gleichen Maße zu, so dass die Korrelation geringer ist. Generell treten geringe bis keine Niederschlagsanteile im gesamten Variationsbereich der Verdunstung auf. Auffällig ist jedoch die Reduzierung der Bedeutung des Niederschlags bei Evapotranspirationsraten von mehr als 2 kg/(m²d) bei SO, NO, XXA und XXZ bzw. 3 kg/(m²d) bei SW und NW.

Die Quantifizierung der Wasserhaushaltskomponenten einer Anströmungsrichtung, die sich signifikant von den anderen Klassen unterscheidet, ist auf Grund sich in der Lage von Maxima und Minima sowie sich in den Wertebereichen ähnlicher Verteilungsfunktionen schwierig. Unter Berücksichtigung aller Wasserhaushaltsgrößen können jedoch statistisch signifikante Differenzierungen der Klassen anhand statistischer Testverfahren vorgenommen werden. Dadurch lassen sich vier Gruppen unterscheiden:

1. XXZ: Hohe Niederschläge und geringere Verdunstungen als bei den anderen Klassen
2. SW und SO: Höhere Niederschläge als bei NW, NO und XXA
3. NO und XXA: Geringere Niederschläge als bei SW, SO und XXZ
4. NW: Geringe Niederschläge und hohe Beiträge an Divergenzen

Zwar ist eine statistisch signifikante Quantifizierung anhand absoluter Beiträge für verschiedene Anströmungsrichtungen schwierig, dennoch können auf Basis dieser Klassifikation Tendenzen für die einzelnen Klassen bestimmt und miteinander verglichen werden.

Für die Untersuchung der Aufteilung des Wasserhaushalts können weitere Faktoren hinzugezogen werden, die sich zur Differenzierung der Merkmale von Wetterlagen eignen. Dafür sind beispielsweise Klassifizierungen anhand von Niederschlagsmengen und Konvektionsindizes denkbar. Letztere sind vorteilhaft für Studien zu Konvektionsprozessen, die jedoch nicht Schwerpunkt dieser Arbeit sind. Die in dieser Arbeit angewendeten statistischen Methoden (u.a. Untersuchung von Korrelationen, statistische Testverfahren) können ebenso für andere Klassifizierungsmerkmale genutzt werden. Mit Hilfe der statistischen Verfahren kann geprüft werden, inwiefern sich anhand anderer Kriterien signifikante Charakterisierungen des Wasserhaushalts bei verschiedenen atmosphärischen Einflüssen ableiten lassen. Die Untersuchung klimatologischer Zeiträume bietet neben der Erhöhung der Datenbasis die Möglichkeit von Trendanalysen im Zusammenhang mit der Frage, ob sich die Aufteilung des Wasserhaushalts im Zuge eines Klimawandels ändert. Damit verbunden sind auch Fragen

nach den Charakteristika des Wasserhaushalts während Dürre- oder Nassperioden. Anhand
der Bestimmung von spezifischen Verhältnissen der Wasserhaushaltskomponenten zueinander könnten Schwellenwerte definiert werden, auf deren Basis Extremereignisse identifizierbar sind.

**4. Die verschiedenen Prozesse des atmosphärischen Wasserhaushalts intensivieren sich
in kleinräumigen Gebieten (ca. 50 km × 50 km) über Mittelgebirgen.**

Eine Intensivierung des Wasserhaushalts äußert sich darin, dass größere Wassermengen durch
die verschiedenen Prozesse des Wasserhaushalts transportiert und umgewandelt werden. Für
die Untersuchung dieser Intensivierung bei unterschiedlicher Topographie werden die
Wasserhaushaltskomponenten (Mittelwerte der täglichen Änderungsraten über die Sommermonate von 2005 bis 2009) für die Rheinebene und die Region Schwarzwald/Schwäbische
Alb in Abhängigkeit von der Anströmungsrichtung bestimmt. In der Bergregion zeigt sich
eine Intensivierung des Wasserhaushalts deutlich anhand der Erhöhung der Konvergenz-,
Niederschlags- und Evapotranspirationsbeiträge. Nur für SW-Lagen ist ein Niederschlags-
anstieg auf Grund der Lee-Lage des bergigen Gebiets nicht feststellbar. Eine Erhöhung des
Verdunstungs- und Divergenzbeitrags wird dennoch deutlich. Bei NW-Lagen ist ein Anstieg
der Divergenzbeiträge gleichzeitig mit höheren Evapotranspirations- und Niederschlagsraten
zu verzeichnen. Bei den Klassen SO, NO, XXA und XXZ nehmen im Kontrollvolumen über
dem Schwarzwald und der Schwäbischen Alb die Anteile der Konvergenz zu.

Neben dynamischen Windsystemen (Überströmung von Hindernissen) treten in kleinräumig
strukturiertem Gelände auch thermische Windsysteme auf. Im Vergleich zum Rheintal sind
erhöhte Konvergenzen entlang der Luvseiten von Schwarzwald, Schwäbischer Alb und
Vogesen deutlich erkennbar. Auf Grund des Aufsteigens wasserdampfhaltiger Luftmassen
und ihrer Hebung über das Kondensationsniveau fallen hier auch die höchsten Niederschlagsmengen aus. An den Leeseiten sind die Niederschlagsraten zwar reduziert, die Beiträge sind
jedoch höher als in der Rheinebene. Desweiteren tritt über Bergrücken und den Leeseiten
Divergenz auf. Die Verdunstungsraten nehmen in der Bergregion gegenüber dem Rheintal,
wo die Evapotranspiration minimal ist, auf Grund höherer Bewaldung, Einstrahlung und
Windgeschwindigkeiten zu. Auch hier zeigt sich ein Anstieg der Verdunstung an den
Luvseiten im Vergleich zu den Bergrücken und Leeseiten. Auf Grund von Konvergenz und
maximalen Niederschlägen an den Luvseiten steht auch mehr Bodenwasser sowie Wasser auf
Pflanzenoberflächen für die Verdunstung zur Verfügung. Erhöhte Einstrahlungen an den
Westhängen des Schwarzwalds und den Nordwesthängen der Schwäbischen Alb im Vergleich
zu den Ost- bzw. Südosthängen begünstigen eine stärkere Erwärmung der Oberfläche und
damit die Evapotranspiration in diesen Bereichen.

Die im Rahmen dieser Arbeit erzielten Ergebnisse verdeutlichen, dass sich Bilanzierungen
des atmosphärischen Wasserhaushalts für verschiedene methodische und wissenschaftliche
Erkenntnisgewinne eignen. Auf Basis der Betrachtung aller relevanten Komponenten des
Wasserhaushalts bei der Modellvalidierung wurden Abweichungen zwischen simulierten und

beobachteten Niederschlägen auf Unsicherheiten bei der Bestimmung der Wasserdampfänderung durch Konvergenz zurückgeführt. Um Fehler in den Tagesgängen der simulierten Wasserhaushaltsgrößen zu beseitigen und Niederschlagsprozesse realistischer darzustellen, wird die Weiterentwicklung der Konvektionsparametrisierung in COSMO empfohlen. Zur Verbesserung des simulierten Niederschlags wurde in dieser Studie ein GPS- und COSMO-gestütztes Kombinationsverfahren vorgeschlagen. Erfolgreich ist seine Anwendung insbesondere für Wetterlagen, die sich durch Divergenz oder eine schwache Konvergenz, die der Wasserdampfabnahme durch Niederschlag nicht entgegenwirkt, auszeichnen. Anhand vollständiger modellbasierter Wasserhaushaltsbilanzierungen wurde gezeigt, dass eine möglichst signifikante Charakterisierung des atmosphärischen Wasserhaushalts in Abhängigkeit von Wetterlagen nur bei gleichzeitiger Betrachtung von Niederschlag, Evapotranspiration und Konvergenz möglich ist. Die Ergebnisse von hier durchgeführten Analysen des Wasserhaushalts in der Rheinebene und der Region Schwarzwald/Schwäbische Alb deuten auf eine Intensivierung des Wasserhaushalts in Mittelgebirgsregionen hin. Somit weist die vorliegende Dissertation nach, dass Wetterlagen sowie Topographie einen signifikanten Einfluss auf den atmosphärischen Wasserhaushalt haben. Für Klimaänderungsstudien und Untersuchungen zukünftiger Änderungen des Wasserkreislaufs ist es daher unabdingbar, diese Einflussfaktoren zu berücksichtigen.

A Anhang

A.1 Statistische Methoden

Für die Modellvalidierung anhand von Beobachtungen der COPS-Messkampagne (s. Kap. 4.2) sind Interpolationen sowohl der Modell- als auch der Messdaten nötig. Die verwendeten Interpolationsverfahren werden in Kapitel A.1.1 beschrieben. Schließlich wird in Abschnitt A.1.2 auf statistische Testverfahren eingegangen, die für die Untersuchung der statistischen Signifikanz der Wasserhaushaltquantifizierungen verwendet werden.

A.1.1 Interpolationsmethoden

Die Modellergebnisse liegen für jeden Gitterpunkt innerhalb des Simulationsgebietes vor. Für die Validierung der simulierten Wasserhaushaltsgrößen eignen sich entsprechende Beobachtungsdaten, die für Stationspunkte verfügbar sind. Einerseits können stationsbezogene Vergleiche der Modell- und Messdaten durchgeführt werden, andererseits flächenhafte Vergleiche. Im ersten Fall werden die Modellergebnisse an den vier um die Station liegenden Gitterpunkten auf die Stationskoordinaten interpoliert, wobei mit den Abständen zwischen Station und Modellgitterpunkten gewichtet wird. Denkbar ist auch ein Vergleich des Mittelwertes einer Gitterzelle, repräsentiert durch den jeweiligen Modellgitterpunkt, mit den Messdaten der in dieser Zelle liegenden Station. Jedoch kann die Station nahe den Gitterrändern liegen, so dass eine Berücksichtigung der Werte der anderen Zellen zu bevorzugen ist. Desweiteren können mehrere Stationen innerhalb einer einzigen $7{\times}7$ km^2 großen Gitterzelle liegen, die dennoch Abstände von mehreren Kilometern haben können. Somit weisen sie nicht den gleichen Wert der betrachteten Wasserhaushaltsgröße auf und sind nicht mit demselben Modellwert vergleichbar. Die Gegenüberstellung der Wasserhaushaltsgrößen eines Kontrollvolumens erfordert, dass auch die Beobachtungsdaten für ein Gitter vorliegen, um mittels Gleichung 5.6 die Flächenwerte berechnen zu können. Die Interpolation von Gitterwerten auf Punktwerte wird mittels bilinearer Interpolation realisiert, die Interpolation von Stationsdaten auf ein Gitter mittels des Kriging-Verfahrens. Beide Interpolationsmethoden werden im Folgenden kurz beschrieben.

A.1.1.1 Bilineare Interpolation

Die skalaren Modellgrößen wie spezifische Feuchte, Niederschlag usw. sind für jeden Modellgitterpunkt bekannt. Allgemein seien diese Größen als Funktion $\psi(x, y)$ bezeichnet, wobei x und y die Koordinaten des Gitterpunktes sind (s. Abb. A.1). Um den Wert einer Größe an der Stelle (x_0, y_0) zu bestimmen, werden die Funktionswerte an den benachbarten Stützstellen (x_1, y_1), (x_2, y_1) usw. wie folgt interpoliert (z.B. Press et al. 1992):

$$
\begin{aligned}
\psi(x_0, y_0) = {} & \frac{x_0 - x_2}{x_1 - x_2}\frac{y_0 - y_2}{y_1 - y_2}\psi(x_1, y_1) + \frac{x_0 - x_1}{x_2 - x_1}\frac{y_0 - y_2}{y_1 - y_2}\psi(x_2, y_1) \\
& + \frac{x_0 - x_2}{x_1 - x_2}\frac{y_0 - y_1}{y_2 - y_1}\psi(x_1, y_2) + \frac{x_0 - x_1}{x_2 - x_1}\frac{y_0 - y_1}{y_2 - y_1}\psi(x_2, y_2)\,.
\end{aligned}
\tag{A.1}
$$

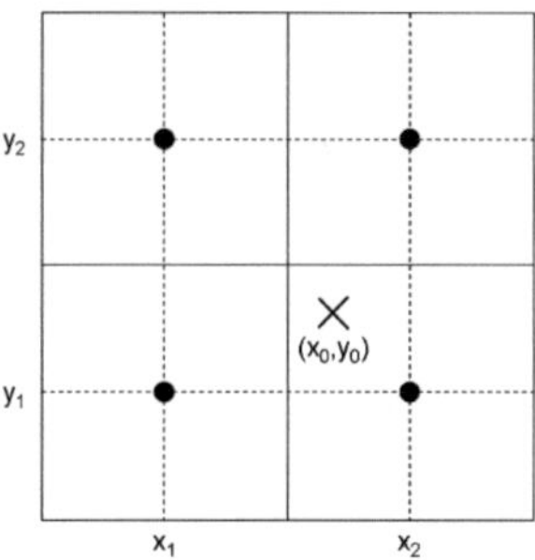

Abb. A.1: Bestimmung des Funktionswertes an einem beliebigen Punkt durch bilineare Interpolation von den umliegenden Modellgitterpunkten (Mittelpunkte der Gitterzellen).

A.1.1.2 Kriging-Interpolation

Kriging ist ein erstmals von Krige (1951) angewendetes geostatistisches Verfahren zur Interpolation raumbezogener Daten. Ziel ist die Abschätzung eines unbekannten Wertes $\hat{\psi}(x_0)$ an einem bestimmten Ort x_0. Gegeben ist ein Beobachtungsdatensatz $\psi(x_i)$ für insgesamt n Stationspunkte x_i mit $1 \leq i \leq n$. Der Wert $\hat{\psi}(x_0)$ wird durch Linearkombination der Beobachtungsdaten

$$
\hat{\psi}(x_0) = \sum_{i=1}^{n} \lambda_i \psi(x_i)\,.
\tag{A.2}
$$

mit der Nebenbedingung $\sum_{i=1}^{n}\lambda_i = 1$ abgeschätzt (Bill 1999). Die Gewichte bzw. Kriging-koeffizienten λ_i werden derart bestimmt, dass die Erwartungswerte für den tatsächlichen Wert $\psi(x_0)$ und den Schätzwert $\hat{\psi}(x_0)$ identisch sind

$$E[\psi(x_0)] = E[\hat{\psi}(x_0)] \tag{A.3}$$

und die Varianz des Schätzfehlers

$$Var[\psi(x_0) - \hat{\psi}(x_0)] = \sum_{i=1}^{n} \lambda_i \gamma(x_i, x_0) + \phi = min \tag{A.4}$$

minimal ist. Die Variable ϕ heißt Lagrangescher Faktor (Bill 1999). Die Semivarianz $\gamma(x_i, x_0)$ ist vom Abstand zwischen dem Punkt x_i und dem Interpolationspunkt x_0 abhängig. Sie kann als Funktion des Abstands h aus den verfügbaren Daten $\psi(x_i)$ mittels eines h-$\gamma(h)$-Diagramms, eines sogenannten Variogramms, abgeschätzt werden:

$$\gamma(h) = \frac{1}{2n} \sum_{i=1}^{n} [\psi(x_i) - \psi(x_i + h)]^2 \,. \tag{A.5}$$

Mittels der dadurch bekannten Semivarianzen können anschließend die Gewichte λ_i berechnet und Gleichung A.2 gelöst werden. Eine detaillierte Erläuterung der Verwendung von Variogrammen und der Kriging-Interpolation ist beispielsweise in Bill (1999) zu finden. In verschiedener Grafiksoftware wie „Surfer" kann die Kriging-Interpolation automatisch durchgeführt werden.

A.1.2 Statistische Testverfahren

Mittels statistischer Testverfahren kann geprüft werden, ob sich Verteilungsfunktionen von stochastischen Variablen gemäß verschiedener Kriterien voneinander unterscheiden. Diese Methoden werden in Kapitel 8 im Zusammenhang mit den Wasserhaushaltsstudien benötigt und daher hier kurz vorgestellt.

A.1.2.1 Verteilungsfunktionen

Für die Wasserhaushaltskomponenten wird angenommen, dass sie kontinuierlich verteilt sind und mittels einer Dichtefunktion $f(x)$ (auch Wahrscheinlichkeitsdichte) beschrieben werden können. Dichtefunktionen dürfen nicht negativ sein und das Integral jeder Dichtefunktion über alle möglichen Werte von x ergibt 1:

$$\int_x f(x)\, dx = 1 \,. \tag{A.6}$$

Die Dichtefunktion $f(x)$ einer beliebigen Zufallsvariablen X ist exemplarisch in Abbildung A.2 gezeigt. Die Wahrscheinlichkeit, mit der X einen bestimmten Wert x im Intervall $[x_1, x_2]$ annimmt, ist durch die Fläche unterhalb der Verteilungsfunktion gegeben. In Abbildung A.2

ist die Wahrscheinlichkeit, dass X zwischen 0.5 und 1.5 liegt, als Flächenintegral veranschaulicht. Allgemein gilt für die Wahrscheinlichkeit, dass X einen Wert zwischen x_1 und x_2 annimmt:

$$Pr\{x_1 \leq X \leq x_2\} = \int_{x_1}^{x_2} f(x)\, dx. \tag{A.7}$$

Weitere Details zu Verteilungsfunktionen sind in Wilks (2006) zu finden.

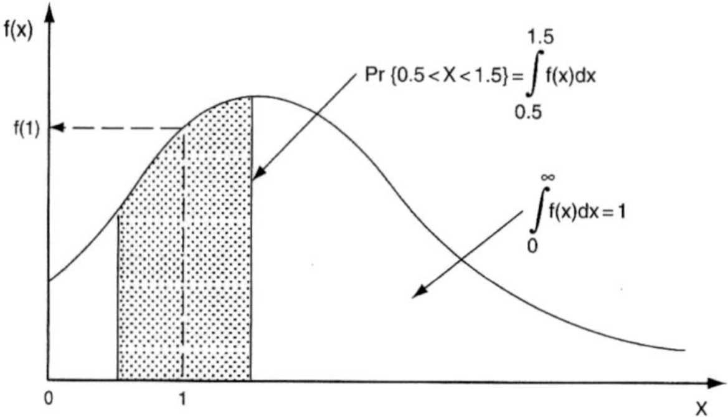

Abb. A.2: Dichtefunktion $f(x)$ einer beliebigen Zufallsvariablen X (Wilks 2006).

Um Verteilungsfunktionen auf Unterschiede zu überprüfen, werden statistische Testverfahren angewendet. Grundlage statistischer Tests ist die Definition einer Nullhypothese H_0 und einer Gegenhypothese bzw. Alternative, die oftmals besagt, dass H_0 nicht zutrifft. Weicht eine Verteilung ausreichend von einer anderen ab, so wird H_0 abgelehnt. Die Entscheidung, ob H_0 abgelehnt wird, wird anhand eines Testlevels getroffen. Die Nullhypothese wird zurückgewiesen, wenn die Wahrscheinlichkeit, dass beide Verteilungen der gleichen Grundgesamtheit entstammen, kleiner oder gleich dem Testlevel ist. In den meisten Fällen wird das 5%-Signifikanzniveau gewählt. Wird H_0 nicht abgelehnt, bedeutet das nicht, dass die Nullhypothese wahr ist, sondern vielmehr, dass es nicht ausreichend Hinweise gibt, H_0 verwerfen (Wilks 2006).

Die Wasserhaushaltsgrößen unterliegen verschiedenen Verteilungen, deren Verteilungsparameter zum Teil unbekannt sind. Da die Verteilungen der Komponenten unter gleichen Bedingungen getestet werden sollen, werden nicht-parametrische Testverfahren gewählt, die keine Annahmen über die theoretischen Verteilungen der Daten voraussetzen (Wilks 2006). Die Grundlagen der in Abschnitt 8.1.6 verwendeten Wilcoxon-Rangsummen- und Kolmogorov-Smirnov-Tests werden im Folgenden kurz beschrieben. Generell sind jedoch parametrische Tests geeigneter, um Unterschiede zwischen Verteilungsfunktionen festzustellen.

A.1.2.2 Wilcoxon-Rangsummen-Test

Es sind zwei Stichproben mit den Daten $x_1, x_2, ..., x_n$ und $y_1, y_2, ..., y_m$ gegeben, die den Verteilungsfunktionen F mit der Wahrscheinlichkeitsdichte f und G mit der Dichte g unterliegen. Der Wilcoxon-Rangsummen-Test (auch Wilcoxon-Whitney-Rangsummen-Test) prüft die Nullhypothese H_0:

$$F = G . \tag{A.8}$$

Die Alternative H_1 lautet:

$$F \neq G . \tag{A.9}$$

Dieser Test eignet sich besonders gut, um zwei Verteilungen auf einen möglichen Lageunterschied hin zu untersuchen. Ein Lageunterschied bedeutet, dass zwei Verteilungen gegeneinander verschoben sind. Vorteilhaft ist die Robustheit dieses Tests gegenüber Ausreißern. Betrachtet werden nicht die Datenwerte selbst, sondern ihre Rangzahlen innerhalb der insgesamt $n + m$ Beobachtungen. Dafür werden alle Werte $x_1, x_2, ..., x_n$ und $y_1, y_2, ..., y_m$ der Größe nach sortiert und dem k-kleinsten Wert in der gemeinsamen Stichprobe wird der Rang k zugeordnet (Rang 1 für den kleinsten Wert usw.). R_n ist die Summe der Ränge des ersten Datensatzes mit n Mitgliedern und R_m die des Zweiten mit m Mitgliedern. Sind die Unterschiede zwischen R_n und R_m sehr groß, sind beide Verteilungen deutlich gegeneinander verschoben und die Nullhypothese wird abgelehnt.

Die Größe R_n wird auch als Wilcoxon-Rangsummen-Statistik W bezeichnet. Die Prüfgröße U des Tests wird aus der Differenz der Wilcoxon-Rangsummen-Statistik und dem kleinstmöglichen Wert berechnet:

$$U = W - \frac{n(n + 1)}{2} . \tag{A.10}$$

Durch Festlegung des Testlevels α und $p = 1 - \alpha/2$ kann der exakte kritische Wert $U_{m,n,1-\alpha/2} = U_{n,m,1-\alpha/2}$ für kleine Stichproben aus Tabellen für den verteilungsfreien Wilcoxon-Rangsummen-Test abgelesen und der Testentscheid durchgeführt werden (z.B. Conover 1999). Für große Stichproben (n und m größer als 10) können die kritischen Werte durch Normalverteilungen approximiert werden (Wilks 2006). H_0 wird für $U \geq U_{m,n,1-\alpha/2}$ oder $U < m \cdot n - U_{m,n,1-\alpha/2}$ abgelehnt. Statistik-Software wie „R" (www.r-project.org) gibt direkt aus, mit welcher Wahrscheinlichkeit ein Wert in einer gegebenen Verteilung auftritt. Ist der Wahrscheinlichkeitswert kleiner als das Signifikanzniveau, das meist auf 5% festgelegt wird, wird die Nullhypothese zurückgewiesen (Dalgaard 2002).

Problematisch sind Bindungen, d.h. das Auftreten gleicher Werte, die nicht eindeutig einem Rang zugeordnet werden können. In diesem Fall werden die Mittelwerte der betreffenden

Ränge gebildet. Bei großen Datensätzen ist dieses Vorgehen unproblematisch, bei kleineren Stichproben dagegen mit Unsicherheiten verbunden.

A.1.2.3 Kolmogorov-Smirnov-Test

Ein weiteres Verfahren zur Überprüfung der Signifikanz des Unterschiedes zweier Verteilungen ist der Kolmogorov-Smirnov-Test. Gegeben sind wieder zwei Stichproben. Der erste Datensatz basiert auf n Beobachtungen $x = (x_1, \dots, x_n)$ mit der Verteilungsfunktion F und der Wahrscheinlichkeitsdichte f. Die zweite Stichprobe enthält m Beobachtungen $y = (y_1, \dots, y_m)$ mit der Verteilungsfunktion G und der Wahrscheinlichkeitsdichte g. Die Dichtefunktionen f und g können sich beliebig in ihrer Form unterscheiden. Die Nullhypothese H_0 des Kolmogorov-Smirnov-Tests lautet:

$$F = G \, . \tag{A.11}$$

Die Alternative H_1

$$F \neq G \tag{A.12}$$

gilt, wenn die Diskrepanz zwischen beiden Verteilungsfunktionen zu groß ist (Wilks 2006). Es werden die empirischen kumulativen Verteilungsfunktionen, die mit F_n bzw. G_m bezeichnet werden, gegeneinander verglichen. Dafür werden die Stichproben x und y zu einer Stichprobe t zusammengefasst. Ziel des Kolmogorov-Smirnov-Tests ist es, den größten Abstand zwischen den beiden kumulativen Verteilungsfunktionen zu ermitteln. Für die Prüfgröße D_S gilt:

$$D_S = \max_t |F_n(t) - G_m(t)| \, . \tag{A.13}$$

Ist die Distanz groß genug, ist der Unterschied der Verteilungsfunktionen signifikant. Die Nullhypothese wird auf dem $\alpha \cdot 100\%$-Level für

$$D_S > \left[-\frac{1}{2}\left(\frac{1}{n} + \frac{1}{m}\right) ln\left(\frac{\alpha}{2}\right) \right]^{\frac{1}{2}} \tag{A.14}$$

abgelehnt.

A.2 Die objektive Wetterlagenklassifikation

A.2.1 Liste der objektiven Wetterlagen

Nummer	Kennung	Anströmrichtung	Zyklonalität in 950 hPa	Zyklonalität in 500 hPa	Feuchte
1	XXAAT	nicht definiert	antizyklonal	antizyklonal	trocken
2	NOAAT	Nordost	antizyklonal	antizyklonal	trocken
3	SOAAT	Südost	antizyklonal	antizyklonal	trocken
4	SWAAT	Südwest	antizyklonal	antizyklonal	trocken
5	NWAAT	Nordwest	antizyklonal	antizyklonal	trocken
6	XXAAF	nicht definiert	antizyklonal	antizyklonal	feucht
7	NOAAF	Nordost	antizyklonal	antizyklonal	feucht
8	SOAAF	Südost	antizyklonal	antizyklonal	feucht
9	SWAAF	Südwest	antizyklonal	antizyklonal	feucht
10	NWAAF	Nordwest	antizyklonal	antizyklonal	feucht
11	XXAZT	nicht definiert	antizyklonal	zyklonal	trocken
12	NOAZT	Nordost	antizyklonal	zyklonal	trocken
13	SOAZT	Südost	antizyklonal	zyklonal	trocken
14	SWAZT	Südwest	antizyklonal	zyklonal	trocken
15	NWAZT	Nordwest	antizyklonal	zyklonal	trocken
16	XXAZF	nicht definiert	antizyklonal	zyklonal	feucht
17	NOAZF	Nordost	antizyklonal	zyklonal	feucht
18	SOAZF	Südost	antizyklonal	zyklonal	feucht
19	SWAZF	Südwest	antizyklonal	zyklonal	feucht
20	NWAZF	Nordwest	antizyklonal	zyklonal	feucht

21	XXZAT	nicht definiert	zyklonal	antizyklonal	trocken
22	NOZAT	Nordost	zyklonal	antizyklonal	trocken
23	SOZAT	Südost	zyklonal	antizyklonal	trocken
24	SWZAT	Südwest	zyklonal	antizyklonal	trocken
25	NWZAT	Nordwest	zyklonal	antizyklonal	trocken
26	XXZAF	nicht definiert	zyklonal	antizyklonal	feucht
27	NOZAF	Nordost	zyklonal	antizyklonal	feucht
28	SOZAF	Südost	zyklonal	antizyklonal	feucht
29	SWZAF	Südwest	zyklonal	antizyklonal	feucht
30	NWZAF	Nordwest	zyklonal	antizyklonal	feucht
31	XXZZT	nicht definiert	zyklonal	zyklonal	trocken
32	NOZZT	Nordost	zyklonal	zyklonal	trocken
33	SOZZT	Südost	zyklonal	zyklonal	trocken
34	SWZZT	Südwest	zyklonal	zyklonal	trocken
35	NWZZT	Nordwest	zyklonal	zyklonal	trocken
36	XXZZF	nicht definiert	zyklonal	zyklonal	feucht
37	NOZZF	Nordost	zyklonal	zyklonal	feucht
38	SOZZF	Südost	zyklonal	zyklonal	feucht
39	SWZZF	Südwest	zyklonal	zyklonal	feucht
40	NWZZF	Nordwest	zyklonal	zyklonal	feucht

Tab. A.1: Kennzahlen und Kennungen der 40 objektiven Wetterlagen (Bissolli und Dittmann 2001).

A.2.2 Häufigkeit der objektiven Wetterlagen während des Untersuchungszeitraums

Kennung	Anzahl der Tage	Kennung	Anzahl der Tage
SWAAT	20	SOAAT	1
SWAAF	63	SOAAF	2
SWAZT	28	SOAZT	0
SWAZF	33	SOAZF	2
SWZAT	2	SOZAT	1
SWZAF	33	SOZAF	9
SWZZT	6	SOZZT	0
SWZZF	22	SOZZF	6
NWAAT	31	NOAAT	18
NWAAF	23	NOAAF	2
NWAZT	50	NOAZT	7
NWAZF	12	NOAZF	5
NWZAT	0	NOZAT	0
NWZAF	0	NOZAF	2
NWZZT	2	NOZZT	0
NWZZF	0	NOZZF	3
XXAAT	15	XXAZT	6
XXAAF	19	XXAZF	9
XXZAT	4	XXZZT	6
XXZAF	13	XXZZF	5

Tab. A.2: Anzahl der Tage der objektiven Wetterlagen während der Sommermonate (JJA) der Jahre 2005 bis 2009.

Symbolverzeichnis[1]

Symbol	Dimension	Bedeutung
a	m	Mittlerer Erdradius
$\boldsymbol{A}$	$[\boldsymbol{A}]$	Beliebiger Vektor $\boldsymbol{A} = \left(A_\lambda, A_\varphi, A_z\right)$
c_{pd}, c_{vd}	J kg^{-1} K^{-1}	Spezifische Wärme trockener Luft bei konstantem Druck bzw. Volumen
c_u	kg kg^{-1} s^{-1}	Kondensation im Aufwindbereich
C_q^d	-	Koeffizient für den turbulenten Feuchtetransport an Oberflächen
CDF	-	Kumulative Wahrscheinlichkeitsdichtefunktion
D	s^{-1}	Divergenz des Windfeldes
D_{q_v}	kg kg^{-1} s^{-1}	Turbulente und molekulare Diffusion
e_d	kg kg^{-1} s^{-1}	Verdunstung von Niederschlag im Abwindbereich
e_l	kg kg^{-1} s^{-1}	Verdunstung von Wolkenwasser in der Umgebung der Wolke
e_p	kg kg^{-1} s^{-1}	Verdunstung von Niederschlag unterhalb der Wolkenbasis
e_t	m^2 s^{-2}	Turbulente kinetische Energie
$\boldsymbol{e}_\lambda, \boldsymbol{e}_\varphi, \boldsymbol{e}_z$	-	Normierte Einheitsvektoren im (λ, φ, z)-System
$E = E_v + E_c$	kg m^{-2} s^{-1}	Turbulente Diffusion von Wasserdampf und Wolkenwasser
E_c, E_v	kg m^{-2} s^{-1}	Turbulente Diffusion von Wolkenwasser bzw. Wasserdampf

---

[1] Das Symbolverzeichnis listet alle in der Arbeit vorkommenden Größen mit Ausnahme der in Kapitel 4 und Kapitel 5 und im Anhang verwendeten Variablen auf.

Symbol	Einheit	Bedeutung
$E_{v_{calc}}$	$\mathrm{kg\ m^{-2}\ s^{-1}}$	GPS- und COSMO-basierte Berechnung der Evapotranspiration
E_h	$\mathrm{m^2\ s^{-2}}$	Kinetische Energie horizontaler Bewegungen
$E_{v_{obs}}, E_{v_{sim}}$	$\mathrm{kg\ m^{-2}\ s^{-1}}$	Beobachtete bzw. simulierte Evapotranspiration
E_0	$\mathrm{W\ m^{-2}}$	Latenter Wärmefluss
f_ψ^{TS}	$[\psi]\ \mathrm{s^{-1}}$	Änderungsrate bezüglich langsamer Prozesse mit großem Zeitschritt
f_ψ^n	$[\psi]\ \mathrm{s^{-1}}$	Änderungsrate einer Variable ψ zum Zeitschritt n
$F_{q_x}^3, \left(F_{q_x}^3\right)_{sfc}$	$\mathrm{kg\ m^{-2}\ s^{-1}}$	Vertikaler turbulenter Wasserfluss bzw. vertikaler turbulenter Wasserfluss an der Oberfläche
F_{θ_v}	$\mathrm{kg\ K\ m^{-2}\ s^{-1}}$	Konvektiver Wärmefluss
g	$\mathrm{m\ s^{-2}}$	Erdbeschleunigung
$\sqrt{G}$	m	Metrischer Term
i, j, k	-	Position eines Gitterpunktes in λ-, φ- und ζ-Richtung
IWV	$\mathrm{kg\ m^{-2}}$	Säulenwasserdampfgehalt (Integrated Water Vapour)
J^z		Jacobi-Matrix
K_h^v, K_m^v	$\mathrm{m^2\ s^{-1}}$	Turbulenter Wärme- bzw. Impulsdiffusionskoeffizient
l	m	Turbulente Längenskala
L	$\mathrm{J\ kg^{-1}}$	Verdampfungswärme
M_ψ	$[\psi]\ \mathrm{s^{-1}}$	Tendenzen auf Grund von turbulenter Durchmischung, Konvektion, numerischer Diffusion, seitlicher Randrelaxation und Rayleigh-Dämpfung mit $\psi = \left(u, v, w, q_v, q_l, q_f, e_t\right)$
$M_{q_x}^{corr}$	$\mathrm{kg\ kg^{-1}\ s^{-1}}$	Tendenz auf Grund der Massenflusskorrektur
$M_{q_v}^d, M_{q_v}^u$	$\mathrm{kg\ m^{-2}\ s^{-1}}$	Wasserdampfmassenfluss bei Ab- bzw. Aufwinden
$M_{q_x}^{CM}$	$\mathrm{kg\ kg^{-1}\ s^{-1}}$	Tendenz auf Grund der Korrektur von numerischer Diffusion
$M_{q_x}^{TD}$	$\mathrm{kg\ kg^{-1}\ s^{-1}}$	Tendenz auf Grund turbulenter Durchmischung
$M_{q_x}^{LB}$	$\mathrm{kg\ kg^{-1}\ s^{-1}}$	Tendenz auf Grund lateraler Randrelaxation

$M_{q_x}^{MC}$	kg kg^{-1} s^{-1}	Tendenz auf Grund von Konvektion
$M_{q_x}^{mix}$	kg kg^{-1} s^{-1}	Tendenz auf Grund vertikaler Advektion, turbulenter Durchmischung und der Massenflusskorrektur
$M_{q_x}^{num}$	kg kg^{-1} s^{-1}	Tendenz auf Grund der Korrektur von numerischer Diffusion und der Massenflusskorrektur
$M_{q_x}^{RD}$	kg kg^{-1} s^{-1}	Tendenz auf Grund von Rayleigh-Dämpfung
n	-	Zeitschritt
N_ζ	-	Anzahl der Hauptlevel in ζ-Richtung
Num	kg m^{-2} s^{-1}	Tendenz auf Grund der numerischen Diffusion und Massenflusskorrektur
p, p_0	N m^{-2}	Druck bzw. Referenzdruck
p'	N m^{-2}	Abweichung vom Referenzdruck
p_s, p_o	N m^{-2}	Druck an der Erdoberfläche bzw. am Oberrand der Atmosphäre
P	kg m^{-2} s^{-1}	Gesamtniederschlagsfluss; ab Gl. 3.50 $P = P_r$
P_{calc}	kg m^{-2} s^{-1}	GPS- und COSMO-basierte Berechnung des Niederschlags
P_{con}, P_{gsp}	kg m^{-2} s^{-1}	Konvektiver bzw. skaliger Niederschlagsfluss
P_{obs}, P_{sim}	kg m^{-2} s^{-1}	Beobachteter und simulierter Niederschlag
P_f, P_l	kg m^{-2} s^{-1}	Niederschlagsfluss von Fest- bzw. Flüssigwasser
P_r, P_s	kg m^{-2} s^{-1}	Niederschlagsfluss von Regenwasser und Schnee
$P_{r,con}, P_{r,gsp}$	kg m^{-2} s^{-1}	Konvektiver bzw. skaliger Niederschlagsfluss von Regenwasser
$P_{r,tot} = P_{tot}$	kg m^{-2} s^{-1}	Skaliger und konvektiver Niederschlagsfluss von Regenwasser
$P_{s,con}, P_{s,gsp}$	kg m^{-2} s^{-1}	Konvektiver bzw. skaliger Niederschlagsfluss von Schnee
PDF	-	Wahrscheinlichkeitsdichtefunktion
q	kg kg^{-1}	Spezifischer Wasserdampf-, Wolkenwasser- und Regenwassergehalt

Symbol	Einheit	Beschreibung
q_c, q_i, q_r, q_s	kg kg^{-1}	Spezifischer Wolkenwasser-, Wolkeneis-, Regenwasser- bzw. Schneegehalt
q_f, q_l, q_v	kg kg^{-1}	Spezifischer Eis-, Flüssigwasser- bzw. Wasserdampfgehalt
q_v^d, q_v^u	kg kg^{-1}	Spezifische Feuchte im Ab- bzw. Aufwindbereich
$(q_v)_{sfc}$	kg kg^{-1}	Spezifischer Wasserdampfgehalt an der Oberfläche
q_x	kg kg^{-1}	Spezifischer Wassergehalt mit $x = (c, f, i, l, r, s, v)$
$\boldsymbol{Q}_{f,h}, \boldsymbol{Q}_{l,h}, \boldsymbol{Q}_{v,h}$	kg m^{-1} s^{-1}	Horizontaler Eis-, Flüssigwasser- bzw. Wasserdampftransport
$\boldsymbol{Q}_h$	kg m^{-1} s^{-1}	Horizontaler Gesamtwassertransport
Q_T	K s^{-1}	Diabatische Erwärmung
$Q_{v,\lambda}, Q_{v,\varphi}$	kg m^{-1} s^{-1}	Zonale und meridionale Komponente des horizontalen Wasserdampftransports
r	m	Erdradius an einem Punkt der Erdoberfläche
R_d, R_v	J kg^{-1} K^{-1}	Gaskonstante für trockene Luft bzw. Wasserdampf
Res	kg m^{-2} s^{-1}	Residuum zwischen der zeitlichen Wasseränderung und der Summe der einzelnen Bilanzterme
s_ψ	$[\psi]$ s^{-1}	Änderungsrate bezüglich schneller Prozesse mit kleinem Zeitschritt
s_{q_v}	kg kg^{-1} s^{-1}	Phasenumwandlungen von und in Wasserdampf (Differenz aus Verdunstungs- und Kondensationsrate)
S	kg m^{-2} s^{-1}	Phasenumwandlungen von und in Wasserdampf und Flüssigwasser
S_c, S_i, S_r, S_s	kg kg^{-1} s^{-1}	Phasenumwandlungen von und in Wolkenwasser, Wolkeneis, Regenwasser bzw. Schnee
S_f, S_l, S_v	kg kg^{-1} s^{-1}	Phasenumwandlungen von und in Eis, Flüssigwasser bzw. Wasserdampf
S_q	kg kg^{-1} s^{-1}	Phasenumwandlungen von und in Wasserdampf und Flüssigwasser
S_ψ^c	kg kg^{-1} s^{-1}	Wolkenkondensation und -evaporation
t	s	Zeit

T, T_m, T_0	K	Temperatur, mittlere Temperatur der Atmosphäre, Temperatur im Grundzustand
u, v	m s^{-1}	Zonale bzw. meridionale Geschwindigkeitskomponente
$\boldsymbol{v_h}$	m s^{-1}	Horizontaler Geschwindigkeitsvektor
$v_{T_{r,s}}$	m s^{-1}	Mittlere Endfallgeschwindigkeit von Regen und Schnee
V_a	s^{-1}	Absolute Vortizität
w	m s^{-1}	Vertikalgeschwindigkeit im (λ, φ, z)-System
W	kg m^{-2}	Atmosphärischer Gesamtwassergehalt; ab Gl. 3.55 atmosphärischer Wasserdampf- und Flüssigwassergehalt
W_f, W_l, W_v	kg m^{-2}	Atmosphärischer Eis-, Flüssigwasser- bzw. Wasserdampfgehalt
x, y, z	m	Kartesische Koordinaten
ZTD, ZWD	m	Signalverzögerung in der Troposphäre (Zenith Total Delay) bzw. feuchter Anteil der Signalverzögerung (Zenith Wet Delay)
α_M	-	Dissipationskonstante
$\beta_{v,d}^+, \beta_{v,d}^-$	-	Wichtungskoeffizienten für das Crank-Nicolson-Verfahren zur Berechnung der vertikalen Advektion (v) und vertikalen turbulenten Diffusion (d)
$\sqrt{\gamma}$	N m^{-2}	Änderung des Referenzdrucks mit ζ
$\zeta, \dot{\zeta}$	-, s^{-1}	Geländefolgende Vertikalkoordinate bzw. Vertikalgeschwindigkeit
θ_v	K	Virtuelle potentielle Temperatur
λ, φ	rad	Geographische Länge und Breite
ρ, ρ_0	kg m^{-3}	Dichte bzw. Referenzdichte von Luft
ρ_W	kg m^{-3}	Dichte von Wasser
ψ	$[\psi]$	Prognostische Modellvariable
ω	kg m^{-1} s^{-3}	Vertikalgeschwindigkeit im (x, y, p, t)-System
$\omega_f, \omega_l, \omega_v$	kg m^{-1} s^{-3}	Vertikalgeschwindigkeit von Fest-, Flüssigwasser bzw. Wasserdampf im (x, y, p, t)-System

$(\partial q_x/\partial t)_{adv}$	$\mathrm{kg\,kg^{-1}\,s^{-1}}$	Horizontale und vertikale Advektion des spezifischen Wassergehalts
$(\partial q_x/\partial t)_{hadv},$ $(\partial q_x/\partial t)_{vadv}$	$\mathrm{kg\,kg^{-1}\,s^{-1}}$	Horizontale bzw. vertikale Advektion des spezifischen Wassergehalts
$\partial W_v/\partial t_{obs},$ $\partial W_v/\partial t_{sim}$	$\mathrm{kg\,m^{-2}\,s^{-1}}$	Mittels GPS beobachtete bzw. simulierte Wasserdampfänderung
$-\nabla \cdot \boldsymbol{Q}$	$\mathrm{kg\,m^{-2}\,s^{-1}}$	Konvergenz von Wasserdampf-, Wolken- und Regenwasser und konvektiver Massentransport von Wasserdampf und Wolkenwasser
$-\nabla \cdot \boldsymbol{Q}_v$	$\mathrm{kg\,m^{-2}\,s^{-1}}$	Wasserdampfkonvergenz und konvektiver Massentransport von Wasserdampf

Abkürzungsverzeichnis

BKG	Bundesamt für Kartographie und Geodäsie
BTU Cottbus	Brandenburgische Technische Universität Cottbus
CAPE	Convective Available Potential Energy
CCL	Cumulus Condensation Level
COPS	Convective and Orographically-induced Precipitation Study
COSMO	Consortium for Small-Scale Modelling
COSMO-ART, CLM-ART	Aerosols and Reactive Trace gases, COSMO-ART in CLimate Mode
COSMO-CLM	COSMO model in CLimate Mode
COSMO-DE, COSMO-EU	COSMO Deutschland, COSMO Europa
DLR	Deutsches Zentrum für Luft- und Raumfahrt
DWD	Deutscher Wetterdienst
E-GVAP	EUMETNET EIG GNSS water vapour programme
EOST	Ecole et Observatoire des Sciences de la Terre, Strasbourg
EPOS	Software für die GPS-Datenauswertung
FOC	Full Operational Capability
GASP	GPS-Atmosphären-Sondierungs-Projekt
GFZ Potsdam	Helmholtz-Zentrum Potsdam, Deutsches GeoForschungsZentrum
GLOBE	Global Land One-km Elevation
GLOWA	Globaler Wandel des Wasserkreislaufs
GME	Globalmodell des DWD

GNSS	Globales Navigationssatellitensystem
GOP	General Observation Period
GPCP	Global Precipitation Climatology Project
GPS	Global Positioning System
GRACE	Gravity Recovery and Climate Experiment
GTS	Global Telecommunications System
HyMeX	Hydrological cycle in Mediterranean EXperiment
HZG	Helmholtz-Zentrum Geesthacht, Zentrum für Material- und Küstenforschung
IGS	International GNSS Service
IMK-TRO	Institut für Meteorologie und Klimaforschung, Bereich Troposphäre
INRA	Institut National de la Recherche Agronomique, Nancy
INSU/CRNS	Institut National des Sciences de l'Univers/ Centre National de la Recherche Scientifique
INT2LM	Präprozessor für das COSMO-Modell
IOP	Intensive Observation Period
IPCC	Intergovernmental Panel on Climate Change
ITCZ	Innertropische Konvergenzzone
JJA	Juni/Juli/August
KIT	Karlsruher Institut für Technologie
KV	Kontrollvolumen
LM	Lokal-Modell
LME, LMK	Frühere Bezeichnungen für COSMO-EU bzw. COSMO-DE
LMU München	Ludwig-Maximilians-Universität München
LUBW	Landesamt für Umwelt, Messungen und Naturschutz Baden-Württemberg
MCS	Mesoskaliges konvektives System

NO	Nordosten
NRT	Near Real Time
NW	Nordwesten
PDSI	Palmer Drought Severity Index
PIK	Potsdam-Institut für Klimafolgenforschung
PPP	Precise Point Positioning
RGP	Réseau GPS Permanent
SAPOS	Satellitenpositionierungsdienst der deutschen Landes-vermessung
SLEVE	Smooth Level Vertical
SO	Südosten
SW	Südwesten
TERRA_ML	Mehrschichten-Boden-Vegetation-Modell
TKE	Turbulente Kinetische Energie
TOUGH	Targeting Optimal Use of GPS Humidity Measurements in Meteorology
VLBI	Very Long Baseline Interferometry
XX	Nicht definierte Anströmung
XXA	Nicht definierte Anströmung und Antizyklonalität in 500 hPa
XXZ	Nicht definierte Anströmung und Zyklonalität in 500 hPa

Literaturverzeichnis

Adler, R. F., Huffman, G. J., Chang, A., Ferraro, R., Xie, P.-P., Janowiak, J., Rudolf, B., Schneider, U., Curtis, S., Bolvin, D., Gruber, A., Susskind, J., Arkin, P. und Nelkin, E. (2003): The Version-2 Global Precipitation Climatology Project (GPCP) Monthly Precipitation Analysis (1979-Present). *J. Hydrometeor.*, **4**, 1147-1167.

Baldocchi, D., Falge, E., Gu, L., Olson, R., Hollinger, D., Running, S., Anthoni, P, Bernhofer, Ch., Davis, K., Evans, R., Fuentes, J., Goldstein, A., Katul, G., Law, B., Lee, X., Malhi, Y., Meyers, T., Munger, W., Oechel, W., Paw U, K. T., Pilegaard, K., Schmid, H. P., Valentini, R., Verma, S., Vesala, T., Wilson, K. und Wofsy, S. (2001): FLUXNET: A New Tool to Study the Temporal and Spatial Variability of Ecosystem-Scale Carbon Dioxide, Water Vapor, and Energy Flux Densities. *Bull. Am. Meteorol. Soc.*, **82/11**, 2415-2434.

Barthlott, Ch., Corsmeier, U., Meißner, C., Braun, F. und Kottmeier, Ch. (2006): The influence of mesoscale circulation systems on triggering convective cells over complex terrain. *Atmos. Res.*, **81/2**, 150-175.

Barthlott, Ch., Schipper, J. W., Kalthoff, N., Adler, B, Kottmeier, Ch., Blyth, A. und Mobbs, S. (2010): Model representation of boundary-layer convergence triggering deep convection over complex terrain: A case study from COPS. *Atmos. Res.*, **95/2-3**, 172-185.

Baumgartner, A. und Reichel, E. (1975): The World Water Balance. Elsevier, Amsterdam, 179 pp.

Bechtold, P., Bazile, E., Guichard, F., Mascart, P. und Richard, E. (2001): A mass-flux convection scheme for regional and global models. *Q. R. J. Meteorol. Soc.*, **127**, 869-886.

Bender, M., Dick, G., Wickert, J., Schmidt, T., Song, S., Gendt, G., Ge, M. und Rothacher, M. (2008): Validation of GPS slant delays using water vapour radiometers and weather models. *Met. Zeitschrift*, **17/6**, 807-812.

Bender, M. (2010): Persönliche Mitteilung. Helmholtz-Zentrum Potsdam (GFZ).

Bender, M., Dick, G., Ge, M., Deng, Z., Wickert, J., Kahle, H.-G., Raabe, A. und Tetzlaff, G. (2011): Development of a GNSS Water Vapor Tomography System Using Algebraic Reconstruction Techniques. *Adv. Space Res.*, **47/10**, 1704-1720.

Berbery, E. H. und Rasmusson, E. M. (1999): Mississippi Moisture Budgets on Regional Scales. *Mon. Wea. Rev.*, **127/11**, 2654-2673.

Bevis, M., Businger, S., Herring, T. A., Rocken, Ch., Anthes, R. A. und Ware, R. H. (1992): GPS Meteorology: Remote sensing of atmospheric water vapor using the Global Positioning System. *J. Geophys. Res.*, **97/D14**, 15787-15801.

Bevis, M., Businger, S., Chiswell, S., Herring, T. A., Anthes, R. A., Rocken, Ch. und Ware, R. H. (1994): GPS Meteorology: Mapping Zenith Wet Delays onto Precipitable Water. *J. Appl. Meteorol.*, **33/3**, 379-386.

Bill, R. (1999): Grundlagen der Geo-Informationssysteme. Analysen, Anwendungen und neue Entwicklungen. 2. Aufl. Wichmann, Heidelberg, 475 pp.

Bissolli, P. und Dittmann, E. (2001): The objective weather type classification of the German Weather Service and its possibilities of application to environmental and meteorological investigations. *Met. Zeitschrift*, **10/4**, 253-260.

Brasseur, G. P. und Solomon, S. (2005): Aeronomy of the Middle Atmosphere. Chemistry and Physics of the Stratosphere and Mesosphere. 3. Aufl. Springer, Dordrecht, 644 pp.

Brechtel, H. M. und Hammes, W. (1985): Der Einfluss der Vegetation auf den Bodenwasser-haushalt unter besonderer Berücksichtigung von Fragen der Bodenkonsistenz auf Böschungen und Hängen. Gesellschaft für Ingenieurbiologie, Jahrbuch 2, 108-133.

Brubaker, K. L., Entekhabi, D. und Eagleson, P. S. (1993): Estimation of Continental Precipitation Recycling. *J. Clim.*, **6/6**, 1077-1089.

Brutsaert, W. (1988): Evaporation into the Atmosphere. Reidel, Dordrecht, 299 pp.

Brunner, F. K. und Gu, M. (1991): An improved model for the dual frequency ionospheric correction of GPS observations. *Manusc. Geod.*, **16**, 205-214.

Budyko, M. I. (1974): Climate and Life. International Geophysics Series, Vol. 18. Academic Press, New York, 508 pp.

Businger, S., Chiswell, S. R., Bevis, M., Duan, J., Anthes, R. A., Rocken, Ch., Ware, R. H., Exner, M., VanHove, T. und Solheim, F. S. (1996): The Promise of GPS in Atmospheric Monitoring. *Bull. Am. Meteorol. Soc.*, **77/1**, 5-18.

Chahine, M. T. (1992): The hydrological cycle and its influence on climate. *Nature*, **359**, 373-380.

Champollion, C., Masson, F., Bouin, M.-N., Walpersdorf, A., Doerflinger, E., Bock, O. und Van Baelen, J. (2005): GPS water vapour tomography: preliminary results from the ESCOMPTE field experiment. *Atmos. Res.*, **74/1-4**, 253-274.

Conover, W. J. (1999): Practical Nonparametric Statistics. 3. Aufl. Wiley, New York/ Weinheim, 584 pp.

Convective and Orographically-induced Precipitation Study (COPS): http://www.cops2007.de (25.08.2010).

Corsmeier, U., Kalthoff, N., Barthlott, Ch., Aoshima, F., Behrendt, A., Di Girolamo, P., Dorninger, M., Handwerker, J., Kottmeier, Ch., Mahlke, H., Mobbs, S., Norton, E. G., Wickert, J. und Wulfmeyer, V. (2011): Processes driving deep convection over complex terrain: A multi-scale analysis of observations from COPS-IOP 9c. *Q. R. J. Meteorol. Soc.*, **137**, 137-155.

Coster, A. J., Niell, A. E., Solheim, F. S., Mendes, V. B., Toor, P. C., Buchmann, K. P. und Upham, C. A. (1996): Measurements of precipitable water vapor by GPS, radiosondes, and a microwave radiometer. Proceedings of the Institute of Navigation ION GPS-96, Part 1, 625-634.

Crewell, S., Mech, M., Reinhardt, T., Selbach, Ch., Betz, H.-D., Brocard, E., Dick, G., O'Connor, E., Fischer, J., Hanisch, T., Hauf, T., Hünerbein, A., Delobbe, L., Mathes, A., Peters, G., Wernli, H., Wiegner, M. und Wulfmeyer, V. (2008): The general observation period 2007 within the priority program on quantitative precipitation forecasting: Concept and first results. *Met. Zeitschrift*, **17/6**, 849-866.

Dai, A., Trenberth, K. E. und Qian, T. (2004): A Global Dataset of Palmer Drought Severity Index for 1870-2002: Relationship with Soil Moisture and Effects of Surface Warming. *J. Hydrometeor.*, **5**, 1117-1130.

Dalgaard, P. (2002): Introductory Statistics with R. Statistics and Computing. Springer, New York/Berlin/Heidelberg, 267 pp.

Davies, H. C. (1976): A lateral boundary formulation for multi-level prediction models. *Q. R. J. Meteorol. Soc.*, **102**, 405-418.

Davies, H. C. (1983): Limitations of some common lateral boundary schemes used in regional NWP models. *Mon. Wea. Rev.*, **111/5**, 1002-1012.

Davis, J. L., Herring, T. A., Shapiro, I. I., Rogers, A. E. E. und Elgered, G. (1985): Geodesy by radio interferometry: Effects of atmospheric modeling errors on estimates of baseline length. *Radio Sci.*, **20/6**, 1593-1607.

Deutscher Wetterdienst (DWD): Informationen zu Datenassimilationen und der objektiven Wetterlagenklassifizierung. http://www.dwd.de (25.08.2010).

Dick, G., Gendt, G. und Reigber, Ch. (2001): First experience with near real-time water vapor estimation in a German GPS network. *J. Atmos. Sol. Terr. Phys.*, **63/12**, 1295-1304.

Doms, G. und Schättler, U. (2002): A Description of the Nonhydrostatic Regional Model LM. Part I: Dynamics and Numerics. Deutscher Wetterdienst, Offenbach, 140 pp.

Doms, G., Förstner, J., Heise, E., Herzog, H.-J., Raschendorfer, M., Schrodin, R., Reinhardt, T. und Vogel, G. (2005): A Description of the Nonhydrostatic Regional Model LM. Part II: Physical Parameterization. Deutscher Wetterdienst, Offenbach, 140 pp.

Draper, C. and Mills, G. (2008): The Atmospheric Water Balance over the Semiarid Murray-Darling River Basin. *J. Hydrometeor.*, **9/3**, 521-534.

Drozdov, O. A. und Grigor'eva, A. S. (1965): The Hydrologic Cycle in the Atmosphere. Israel Program for Scientific Translations, 282 pp.

Dunn, S. M. und Mackay, R. (1995): Spatial variation in evapotranspiration and the influence of land use on catchment hydrology. *J. Hydrol.*, **171/1-2**, 49-73.

EUMETNET EIG GNSS water vapour programme (E-GVAP): http://egvap.dmi.dk (08.10.2010).

Feldmann, H., Früh, B., Schädler, G., Panitz, H.-J., Keuler, K., Jacob, D. und Lorenz, P. (2008): Evaluation of the precipitation for South-western Germany from high resolution simulations with regional climate models. *Met. Zeitschrift*, **17/4**, 455-465.

Frei, Ch., Christensen, J. H., Déqué, M., Jacob, D., Jones, R. G. und Vidale, P. L. (2003): Daily precipitation statistics in regional climate models: Evaluation and intercomparison for the European Alps. *J. Geophys. Res.*, **108/D3**, 4124, doi:10.1029/2002JD002287.

Früh, B., Feldmann, H., Panitz, H.-J., Schädler, G., Jacob, D., Lorenz, P. und Keuler, K. (2010): Determination of Precipitation Return Values in Complex Terrain and Their Evaluation. *J. Clim.*, **23/9**, 2257-2274.

General Observation Period (GOP): http://gop.meteo.uni-koeln.de (25.08.2010).

Gendt, G., Dick, G., Reigber, Ch., Tomassini, M., Liu, Y. und Ramatschi, M. (2004): Near Real Time GPS Water Vapor Monitoring for Numerical Weather Prediction in Germany. *J. Meteor. Soc. Japan*, **82/1B**, 361-370.

Global Land One-km Base Elevation Project (GLOBE): http://www.ngdc.noaa.gov/mgg/topo/globe.html (26.07.2011).

Globaler Wandel des Wasserkreislaufs (GLOWA): http://www.glowa.org (06.10.2010).

Häckel, H. (1999): Meteorologie. 4. Aufl. Ulmer, Stuttgart, 448 pp.

Hagemann, S., Bengtsson, L. und Gendt, G. (2003): On the determination of atmospheric water vapor from GPS measurements. *J. Geophys. Res.*, **108/D21**, 4678, doi:10.1029/2002JD003235.

Hao, W. und Bosart, L. F. (1987): A Moisture Budget Analysis of the Protracted Heat Wave in the Southern Plains during the Summer of 1980. *Wea. Forecasting*, **2/4**, 269-288.

Hasegawa, S. und Stokesberry, D. P. (1975): Automatic digital microwave hygrometer. *Rev. Sci. Instrum.*, **46/7**, 867-873.

Hasel, M. (2006): Strukturmerkmale und Modelldarstellung der Konvektion über Mittelgebirgen. Dissertation, Institut für Meteorologie und Klimaforschung, Universität Karlsruhe/Forschungszentrum Karlsruhe.

Heise, E. (2002): Parametrisierungen. *promet*, **27/3**, 130-141.

Held, I. M. und Soden, B. J. (2000): Water vapor feedback and global warming. *Annu. Rev. Energy Environment*, **25**, 441-475.

Hess, P. und Brezowsky, H. (1977): Katalog der Großwetterlagen Europas. 2. Aufl. Berichte des Deutschen Wetterdienstes, Nr. 113, Offenbach, 14, 54 pp.

Hofmann-Wellenhof, B., Lichtenegger, H. und Wasle, E. (2008): GNSS – Global Navigation Satellite Systems. GPS, GLONASS, Galileo, and more. Springer, Wien, 516 pp.

Hydrological cycle in Mediterranean Experiment (HyMEX): http://www.hymex.org (25.08.2010).

IPCC (2001): Climate Change. The Scientific Basis. Contribution of Working Group I to the Third Assessment Report of Intergovernmental Panel on Climate Change. Cambridge University Press, Cambridge/New York, 881 pp.

IPCC (2007): Climate Change. The Physical Science Basis. Contribution of Working Group I to the Fourth Assessment Report of the Intergovernmental Panel on Climate Change. Cambridge University Press, Cambridge/New York, 996 pp.

Jacob, D. (2001): A note to the simulation of the annual and inter-annual variability of the water budget over the Baltic Sea drainage basin. *Met. Atmos. Phys.*, **77/1-4**, 61-73.

Jacob, D., Van den Hurk, B. J. J. M., Andrae, U., Elgered, G., Fortelius, C., Graham, L. P., Jackson, S. D., Karstens, U., Köpken, Chr., Lindau, R., Podzun, R., Rockel, B., Rubel, F., Sass, B. H., Smith, R. N. B. and Yang, X. (2001): A comprehensive model inter-comparison study investigating the water budget during the BALTEX-PIDCAP period. *Met. Atmos. Phys.*, **77/1-4**, 19-43.

Jacobson, M. Z. (2005): Fundamentals of atmospheric modeling. 2. Aufl. Cambridge University Press, Cambridge, 813 pp.

Jaeger, E. B., Stöckli, R. und Seneviratne, S. I. (2009): Analysis of planetary boundary layer fluxes and land-atmosphere coupling in the regional climate model CLM. *J. Geophys. Res.*, **114**, D17106, doi:10.1029/2008JD011658.

Jin, F. und Zangvil, A. (2010): Relationship between moisture budget components over the eastern Mediterranean. *Int. J. Climatology*, **30/5**, 733-742.

Kain, J. S. und Fritsch, J. M. (1993): Convective Parameterization for Mesoscale Models: The Kain-Fritsch Scheme. In: The Representation of Cumulus Convection in Numerical Models. Meteorological Monographs No. 46, American Meteorological Society, 165-170.

Kalthoff, N., Fiedler, F., Kohler, M., Kolle, O., Mayer, H. und Wenzel, A. (1999): Analysis of Energy Balance Components as a Function of Orography and Land Use and Comparison of Results with the Distribution of Variables Influencing Local Climate. *Theor. Appl. Climatol.*, **62/1-2**, 65-84.

Kalthoff, N., Adler, B., Barthlott, Ch., Corsmeier, U., Mobbs, S., Crewell, S., Träumner, K., Kottmeier, Ch., Wieser, A., Smith, V. und Di Girolamo, P. (2009): The impact of convergence zones on the initiation of deep convection: A case study from COPS. *Atmos. Res.*, **93/4**, 680-694.

Karstens, U., Nolte-Holube, R. und Rockel, B. (1996): Calculation of the water budget over the Baltic Sea catchment area using the regional forecast model REMO for June 1993. *Tellus*, **48/5**, 684-692.

Keil, Ch., Volkert, H. und Majewski, D. (1999): The Oder flood in July 1997: Transport routes of precipitable water diagnosed with an operational forecast model. *Geophys. Res. Letters*, **26/2**, 235-238.

Khodayar, S. (2009): High-resolution analysis of the initiation of deep convection forced by boundary layer processes. Dissertation, Institut für Meteorologie und Klimaforschung, Universität Karlsruhe/Forschungszentrum Karlsruhe.

Kiehl, J. T. und Trenberth, K. E. (1997): Earth's annual global mean energy budget. *Bull. Am. Meteorol. Soc.*, **78/2**, 197-208.

Kossmann, M. und Fiedler, F. (2000): Diurnal momentum budget analysis of thermally induced slope winds. *Met. Atmos. Phys.*, **75/3-4**, 195-215.

Kottmeier, Ch., Kalthoff, N., Barthlott, Ch., Corsmeier, U., Van Baelen, J., Behrendt, A., Behrendt, R., Blyth, A., Coulter, R., Crewell, S., Di Girolamo, P., Dorninger, M., Flamant, C., Foken, T., Hagen, M., Hauck, Ch., Höller, H., Konow, H., Kunz, M., Mahlke, H., Mobbs, S., Richard, E., Steinacker, R., Weckwerth, T., Wieser, A. und Wulfmeyer, V. (2008): Mechanisms initiating deep convection over complex terrain during COPS. *Met. Zeitschrift*, **17/6**, 931-948.

Kraus, H. (2004): Die Atmosphäre der Erde. Eine Einführung in die Meteorologie. 3. Aufl. Springer, Berlin/Heidelberg, 422 pp.

Krige, D. G. (1951): A statistical approach to some basic mine valuation problems on the Witwatersrand. *J. Chem. Metal. Min. Soc. South Africa*, **52**, 119-139.

Kunz, M. (2003): Simulation von Starkniederschlägen mit langer Andauer über Mittelgebirgen. Dissertation, Institut für Meteorologie und Klimaforschung, Universität Karlsruhe/Forschungszentrum Karlsruhe.

Landesanstalt für Umwelt, Messungen und Naturschutz Baden-Württemberg (LUBW): Klimaatlas Baden-Württemberg. http://www.lubw.baden-wuerttemberg.de (26.07.2011).

Legates, D. R. und Willmott, C. J. (1990): Mean seasonal and spatial variability in gauge corrected, global precipiation. *Int. J. Climatology*, **10/2**, 111-127.

Leick, A. (1990): GPS Satellite Surveying. Wiley, New York, 352 pp.

Louis, J.-F. (1979): A parametric model of vertical eddy fluxes in the atmosphere. *Boundary Layer Meteorol.*, **17/2**, 187-202.

Lyon, B. und Dole, R. M. (1995): A Diagnostic Comparison of the 1980 and 1988 U.S. Summer Heat Wave-Droughts. *J. Clim.*, **8/6**, 1658-1675.

Martin, L., Matzler, C., Hewison, T. J. und Ruffieux, D. (2006): Intercomparison of integrated water vapour measurements. *Met. Zeitschrift*, **15/1**, 57-64.

Mansfeld, W. (2004): Satellitenortung und Navigation. Grundlagen und Anwendung globaler Satellitennavigationssysteme. 2. Aufl. Vieweg, Wiesbaden, 352 pp.

Mayer, H., Schindler, D., Fernbach, G. und Redepenning, D. (2005): Forstmeteorologische Messstelle Hartheim des Meteorologischen Instituts der Universität Freiburg. http://www.meteo.uni-freiburg.de/forschung/projekte/hartheim.pdf (25.08.2010).

McGregor, J. L. (1997): Regional Climate Modelling. *Meteorol. Atmos. Phys.*, **63/1-2**, 105-117.

Meissner, C. (2008): High-resolution sensitivity studies with the regional climate model COSMO-CLM. Dissertation, Institut für Meteorologie und Klimaforschung, Universität Karlsruhe/Forschungszentrum Karlsruhe.

Meissner, C. und Schädler, G. (2008): Modelling the Regional Climate of Southwest Germany: Sensitivity to Simulation Setup. In: High performance computing in science and engineering '07. Transactions of the High Performance Computing Center, Stuttgart (HLRS), Part 6, 533-546.

Meissner, C., Schädler, G., Panitz, H.-J., Feldmann, H. und Kottmeier, Ch. (2009): High resolution sensitivity studies with the regional climate model COSMO-CLM. *Met. Zeitschrift*, **18/5**, 543-557.

Mellor, G. L. und Yamada, T. (1974): A hierarchy of turbulence closure models for planetary boundary layers. *J. Atmos. Sci.*, **31**, 1791-1806.

Mendel, H. G. (2000): Elemente des Wasserkreislaufs. Eine kommentierte Bibliographie zur Abflussbildung. 1. Aufl. Analytica, Berlin, 244 pp.

Milz, M., Clarmann, T. v., Bernath, P., Boone, C., Buehler, S. A., Chauhan, S., Deuber, B., Feist, D. G., Funke, B., Glatthor, N., Grabowski, U., Griesfeller, A., Haefele, A., Höpfner, M., Kämpfer, N., Kellmann, S., Linden, A., Müller, S., Nakajima, H., Oelhaf, H., Remsberg, E., Rohs, S., Russell III, J. M., Schiller, C., Stiller, G. P., Sugita, T., Tanaka, T., Vömel, H., Walker, K., Wetzel, G., Yokota, T., Yushkov, V. und Zhang, G. (2009): Validation of water vapour profiles (version 13) retrieved by the IMK/IAA scientific retrieval processor based on full resolution spectra measured by MIPAS on board Envisat. *Atmos. Meas. Tech.*, **2**, 379-399.

Morland, J., Collaud Coen, M., Hocke, K., Jeannet, P. und Mätzler, C. (2009): Tropospheric water vapour above Switzerland over the last 12 years. *Atmos. Chem. Phys.*, **9**, 5975-5988.

Müller, K., Becker, M. und Leinen, S. (2009): Realistic prediction of accuracy in urban environments with a GNSS simulation tool. *Allg. Verm.-Nachrichten*, **8-9**, 300-307.

Niell, A. E. (1996): Global mapping functions for the atmosphere delay at radio wavelengths. *J. Geophys. Res.*, **101/B2**, 3227-3246.

Niell, A. E., Coster, A. J., Solheim, F. S., Mendes, V. B., Toor, P. C., Langley, R. B. und Upham, C. A. (2001): Comparison of Measurements of Atmospheric Wet Delay by Radiosonde, Water Vapor Radiometer, GPS, and VLBI. *J. Atmos. Oceanic Technol.*, **18/6**, 830-850.

Orville, H. D. (1965): A numerical study of the initiation of cumulus clouds over mountainous terrain. *J. Atmos. Sci.*, **22/6**, 684-699.

Palmer, W. C. (1965): Meteorological drought. Weather Bureau Research Paper 45, U.S. Dept. of Commerce, Washington, DC, 58 pp.

Peixoto, J. P. (1973): Atmospheric vapor flux computations for hydrological purposes. WMO Publications, No. 357, Genf, 83 pp.

Peixoto, J. P. und Oort, A. H. (1992): Physics of Climate. AIP/Springer, New York/Berlin/ Heidelberg, 520 pp.

Press, W. H., Flannery, B. P., Teukolsky, S. A. und Vetterling, W. T. (1992): Numerical Recipes in Fortran: The Art of Scientific Computing. 2. Aufl. Cambridge University Press, Cambridge, 963 pp.

The R Project for Statistical Computing: http://www.r-project.org (30.09.2010).

Raschke, E., Meywerk, J., Warrach, K., Andrea, U., Bergström, S., Beyrich, F., Bosveld, F., Bumke, K., Fortelius, C., Graham, L. P., Gryning, S.-E., Halldin, S., Hasse, L., Heikinheimo, M., Isemer, H.-J., Jacob, D., Jauja, I., Karlsson, K.-G., Keevallik, S., Koistinen, J., van Lammeren, A., Lass, U., Launianen, J., Lehmann, A., Liljebladh, B., Lobmeyr, M., Matthäus, W., Mengelkamp, T., Michelson, D. B., Napiórkowski, J., Omstedt, A., Piechura, J., Rockel, B., Rubel, F., Ruprecht, E., Smedman, A.-S. und Stigebrandt, A. (2001): The Baltic Sea Experiment (BALTEX): A European Contribution to the Investigation of the Energy and Water Cycle over a Large Drainage Basin. *Bull. Am. Meteorol. Soc.*, **82/11**, 2389-2413.

Rasmusson, E. M. (1968): Atmospheric water vapor transport and the water balance of North America. II. Large-scale water balance investigations. *Mon. Wea. Rev.*, **96/10**, 720-734.

Raymond, D. J. und Wilkening, M. H. (1980): Moutain-induced convection under fair weather conditions. *J. Atmos. Sci.*, **37/12**, 2693-2700.

Reigber, Ch., Gendt, G. und Wickert, J. (2004): GPS Atmosphären-Sondierungs-Projekt (GASP). Ein innovativer Ansatz zur Bestimmung von Atmosphärenparametern. GFZ Scientific-Technical Report 04/02, Potsdam.

Ritter, B. und Geleyn, J. F. (1992): A comprehensive radiation scheme for numerical weather prediction models with potential applications in climate simulations. *Mon. Wea. Rev.*, **120/2**, 303-325.

Rodell, M. Famiglietti, J. S., Chen, J., Seneviratne, S. I., Viterbo, P., Holl, S. und Wilson, C. R. (2004): Basin scale estimates of evapotranspiration using GRACE and other observations. *Geophys. Res. Letters*, **31**, L20504, doi:10.1029/2004GL020873.

Rüeger, J. M. (2002): Refractive index formulae for electronic distance measurement with radio and millimeter waves. In: Refractive indices of light, infrared and radio waves in the atmosphere, UNISURV Report S-68, 1-52.

Ruprecht, E. und Kahl, T. (2003): Investigation of the atmospheric water budget of the BALTEX area using NCEP/NCAR reanalysis data. *Tellus*, **55/5**, 426-437.

Saastamoinen, J. (1972): Atmospheric correction for the troposphere and stratosphere in radio ranging of satellites. In: The Use of Artificial Satellites for Geodesy, Geophys. Monor. Ser., Vol. 15. American Geophysical Union, Washington, DC, 247-251.

Satellitenpositionierungsdienst der deutschen Landesvermessung (SAPOS): http://www.sapos.de (24.09.2010).

Schlüter, I. und Schädler, G. (2010): Sensitivity of Heavy Precipitation Forecasts to Small Modifications of Large-Scale Weather Patterns for the Elbe River. *J. Hydrometeor.*, **11/3**, 770-780.

Schneider, M., Romero, P. M., Hase, F., Blumenstock, T., Cuevas, E. und Ramos, R. (2010): Continous quality assessment of atmospheric water vapour measurement techniques: FTIR, Cimel, MFRSR, GPS, and Vaisala RS92. *Atm. Meas. Tech.*, **3**, 323-338.

Schönwiese, Ch.-D. (1985): Praktische Statistik für Meteorologen und Geowissenschaftler. Borntraeger, Berlin/Stuttgart, 231 pp.

Simmonds, I., Bi, D. und Hope, P. (1999): Atmospheric Water Vapor Flux and Its Association with Rainfall over China in Summer. *J. Clim.*, **12/5**, 1353-1367.

Smiatek, G., Rockel, B. und Schättler, U. (2008): Time invariant data preprocessor for the climate version of the COSMO model (COSMO-CLM). *Met. Zeitschrift*, **17/4**, 395-405.

Smith, E. K. und Weintraub, S. (1953): The constants in the equation for atmospheric refractive index at radio frequencies. *Proc. IRE*, **41/8**, 1035-1037.

Sodemann, H., Wernli, H. und Schwierz, C. (2009): Sources of water vapour contributing to the Elbe flood in August 2002 – A tagging study in a mesoscale model. *Q. R. J. Meteorol. Soc.*, **135**, 205-223.

Solheim, F. S., Vivekanandan, J., Ware, R. H. und Rocken, C. (1999): Propagation delays induced in GPS signals by dry air, water vapor, hydrometeors, and other particulates. *J. Geophys. Res.*, **104/D8**, 9663-9670.

Spilker, J. J. (1980): GPS signal structure and performance characteristics. Global Positioning System, Vol. 1. The Institute of Navigation, Washington, DC.

Steppeler, J., Doms, G. und Adrian, G. (2002): Das Lokal-Modell LM. *promet*, **27/3**, 123-129.

Tapley, B. D., Bettadpur, S., Ries, J. C., Thompson, P. F. und Watkins, M. M. (2004): GRACE Measurements of Mass Variability in the Earth System. *Science*, **305**, 503-505.

Targeting Optimal Use of GPS Humidity Measurements in Meteorology (TOUGH): http://web.dmi.dk/pub/tough (08.10.2010).

Taubenheim, J. (1969): Statistische Auswertung geophysikalischer und meteorologischer Daten. In: Geophysikalische Monographien, Band 5. Geest & Portig, Leipzig, 386 pp.

Thayer, G. D. (1974): An improved equation for the radio refractive index of air. *Radio Sci.*, **9/10**, 803-807.

Tiedtke, M. (1989): A Comprehensive Mass Flux Scheme for Cumulus Parameterization in Large-Scale Models. *Mon. Wea. Rev.*, **117**, 1779-1800.

Tiedtke, M. (1993): Representation of Clouds in Large-Scale Models. *Mon. Wea. Rev.*, **121**, 3040-3061.

Tomassini, M., Gendt, G., Dick, G., Ramatschi, M. und Schraff, C. (2002): Monitoring of integrated water vapour from ground-based GPS observations and their assimilation in a limited-area NWP model. *Phys. and Chem. of the Earth*, **27/4-5**, 314-346.

Tralli, D. M. und Lichten, S. M. (1990): Stochastic estimation of tropospheric path delays in global positioning system geodetic measurements. *J. Geod.*, **64/2**, 127-159.

Tregoning, P., Boers, R., O'Brien, D. und Hendy, M. (1998): Accuracy of absolute precipitable water vapor estimates from GPS observations. *J. Geophys. Res.*, **103/D22**, 28701-28710.

Trenberth, K. E. und Guillemot, Ch. J. (1995): Evaluation of the Global Atmospheric Moisture Budget as Seen from Analyses. *J. Clim.*, **8**, 2255-2272.

Trenberth, K. E. und Guillemot, Ch. J. (1998): Evaluation of the atmosperic moisture and hydrological cycle in the NCEP/NCAR reanalyses. *Clim. Dyn.*, **14/3**, 213-231.

Trenberth, K. E. (1999): Atmospheric Moisture Recycling: Role of Advection and Local Evaporation. *J. Clim.*, **12/5**, 1368-1381.

Trenberth, K. E., Smith, L., Qian, T., Dai, A. und Fasullo, J. (2007): Estimates of the Global Water Budget and Its Annual Cycle Using Observational and Model Data. *J. Hydrometeor.*, **8/4**, 758-769.

Trochu, F. (1993): A contouring program based on dual kriging interpolation. *Engng. Comput.*, **9/3**, 160-177.

Troller, M., Geiger, A., Brockmann, E., Bettems, J.-M., Bürki, B. und Kahle, H.-G. (2006): Tomographic determination of the spatial distribution of water vapor using GPS observations. *Adv. Space Res.*, **37/12**, 2211-2217.

van Bebber, W. J. (1898): Die Wettervorhersage. 2. Aufl. Enke, Stuttgart, 219 pp.

van de Giesen, N., Kunstmann, H., Jung, G., Liebe, J., Andreini, M. und Vlek, P. L. G. (2002): The GLOWA-Volta project: Integrated assessment of feedback mechanisms between climate, landuse, and hydrology. *Adv. Global Change Res.*, **10**, 151-170.

Vogel, B., Vogel, H., Bäumer, D., Bangert, M., Lundgren, K., Rinke, R. und Stanelle, T. (2009): The comprehensive model system COSMO-ART – Radiative impact of aerosol on the state of the atmosphere on the regional scale. *Atmos. Chem. Phys.*, **9**, 8661-8680.

Wenzel, A., Kalthoff, N. und Fiedler, F. (1997): On the Variation of the Energy-Balance Components with Orography in the Upper Rhine Valley. *Theor. Appl. Climatol.*, **57/1-2**, 1-9.

Wetterkartenarchiv: http://www.wetter3.de (25.08.2010).

Wickert, J. (2002): Das CHAMP-Radiookkultationsexperiment: Algorithmen, Prozessierungssystem und erste Ergebnisse. GFZ Scientific-Technical Report 02/07, Potsdam.

Wickert, J., Beyerle, G., König, R., Heise, S., Grunwaldt, L., Michalak, G., Reigber, Ch. und Schmidt, T. (2005): GPS radio occultation with CHAMP and GRACE: A first look at a new and promising satellite configuration for global atmospheric sounding. *Ann. Geophysicae*, **23/3**, 653-658.

Wickert, J. und Schmidt, T. (2005): Fernerkundung der mittleren Atmosphäre mit GPS-Radiookkultation. *promet*, **31/1**, 50-52.

Wickert, J. und Gendt, G. (2006): Fernerkundung der Erdatmosphäre mit GPS. *promet*, **32/3**, 80-88.

Wilks, D. S. (2006): Statistical methods in the atmospheric sciences. Academic Press, Amsterdam/Heidelberg, 627 pp.

Wulfmeyer, V., Behrendt, A., Bauer, H.-S., Kottmeier, Ch., Corsmeier, U., Blyth, A., Craig, G., Schumann, U., Hagen, M., Crewell, S., Di Girolamo, P., Flamant, C., Miller, M., Montani, A., Mobbs, S., Richard, E., Rotach, M. W., Arpagus, M., Russchenberg, H., Schlüssel, P., König, M., Gärtner, V., Steinacker, R., Dorninger, M., Turner, D. D., Weckwerth, T., Hense, A. und Simmer, C. (2008): The Convective and Orographically-induced Precipitation Study. *Bull. Am. Meteorol. Soc.*, **89/10**, 1477-1486.

Yan, X., Ducrocq, V., Jaubert, G., Brousseau, P., Poli, P., Champollion, C., Flamant, C. und Boniface, K. (2009): The benefit of GPS zenith delay assimilation to high-resolution quantitative precipitation forecasts: A case-study from COPS IOP 9. *Q. R. J. Meteorol. Soc.*, **135**, 1788-1800.

Zängl, G. (2002): An Improved Method for Computing Horizontal Diffusion in a Sigma Coordinate Model and Its Application to Simulations over Mountainous Topography. *Mon. Wea. Rev.*, **130/5**, 1423-1432.

Zängl, G. (2004): The sensitivity of simulated orographic precipitation to model components other than cloud microphysics. *Q. J. R. Meteorol. Soc.*, **130**, 1857-1875.

Zangvil, A, Portis, D. H. und Lamb, P. J. (2001): Investigation of the Large-Scale Atmospheric Moisture Field over the Midwestern United States in relation to Summer Precipitation. Part I: Relationships between Moisture Budget Components on Different Timescales. *J. Clim.*, **14/4**, 582-597.

Zus, F., Grzeschik, M., Bauer, H.-S., Wulfmeyer, V., Dick, G. und Bender, M. (2008): Development and optimization of the IPM MM5 GPS slant path 4DVAR system. *Met. Zeitschrift*, **17/6**, 867-885.

Danksagung

Die vorliegende Arbeit wurde am Institut für Meteorologie und Klimaforschung des Karlsruher Instituts für Technologie im Rahmen des Forschungsnetzwerks EOS (Integriertes Erdbeobachtungssystem) durchgeführt.

An erster Stelle gilt mein besonderer Dank Ihnen, Prof. Dr. Christoph Kottmeier und Prof. Dr. Bernhard Heck, dass Sie mir diese Arbeit ermöglicht und damit die Chance gegeben haben, mich ausführlich dem spannenden Querschnittsthema Wasserkreislauf zu widmen. Ihr fortwährendes Engagement und Ihre wertvollen Anregungen haben wesentlich zum Erfolg beigetragen.

Dr. Gerd Schädler, dir danke ich ganz besonders für die intensive Betreuung. Deine Anregungen und die konstruktiven sowie interessanten Diskussionen waren für das Gelingen der Arbeit unentbehrlich.

Dem Helmholtz-Zentrum Potsdam gilt mein Dank für die Bereitstellung der GPS-Daten; insbesondere an Sie, Dr. Jens Wickert, Dr. Galina Dick und Dr. Michael Bender, ein herzliches Dankeschön für die erfolgreiche Zusammenarbeit und die umfassenden Hilfestellungen bei Fragen zu GPS.

Meiner Arbeitsgruppe danke ich für die Hilfe bei fachlichen Problemen und die Anregungen zu meiner Arbeit. Mein besonderer Dank gilt dir, Dr. Hans-Jürgen Panitz, für den häufig notwendigen Beistand bei Schwierigkeiten mit COSMO. Dr. Cathérine Meißner, dir danke ich für deine Unterstützung in der Anfangsphase meiner Promotion.

An dieser Stelle geht der Dank an all diejenigen, die mich im Laufe der Zeit bei der Bilanzierung des Wasserhaushalts mit COSMO unterstützt haben und für Fragen sowie Diskussionen offen waren: Dr. Michael Baldauf, Ronny Petrik, Dr. Juliane Schwendike und Christian Grams. Dem Deutschen Wetterdienst gilt mein Dank für die Bereitstellung der GME-Daten.

Immer wenn Rechnerprobleme auftraten, stand Gabi Klinck mir stets zur Seite. Vielen Dank!

Ein herzliches Dankeschön an alle, die mit ihrer Hilfe bei Problemen und beim Korrekturlesen engagiert zum Gelingen meiner Arbeit beigetragen haben: Dr. Christian Barthlott, Dr. Ulrich Blahak, Dr. Michael Mayer, Dr. Carolin Schmitt, Hendrik Feldmann, Max Bangert und all die Kollegen, die ich an dieser Stelle vergessen haben sollte.

Meinen Zimmerkollegen Dr. Ingo Schlüter und Dr. Peter Berg danke ich für die sehr angenehme sowie humorvolle Arbeitsatmosphäre, die Erste-Hilfe-Maßnahmen bei kleineren und größeren Schwierigkeiten und die Erweiterung meines Schwedisch-Wortschatzes (Tack, Peter!).

Dr. Kristina Lundgren, min goda väninna, särskilt till er: Tack så mycket! Dr. Rayk Rinke, zwar keine ganze Seite, aber dafür von ganzem Herzen: Danke für die sehr schönen Abende in deiner WG und die stets vorzügliche Versorgung mit allem, was Leib und Seele nach harten Arbeitstagen wieder munter macht. Danke, dass ihr für meine Fragen jederzeit ein offenes Ohr hattet!

Dr. Jens Grenzhäuser, mit deiner Unkompliziertheit und deinem grenzenlosen Optimismus hast du mir über manches Tief hinweg geholfen. Dr. Winfried Straub, deine Beratungskompetenzen in allen Lebenslagen sind unübertroffen. Danke!

Dr. Juliane Schwendike, Dr. Jasmin Hambsch, Dr. Christina Endler, Katharina Müller, Astrid Petzold, Annette Luce, Anna Gräßer, Susanne Koch – danke für euren bedingungslosen Rückhalt und euer unerschütterliches Vertrauen in mich!

Zuletzt danke ich meinen Eltern Ulrich und Margitta Sasse für ihre Unterstützung während meiner gesamten Studienzeit und die Stärkung der interkulturellen Beziehungen zwischen Baden und der Lausitz!

Wissenschaftliche Berichte des Instituts für Meteorologie und Klimaforschung des Karlsruher Instituts für Technologie (0179-5619)

Bisher erschienen:

Nr. 1:   *Fiedler, F. / Prenosil, T.*
Das MESOKLIP-Experiment. (Mesoskaliges Klimaprogramm im Oberrheintal).
August 1980

Nr. 2:   *Tangermann-Dlugi, G.*
Numerische Simulationen atmosphärischer Grenzschichtströmungen über langgestreckten mesoskaligen Hügelketten bei neutraler thermischer Schichtung.
August 1982

Nr. 3:   *Witte, N.*
Ein numerisches Modell des Wärmehaushalts fließender Gewässer unter Berücksichtigung thermischer Eingriffe.
Dezember 1982

Nr. 4:   *Fiedler, F. / Höschele, K. (Hrsg.)*
Prof. Dr. Max Diem zum 70. Geburtstag.
Februar 1983 (vergriffen)

Nr. 5:   *Adrian, G.*
Ein Initialisierungsverfahren für numerische mesoskalige Strömungsmodelle.
Juli 1985

Nr. 6:   *Dorwarth, G.*
Numerische Berechnung des Druckwiderstandes typischer Geländeformen.
Januar 1986

Nr. 7:   *Vogel, B.; Adrian, G. / Fiedler, F.*
MESOKLIP-Analysen der meteorologischen Beobachtungen von mesoskaligen Phänomenen im Oberrheingraben.
November 1987

Nr. 8:   *Hugelmann, C.-P.*
Differenzenverfahren zur Behandlung der Advektion.
Februar 1988

Nr. 9: *Hafner, T.*
Experimentelle Untersuchung zum Druckwiderstand der Alpen.
April 1988

Nr. 10: *Corsmeier, U.*
Analyse turbulenter Bewegungsvorgänge in der maritimen
atmosphärischen Grenzschicht.
Mai 1988

Nr. 11: *Walk, O. / Wieringa, J.(eds)*
Tsumeb Studies of the Tropical Boundary-Layer Climate.
Juli 1988

Nr. 12: *Degrazia, G. A.*
Anwendung von Ähnlichkeitsverfahren auf die turbulente Diffusion
in der konvektiven und stabilen Grenzschicht.
Januar 1989

Nr. 13: *Schädler, G.*
Numerische Simulationen zur Wechselwirkung zwischen Landober-
flächen und atmophärischer Grenzschicht.
November 1990

Nr. 14: *Heldt, K.*
Untersuchungen zur Überströmung eines mikroskaligen Hindernisses
in der Atmosphäre.
Juli 1991

Nr. 15: *Vogel, H.*
Verteilungen reaktiver Luftbeimengungen im Lee einer Stadt –
Numerische Untersuchungen der relevanten Prozesse.
Juli 1991

Nr. 16: *Höschele, K.(ed.)*
Planning Applications of Urban and Building Climatology – Proceedings
of the IFHP / CIB-Symposium Berlin, October 14-15, 1991.
März 1992

Nr. 17: *Frank, H. P.*
Grenzschichtstruktur in Fronten.
März 1992

Nr. 18: *Müller, A.*
Parallelisierung numerischer Verfahren zur Beschreibung von
Ausbreitungs- und chemischen Umwandlungsprozessen in der
atmosphärischen Grenzschicht.
Februar 1996

Nr. 19: *Lenz, C.-J.*
Energieumsetzungen an der Erdoberfläche in gegliedertem Gelände.
Juni 1996

Nr. 20: *Schwartz, A.*
Numerische Simulationen zur Massenbilanz chemisch reaktiver
Substanzen im mesoskaligen Bereich.
November 1996

Nr. 21: *Beheng, K. D.*
Professor Dr. Franz Fiedler zum 60. Geburtstag.
Januar 1998

Nr. 22: *Niemann, V.*
Numerische Simulation turbulenter Scherströmungen mit einem
Kaskadenmodell.
April 1998

Nr. 23: *Koßmann, M.*
Einfluß orographisch induzierter Transportprozesse auf die Struktur
der atmosphärischen Grenzschicht und die Verteilung von
Spurengasen.
April 1998

Nr. 24: *Baldauf, M.*
Die effektive Rauhigkeit über komplexem Gelände – Ein Störungs-
theoretischer Ansatz.
Juni 1998

Nr. 25: *Noppel, H.*
Untersuchung des vertikalen Wärmetransports durch die Hangwind-
zirkulation auf regionaler Skala.
Dezember 1999

Nr. 26: *Kuntze, K.*
Vertikaler Austausch und chemische Umwandlung von Spurenstoffen
über topographisch gegliedertem Gelände.
Oktober 2001

Nr. 27: *Wilms-Grabe, W.*
Vierdimensionale Datenassimilation als Methode zur Kopplung zweier
verschiedenskaliger meteorologischer Modellsysteme.
Oktober 2001

Nr. 28: *Grabe, F.*
Simulation der Wechselwirkung zwischen Atmosphäre, Vegetation und Erdoberfläche bei Verwendung unterschiedlicher Parametrisierungsansätze.
Januar 2002

Nr. 29: *Riemer, N.*
Numerische Simulationen zur Wirkung des Aerosols auf die troposphärische Chemie und die Sichtweite.
Mai 2002

Nr. 30: *Braun, F. J.*
Mesoskalige Modellierung der Bodenhydrologie.
Dezember 2002

Nr. 31: *Kunz, M.*
Simulation von Starkniederschlägen mit langer Andauer über Mittelgebirgen.
März 2003

Nr. 32: *Bäumer, D.*
Transport und chemische Umwandlung von Luftschadstoffen im Nahbereich von Autobahnen – numerische Simulationen.
Juni 2003

Nr. 33: *Barthlott, C.*
Kohärente Wirbelstrukturen in der atmosphärischen Grenzschicht.
Juni 2003

Nr. 34: *Wieser, A.*
Messung turbulenter Spurengasflüsse vom Flugzeug aus.
Januar 2005

Nr. 35: *Blahak, U.*
Analyse des Extinktionseffektes bei Niederschlagsmessungen mit einem C-Band Radar anhand von Simulation und Messung.
Februar 2005

Nr. 36: *Bertram, I.*
Bestimmung der Wasser- und Eismasse hochreichender konvektiver Wolken anhand von Radardaten, Modellergebnissen und konzeptioneller Betrachtungen.
Mai 2005

Nr. 37: *Schmoeckel, J.*
Orographischer Einfluss auf die Strömung abgeleitet aus Sturmschäden im Schwarzwald während des Orkans „Lothar".
Mai 2006

Nr. 38:   *Schmitt, C.*
Interannual Variability in Antarctic Sea Ice Motion: Interannuelle
Variabilität antarktischer Meereis-Drift.
Mai 2006

Nr. 39:   *Hasel, M.*
Strukturmerkmale und Modelldarstellung der Konvektion über
Mittelgebirgen.
Juli 2006

Ab Band 40 erscheinen die Wissenschaftlichen Berichte des Instituts für Meteo-
rologie und Klimaforschung bei KIT Scientific Publishing (ISSN 0179-5619).
Die Bände sind unter www.ksp.kit.edu als PDF frei verfügbar oder als
Druckausgabe bestellbar.

Nr. 40:   *Lux, R.*
Modellsimulationen zur Strömungsverstärkung von orographischen
Grundstrukturen bei Sturmsituationen. (2007)
ISBN 978-3-86644-140-8

Nr. 41:   *Straub, W.*
Der Einfluss von Gebirgswellen auf die Initiierung und Entwicklung
konvektiver Wolken. (2008)
ISBN 978-3-86644-226-9

Nr. 42:   *Meißner, C.*
High-resolution sensitivity studies with the regional climate model
COSMO-CLM. (2008)
ISBN 978-3-86644-228-3

Nr. 43:   *Höpfner, M.*
Charakterisierung polarer stratosphärischer Wolken mittels hochauflö-
sender Infrarotspektroskopie. (2008)
ISBN 978-3-86644-294-8

Nr. 44:   *Rings, J.*
Monitoring the water content evolution of dikes. (2009)
ISBN 978-3-86644-321-1

Nr. 45:   *Riemer, M.*
Außertropische Umwandlung tropischer Wirbelstürme: Einfluss auf
das Strömungsmuster in den mittleren Breiten. (2012)
ISBN 978-3-86644-766-0

Nr. 46: *Anwender, D.*
Extratropical Transition in the Ensemble Prediction System of the ECMWF:
Case Studies and Experiments. (2012)
ISBN 978-3-86644-767-7

Nr. 47: *Rinke, R.*
Parametrisierung des Auswaschens von Aerosolpartikeln durch
Niederschlag. (2012)
ISBN 978-3-86644-768-4

Nr. 48: *Stanelle, T.*
Wechselwirkungen von Mineralstaubpartikeln mit thermodynamischen
und dynamischen Prozessen in der Atmosphäre über Westafrika. (2012)
ISBN 978-3-86644-769-1

Nr. 49: *Peters, T.*
Ableitung einer Beziehung zwischen der Radarreflektivität, der
Niederschlagsrate und weiteren aus Radardaten abgeleiteten
Parametern unter Verwendung von Methoden der multivariaten
Statistik. (2012)
ISBN 978-3-86644-323-5

Nr. 50: *Khodayar Pardo, S.*
High-resolution analysis of the initiation of deep convection forced
by boundary-layer processes. (2012)
ISBN 978-3-86644-770-7

Nr. 51: *Träumner, K.*
Einmischprozesse am Oberrand der konvektiven atmosphärischen
Grenzschicht. (2012)
ISBN 978-3-86644-771-4

Nr. 52: *Schwendike, J.*
Convection in an African Easterly Wave over West Africa and the
Eastern Atlantic: A Model Case Study of Hurricane Helene (2006)
and its Interaction with the Saharan Air Layer. (2012)
ISBN 978-3-86644-772-1

Nr. 53: *Lundgren, K.*
Direct Radiative Effects of Sea Salt on the Regional Scale. (2012)
ISBN 978-3-86644-773-8

Nr. 54: *Sasse, R.*
Analyse des regionalen atmosphärischen Wasserhaushalts unter
Verwendung von COSMO-Simulationen und GPS-Beobachtungen. (2012)
ISBN 978-3-86644-774-5